U0166205

智能系统与技术丛书

推荐系统全链路设计

原理解读与业务实践

唐楠烊——著

图书在版编目（CIP）数据

推荐系统全链路设计：原理解读与业务实践/唐楠烊著．—北京：机械工业出版社，2024.4

（智能系统与技术丛书）

ISBN 978-7-111-75096-3

Ⅰ．①推…　Ⅱ．①唐…　Ⅲ．①计算机算法　Ⅳ．①TP301.6

中国国家版本馆 CIP 数据核字（2024）第 043632 号

机械工业出版社（北京市百万庄大街 22 号　邮政编码 100037）

策划编辑：孙海亮　　　　　　　　　　责任编辑：孙海亮　张翠翠

责任校对：郑　雪　薄萌钰　韩雪清　　责任印制：郜　敏

三河市国英印务有限公司印刷

2024 年 5 月第 1 版第 1 次印刷

186mm×240mm・15.5 印张・1 插页・357 千字

标准书号：ISBN 978-7-111-75096-3

定价：99.00 元

电话服务　　　　　　　　　　网络服务

客服电话：010-88361066　　机　工　官　网：www.cmpbook.com

　　　　　010-88379833　　机　工　官　博：weibo.com/cmp1952

　　　　　010-68326294　　金　　书　　网：www.golden-book.com

封底无防伪标均为盗版　　机工教育服务网：www.cmpedu.com

PREFACE

前　言

为什么要写这本书

2019年，我正式接触推荐系统。在此之前，在我的印象中，推荐系统就是利用机器学习算法或者深度学习算法去改进推荐效果，所以那时我把主要精力放在了研究基础的算法理论和一些经典算法模型上。当时，市面上大多数与推荐系统相关的书籍是讲算法理论或者代码实践的。这其实会给新手造成一种错误的引导——只要掌握了算法理论和复现算法，就可以搞好推荐系统。

当我真的参与推荐系统的工作以后我才发现，推荐系统是一套很复杂的系统，不仅涉及算法，还涉及对推荐业务的理解，以及不同推荐链路的作用、推荐策略的应用等内容。可惜的是，对于算法以外的内容，尤其是推荐系统在不同业务场景中的应用及对应的设计原理，无论媒体还是图书都少有涉及。

在开始的时候，我对推荐系统的理解也处于懵懵懂懂的状态，但"功夫不负有心人"，在遇到不懂的问题时我就记下来，然后去和同行交流、查找文献、自己实验，努力弄明白问题是如何产生的，以及怎么去解决或者规避问题。慢慢地，大量的问题被我解决。在这个过程中，我收获很多，并有幸得到了不少同行的认可。回顾之前遇到的问题和得到的解决方案，我发现很多内容对于当前处于迷茫状态的推荐系统从业者很有价值，可以帮他们迅速走出困境，提高工作效率，激发自我成长。所以我对自己这几年的经验和教训进行了总结与提炼，最终形成了这本书。

读者对象

本书适合所有推荐系统相关从业者，尤其是从初级向中高级进阶的推荐算法工程师阅读。另外，互联网产品经理、互联网推荐相关（如信息流、电商、短视频等）从业者也可以通过本书了解推荐系统底层的工作原理，进而帮助自己更好地应对本职工作。

本书特色

相比于其他同类书，本书的主要特色如下。

1）不介绍过于基础和理论化的内容，完全根据推荐系统从业者的实际工作展开。比如，本书对推荐系统的剖析完全基于不同互联网业务场景中的应用。本书开篇就从与各个 App 的交互页面开始，一步步地深入讲解整个推荐流程是如何在 App 中进行流转和产生作用的，包括**电商业务、视频推荐业务、广告业务、信息流业务和拉活促销业务**等场景。

2）按推荐系统的流程（**冷启动、召回、精排、粗排和重排**）进行精讲，这样不仅能让读者更好地理解内容，还能让读者把所学内容直观对应到实际工作中。

3）囊括所有重点内容，比如**用户冷启动、物料冷启动和流量分配机制、协同过滤召回、双塔召回、Word2vec 召回、图召回、树网络召回、模型蒸馏、工程优化、传统 DNN 模型、交叉模型、偏置建模、因果模型、序列建模和多目标建模。**

4）对模型的调参进行精讲，这是不少有关推荐系统的书讲得不够好但又非常重要的内容。书中讲解了常用的机器学习模型的调参，如**决策树调参、随机森林调参、XGBoost 调参、LightGBM 调参和全局优化调参等**，并深度解读了神经网络调参，如 **DNN 网络深度和宽度的影响、激活函数的选择、优化器的选择、各个损失函数的原理和适合的业务场景、过拟合和欠拟合等相关问题**。

如何阅读本书

这是一本基于实际工作场景指导中高级推荐算法工程师高质量推动推荐系统落地的专业工具书。本书不针对零基础从业者，而是帮助初级算法工程师向中高级进阶，帮助推荐算法工程师从底层理解推荐系统在实际业务场景中出现的各种问题的本质，并按照推荐系统工作流程逐一破解。本书既是作者在阿里巴巴做推荐算法工程师的工作总结，又是一套完整的推荐系统高质量落地的解决方案。

本书共包括 11 章。

第 1 章　主要介绍推荐系统的总体情况及其在各个互联网业务场景中的落地，包括**构建推荐系统可能面临的问题、电商推荐系统、视频网站推荐系统、广告业务推荐系统、信息流推荐系统、拉活促销推荐系统**。

第 2 章　介绍推荐系统的整体架构。本书将推荐系统的框架分为**冷启动链路、召回链路、粗排链路、精排链路和重排链路**。针对各个链路的原理和应用，本章进行了整体梳理。通过这一章，读者可以对推荐系统形成比较深刻的整体认知。

第 3 章　对推荐系统所需要的数据和特征处理进行深度阐述，主要包括数据的收集、**非结构化数据的结构化清洗、连续特征处理（标准化、无监督分箱和有监督分箱）等内容**。

第 4 章　对推荐系统的线上指标和线下指标进行深度解读。此外，因为 **AB 实验**是推荐系统中重要的一环，所以本章也对 AB 实验的设计和需要注意的细节进行了一一讲解。

第 5、6 章　主要对机器学习和神经网络的设计及调参进行了详细的解读。这是本书的重点，也是很多推荐算法工程师的难点。这部分内容非常丰富，包括 **XGBoost 的重要参数调优、集成学习最大化推荐效果利用、DNN 网络深度和宽度的影响、激活函数的选择、优化器的选择、各个损失函数的原理和适合的业务场景、过拟合和欠拟合**等。

第 7～9 章　分别对召回层、精排层、粗排层进行详细解读，包括协同过滤召回、双塔召回、Word2vec 召回、图召回、树网络召回、传统 DNN 建模、偏置建模、模型可解释性、**因果建模**、序列建模、**模型蒸馏**、**特征蒸馏**、**近离线计算**等重点内容。

第 10 章　主要介绍**精排模型的模型分析方法和定位优化方向、重排模型（PRM、生成式重排模型）和混排（混排的原理和强化学习在混排中的应用）**。

第 11 章　主要介绍冷启动环节的设计，主要包括**新用户如何冷启动、新物料如何冷启动和冷启动涉及的流量分配算法**。这是本书的特色内容。

勘误和支持

由于作者水平有限，书中难免会出现一些错误或者不准确的地方，恳请读者批评指正。欢迎提出宝贵意见，可发送邮件至邮箱 tomtang110@outlook. com 或者知乎咨询 Tang AI，期待你的真挚反馈。

致谢

感谢同学和朋友对我的指导及帮助，尤其是冯洁、刘智柯花费了很多时间对本书格式进行校正。

感谢我的父母，感谢他们将我培养成人，并时时刻刻鼓励我，让我充满信心和力量！

谨以此书献给广大推荐领域从业者，希望行业越来越好。

CONTENTS

目录

CHAPTER 1

第 1 章 什么是推荐系统

随着互联网的崛起，推荐系统已经在潜移默化地影响着我们的生活。可以毫不夸张地说，只要有互联网的地方，就有推荐系统。在互联网的世界里，推荐系统被应用在垃圾邮件过滤、音乐推荐、电影推荐、游戏推荐、商品推荐、新闻推荐、信息流推荐和直播推荐等方面。从应用角度来说，推荐系统其实是一种提高用户体验的系统，会直接影响用户的留存和消费行为。因此，了解一个推荐系统的架构，并且清楚地理解其中每一个模块的作用及结合自己的业务场景去设计推荐系统的思想，对于每一个推荐系统从业者来说都是非常重要的。对于公司来说，推荐系统如果设计不当，则可能直接导致业务失败，造成人力成本和业务资源浪费。本章将介绍为什么需要推荐系统，企业设计推荐系统可能遇到的问题，推荐系统在互联网中的典型应用等。

1.1 深度理解推荐系统

推荐系统的历史最早可以追溯到 1992 年，施乐公司的帕洛阿尔托研究中心提出一种基于协同过滤算法的推荐系统，并将其用于垃圾邮件过滤。1994 年，明尼苏达大学双城分校计算机科学与工程系的 GroupLens 研究所设计了 GroupLens 新闻推荐系统。这两个系统均使用了协同过滤（7.1 节会详细介绍）算法。何为协同过滤？**协同过滤**就是为用户过滤掉没有用的或者不太喜欢的信息，留下有用的或喜欢的信息，即**“去其糟粕，留其精华”**。其实这也是大部分推荐系统的作用——**帮助用户从大量物料中选出他们最感兴趣的**。此后，大部分推荐系统从用户感兴趣的角度出发，开始推出“千人千面”的推荐功能，其主要目的有 3 个：

- 让用户的兴趣得到极大满足，以让用户长期在 App 内留存。
- 进一步开发用户的新兴趣，提高用户体验。
- 在实现盈利的同时，最小化对用户体验的损害。

1. 为什么需要推荐系统

进入互联网时代后，社会的信息壁垒加速松动，人们进入了信息爆炸的时代。对于个人用户来说，需要一个系统帮他从驳杂而庞大的物料库（物料库指商品库，也可以理解为待推荐的物料库）中找出他需要的、感兴趣的物料，这不仅是一种基本的需求满足，更是一种惊喜感的营造和潜在需求的满足。比如，用户在某电商平台搜索了手机，系统推荐了手机，这只是一种基本的需求满足。但是，如果再有相关耳机、手机壳等的推荐，则无疑会击中用户的潜在痛点，提高用户的体验。

不要小看用户的体验，在 App 功能同质化严重的今天，谁能把用户体验和用户留存做到极致，谁就能掌握在互联网上赚钱的密码——流量。对于公司来说，在 App 的初创阶段通常是不需要推荐系统的，只需要完成基本的功能和框架，再配几个运维人员即可。随着用户数的爆发，运维人员数量的增长肯定无法匹配用户数量的增长，而且对于大部分场景来说，推荐产出物料的体验要明显好于运维产出的物料。因此，为了减少运营成本，提高用户体验，进而提高用户留存和商品交易总额（Gross Merchandise Volume，GMV）等相关指标，推荐系统的构建就显得尤为关键了。

2. 推荐和搜索是什么关系

搜索其实可以理解为推荐的前身。在互联网时代早期，人们通过搜索关键字来查找自己想要的内容。推荐略去了这一步骤，直接通过下滑展示、推送和首页展示等方式满足用户的信息获取需求。

搜索是有目的性的，很多时候是一次性的，只要满足了用户的当前需求，这个会话的任务就完成了。推荐在很多时候并没有目的性，因为很多用户并不知道自己的兴趣点在哪里，所以需要推荐系统去刺激用户的痛点，让用户留在应用内。这么一比较，搜索其实更像在满足用户的基本需求，而推荐则更像在满足用户的潜在兴趣需求。

表 1-1 所示为搜索和推荐的对比。

表 1-1　搜索和推荐对比

对比内容	搜索	推荐
目的性	强	弱
关键因素	1. 检索关键字 2. 物料信息 3. 用户相关信息等	1. 用户基础信息 2. 用户兴趣 3. 物料信息
消费时长	很短	可能很长
整体流程	召回—精排	冷启动—召回—粗排—精排—重排
用户需求	以直接需求为主	潜在需求和直接需求都很重要
交互方式	在对话框中输入关键字、图片搜索、语音搜索（听音识曲）等	下滑展示、首页展示、猜你喜欢等
个性化程度	基本无	强
效应特点	马太效应	长尾效应
实时性要求	秒级	允许天级

1.2 企业在构建推荐系统时会面临哪些问题

推荐系统很有必要，但它并不是说建就建的，企业在构建它时会面临很多问题。企业需要有意识地做好前期工作，为后续推荐系统的构建打下坚实的基础。企业面临的主要问题如下。

- **用户画像问题：**用户画像可以说是整个推荐系统，甚至整个业务的基石。了解用户画像、设计用户画像是每一个产品负责人的必修课。企业需要有意识地去打造一套完整、可用的用户画像。推荐模型上线以后，需要对推荐模型和用户画像进行交叉迭代，从而实时提升整个推荐系统的效果。
- **打标签问题：**标签体系主要完成对用户和物料的具象化。一般需要利用人工或者 NLP（自然语言处理）技术，对用户进行意图和情感识别，为其打上标签，对物料进行文字识别或者图像识别，并将其归类。总体来说，就是通过 AI 技术或者人工将用户和物料进行归类、打标签。同样，打标签系统和推荐系统也应该交叉迭代，打标签系统通过对用户和物料打标签向推荐系统传递好的特征，从而优化推荐效果；而推荐系统接收打标签系统的标签后给出的推荐反馈又将反过来验证打标签系统的标签的准确性。在很多企业中，打标签部门和推荐部门并不相互联动，这明显是不可取的。
- **数据埋点和存储问题：**对于用户迅猛增长的 App 来说，每天产生的数据量是巨大的，因此为不同类型的数据选择不同的存储方式很有必要。通常而言，存储大数据使用 Hive，存储正常读取的数据采用 MySQL，存储需要反复快速读取的数据采用 Redis。此外，数据埋点的位置、不同阶段的埋点变化、数据的整合方式、对不同数据采用不同的存储期限，对于后续推荐的效果起着决定性的作用。企业应该充分考量自己所处的阶段，合理地设计数据埋点和数据存储方式。
- **链路优化问题：**画像和数据都就绪后，接下来就可以对推荐系统的各个链路进行优化。在各大厂中，通常各个链路是由不同的算法工程师单独优化的，但事实上，各个链路是互相影响的。有时对一条链路的优化没有取得效果并不是优化本身有问题，而是后面的链路没有适应优化链路的改动。比如，优化召回层后，发现新召回层召回的物料很难排上去，在运行一段时间后才慢慢起作用，这是因为精排层没有见过新召回层的物料，需要运行一段时间，让精排层去学习新召回层的物料。因此，企业的算法工程师在对各个链路层进行优化时，一定要从推荐的全链路层角度出发进行优化，不要只看自己的“一亩三分地”。推荐系统是由一个个小模块组成的复杂链路，各模块既相对独立，又相互影响，它们共同作用来完成个性化推荐任务。

1.3 4类主流推荐系统构建点拨

按照功能划分，目前主流的推荐系统主要分为 4 类，分别为电商推荐系统、视频网站推荐系统、广告推荐系统和信息流推荐系统。本节将结合案例对这 4 类推荐系统进行深度分析，让大家对推荐系统的应用有一个直观的了解。

1.3.1 电商是怎么做推荐系统的

电商可以说是互联网行业在广告之外的又一个里程碑式的盈利模式。目前，亚马逊、淘宝、京东和后起之秀拼多多是电商领域的佼佼者。毫无疑问，推荐系统对这几家电商公司都起到了巨大的作用，特别是亚马逊，据其财报披露，与推荐系统相关的收益占到了其年收益的 40%。下面详细介绍推荐系统在各家电商公司的应用。

这里先问大家一个问题：好的推荐系统具有什么特点？一些人会说，好的推荐系统要能够帮助公司提高点击率（Click Through Rate，CTR），让更多的用户去点击；也有一些人会说，好的推荐系统还必须帮助公司提高转化率（Conversion Rate，CVR），让用户尽可能地买商品，提高成交；还有一些人会说，好的推荐系统还要探索出用户的潜在兴趣，让用户一直具有新鲜感，延长用户的留存时间。不过在笔者看来，最好的评价指标只有一个，就是**用户满意度**。因为很多时候我们得不到纸面的用户满意度，所以用 **CTR、CVR、观看 6s、接通电话 30s、评论、点赞、收藏和多样性覆盖率**等一系列指标作为用户满意度的替代指标。

1. 图书电子商务推荐系统案例

著名图书电子商务网站 A 的推荐开始是基于评分标准的，具有 1～5 星的评价等级（见图 1-1）。此评价等级代表了用户满意度，可以说仅凭这一点，该网站的推荐效率就会比其他仅以点击或者成交为目标的推荐系统高不少，原因是用户给出了反馈，而足够多且全的反馈是优化推荐系统的最佳利器。当然，这种评价体系并非没有缺点，它的一个明显缺点是增加了用户的操作流程，拉低了用户体验。

图 1-1 著名图书电子商务网站 A 的推荐页面（1）

在进入图书电子商务网站 A 的主页后，因为不知道选择什么书，笔者就随机点击了文学类图书，此时网站展示的是热门书单，如图 1-2 所示，图中的 4 张图片主要介绍了一些**热门书**和一些**广告书**。展示热门书很好理解，在推荐过程中，对于新用户，因为系统没有收集到他们的喜好，所以需要采取一些措施，尽可能地去推荐一些他们感兴趣的物料。这样的措施一般称为**冷启**

动。冷启动的常用方法有**基本信息冷启动、热门冷启动、EE（探索和利用）冷启动和外部数据接入冷启动**等，而图 1-2 所示的正是热门冷启动的一种表现形式，热门冷启动是最常用的冷启动方式。

图 1-2　著名图书电子商务网站 A 的热门书单

热门商品具有聚焦效应，往往一出现就能够吸引用户的目光，从而引发用户产生行为（如点击）。从另一个角度来说，即便用户没有产生行为，也是一种反馈，这证明用户对这一类商品不感兴趣。

接下来滑动鼠标看看它展现了什么。从图 1-3 可以看到，在展现的商品中，1/3 是没有评分的，2/3 是有评分的。之前介绍过图书电子商务网站 A 一开始的推荐系统是基于评分系统的，那么为什么还要给用户推荐没有评分的商品呢？有两点原因：

- 并不是所有的商品都有评分，没有评分的商品也要有曝光的机会。
- 没有评分的商品中有大量用户感兴趣的物料。

通过图 1-3 和图 1-4 可以看到，所展现的 12 个商品中，有 4 个是没有评分的。这些商品首先是用户可能感兴趣的，其次是尽管这些商品并没有评分，但是可能得到了一定的点击量和交易量，所以被曝光给了用户。不过没有评分的商品只占了 1/3 的比例，而后面有评分的 8 个商品占了 2/3 的比例，原因是：

- 在模型预估中，用户对这几件商品比较感兴趣（**被点击的概率很大**）。
- 它们已经被其他用户使用过且获得了不错的评价（**增大点击概率和成交概率**）。

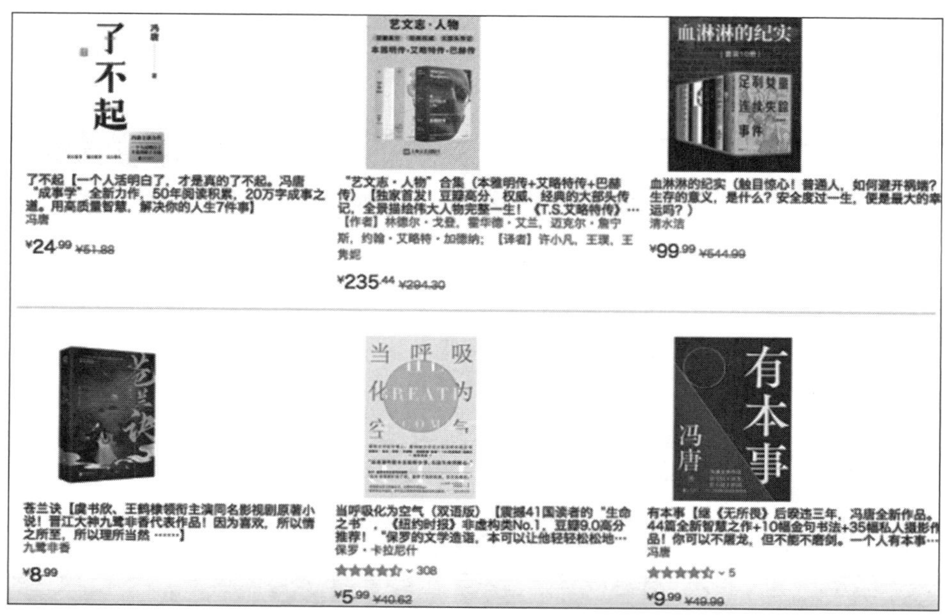

图 1-3　著名图书电子商务网站 A 的推荐页面（2）

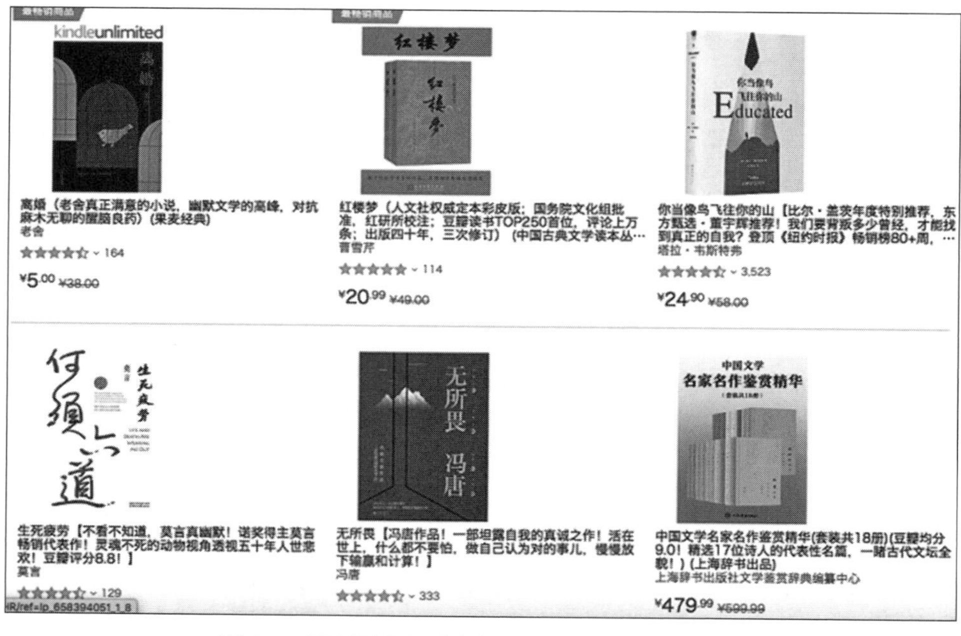

图 1-4　著名图书电子商务网站 A 的推荐页面（3）

从上面的案例中可以认识到，图书电子商务网站 A 的主要推荐位分为两部分，一部分是热门推荐和广告推荐，另一部分是个性化推荐。个性化推荐又分为冷门个性化推荐和热门个性化推荐。

先谈谈为什么需要热门推荐。热门推荐的作用是让新用户有一些不错的选择。比起随机推荐，热门推荐显然是更好的选择：对于用户来说，可以有一个不太差的体验；对于平台来说，可以快速收到用户的反馈，建立用户画像，了解用户的兴趣。

再来介绍广告推荐。毫无疑问，广告推荐是平台获利的工具。商家付钱，平台将广告展现给用户。一般来说，广告会伤害用户的体感，但是因为个性化的存在，推荐系统有能力把用户感兴趣的广告推送到用户面前，将用户不感兴趣的大部分广告过滤掉，从而最大限度地降低广告对用户体验的伤害。

最后讲讲个性化推荐。个性化推荐主要利用推荐算法根据用户画像进行推荐，其中，冷门个性化推荐是从不太热门的物料中获取的，热门个性化推荐是从热门物料中获取的。那么，两者的区别在哪里呢？

其实在个性化推荐中，追求的是最大化用户的舒适感。如果一味地推荐热门物料，那么用户很快就会因为内容太过单一而感到厌倦（因为热门物料的数量并不多），所以就有了个性化。对于个性化来说，用户更喜欢反馈数据比较全面的同时有自己喜欢的物料，也就是所谓的热门个性化物料。这部分物料也是用户容易点击和成交的，所以它们在推荐栏占的比例较大。但是冷门个性化物料也比较重要，虽然它们的热度不高，但是它们大概率是用户感兴趣的，因此也值得被推荐。只是相对热门个性化物料来说，它们的点击率和成交率要低一点，所以展现时占比也要低一些。

当然上述展现策略并不是唯一的，可能在不同的页面有不同的展现策略，甚至针对不同的用户有不同的展现策略。如对于高活用户来说，系统可能会让他们接触更多的冷门个性化物料，因为他们可能早就对热门个性化物料熟记于心了。

对于平台来说，也需要给一些冷门个性化物料曝光机会，让一些有潜力的物料有机会变为爆款，这就是所谓的“保量”。在点击和成交损失不大的情况下，保量措施对平台和用户是双赢的。

综上，从网站 A 的案例可以看出，推荐系统是一套比较复杂的业务逻辑，它不仅考虑把用户的个性化做好，还兼顾广告盈利和用户体验的博弈衡量、物料的曝光保证、用户兴趣的探索、成交和兴趣的平衡等。

2. 电商推荐案例分析

由图 1-5 所示的某著名电商 App A 的推荐首页可以看出，其推荐分为两部分，一部分是搜索框的推荐，另一部分是商品列表卡的推荐。

搜索框背后的推荐算法目前官方并没有对外分享，不过笔者可以根据经验进行一定程度的解读。

- 因为搜索框显示的是文字推荐，因此，其推荐逻辑主要来自搜索算法。
- 搜索推荐应该主要来自用户的搜索历史和用户点击物料的文本描述，其架构应该类似于常用的搜索架构，包括召回和排序。

- 召回应该是多路召回，主要来自搜索历史查询的改写召回、搜索历史查询的相似召回、搜索历史查询的归一化扩散召回、用户点击物料文本相似召回、用户偏好类目热门物料召回、点击物料图片召回等。
- 排序时主要根据用户特征和“物料文本＋物料基础特征”进行打分，最后进行推送。
- 商品列表卡的推荐包括前文所提及的冷启动—召回—粗排—精排—重排 5 个部分。从个人体验来看，其主要与用户推荐历史点击物料、成交物料和物料的热度有关，但是每个商品卡位置的功能并不是一样的，除了个性化的位置展现外，还有多样性商品展现、热度商品展现，甚至还有一些产品经理认为的比较有价值的物料的展现。当然这些商品展现的比例，对不同的物料是刷新一次展现一次还是刷新多次展现一次，都是需要慎重考虑和验证的。而且对于个性化商品推荐来说，在大多数时候并不将精排点击打分作为最后的排序分数，而要结合成交得分、留存得分、物料的生命周期、点击率和转化率等一系列打分进行排序。

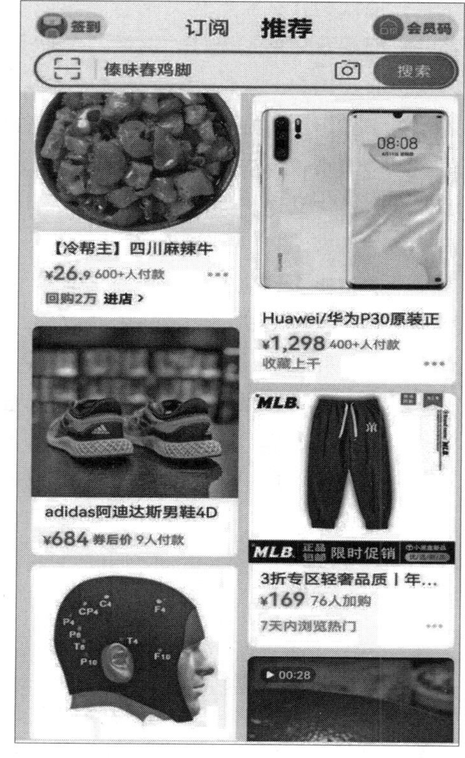

图 1-5　某著名电商 App A 的推荐首页

不可否认的是，目前上述电商 App 的体验还是相当不错的，其推荐的物料基本可以命中用户的兴趣目标，而且物料的重复性比较低。不过该电商目前的推荐也不是完美无瑕的，比如另一个著名电商 App P 就在此基础上增加了一些特殊物料拓展措施。App P 的推荐系统在命中用户兴趣的基础上会进行一种特殊的拓展，即进行二次推荐，那么这个特殊的拓展是什么呢？举个例子，某个用户搜索了手机或者点击了手机相关物料，App P 就会在此基础上推荐一些与手机相关的配件，如 360°无死角自拍杆。

除了搜索框的推荐和商品列表卡的推荐外，电商 App S 也极其注重用户的体验。如图 1-6 所示，在用户进行多次刷新之后，手淘 App 会留下“用户调研”框对推荐的这次会话进行反馈收集，以便后续优化。另外，不要以为展现的商品列表卡全是个性化推荐，一般来说，在一次展现中会有一个物料属于广告推荐。广告推荐是另一个比较深的领域，是区别于个性化推荐的单独、成体系的推荐系统。

图 1-7 是电商 App J 的商品推荐页面，总的来说，其展现的内容和 App S 大同小异，只是 App S 倾向于展示商品的成交量，而 App J 则倾向于展现商品的浏览次数。京东 App 背后的推荐

算法和流程也没有官方分享，不过从 App J 的相关论文来看，其背后的逻辑和 App S 是大同小异的，还是以个性化为主，以运营规则为辅，此处不做赘述。

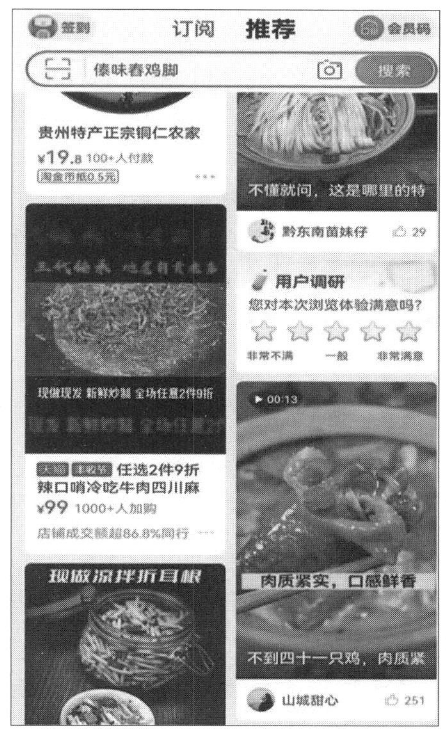

图 1-6　App S 的推荐页面

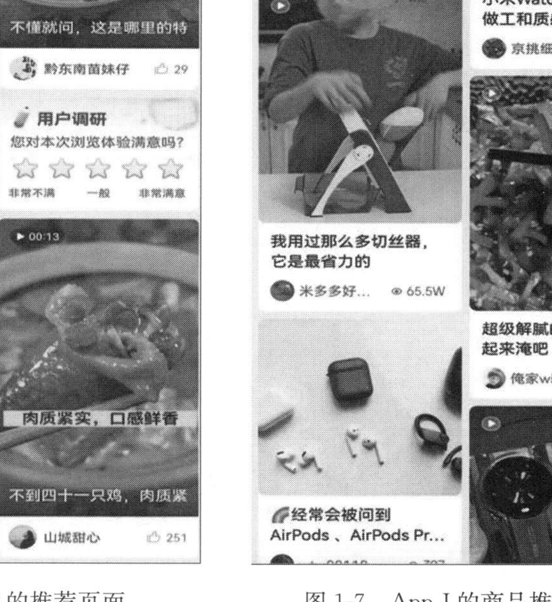

图 1-7　App J 的商品推荐页面

事实上，通过以上的电商推荐案例可以发现，现在的商品推荐不只是推荐商品那么简单，它通过不停地展现用户感兴趣的商品，让用户留在 App 内，从而产生点击和消费。它不只展现静态的商品图片和文字，还会展现商品的视频，甚至插入商品的直播卖货。而且，其中不仅有商品展现，还会插入其他业务，比如插入广告和直播。因此，商品推荐信息流最终展现给用户的是复杂的信息流，包含多个业务场景展现的商品卡。怎么对其进行合理的混排，让各方利益达到最优，是一个很复杂的问题。

1.3.2　视频网站是怎么做推荐系统的

随着流媒体的兴起，视频行业从最开始的检索系统逐渐拓展到推荐系统。其中比较有名的有 Youtube、哔哩哔哩、Netflix 等。2006 年，Netflix 为其推荐系统举办了百万美元奖金的推荐大赛，最终得奖的 SVD++模型将其推荐精度提升了 10%。当然，在技术快速迭代的今天，SVD++模型已经过时了，目前的视频推荐和电商系统一样，是一个极其复杂的系统。

著名视频网站 Y 的推荐首页如图 1-8 所示。页面最上面是一个简单的搜索框，这是视频网站最原始的功能——搜索。接下来该网站会显示几个标签（tab），这些标签是个性化的，每个人界面中的标签都不一样。个性化标签主要是依据用户观看历史和搜索框中的搜索历史产生的，可方便用户进行快速的兴趣定位。再往下是两个大卡片，主要展现的是个性化的广告，这个广告是根据地区和广告竞价费用所决定的。毫无疑问，能出现在首页的广告都是很贵的，不过也不是盲目进行投送的。再往下是 4 个小卡片，主要展现的是个性化的视频推送，主要内容是根据用户平时的浏览记录和通过搜索框的一些搜索来展示的。整个网站背后的推荐算法遵循的都是冷启动—召回—粗排—精排—重排的框架逻辑。不过，比起其他企业看重精度的精排，网站 Y 近些年的精排更加注重视频的多样性，因此该网站上线了以强化学习为主的精排模型并取得了较好的业务效果。当继续下滑页面的时候，会发现内容风格逐渐有了变化，比较图 1-8 下半部分的 4 个小卡片，其中的 3 个与音乐相关，1 个与电视剧相关。但是，滑到图 1-9，第一排的 4 个卡片中，2 个与音乐相关，且有一个是直播的卡片。另外两个中，一个与娱乐节目相关，一个与地理相关。可能的原因是，第一批展现的 4 个卡片用户并没有点击，也就是说用户可能并不是很感兴趣，所以，接下来网站要给用户展现一些不同风格的视频。

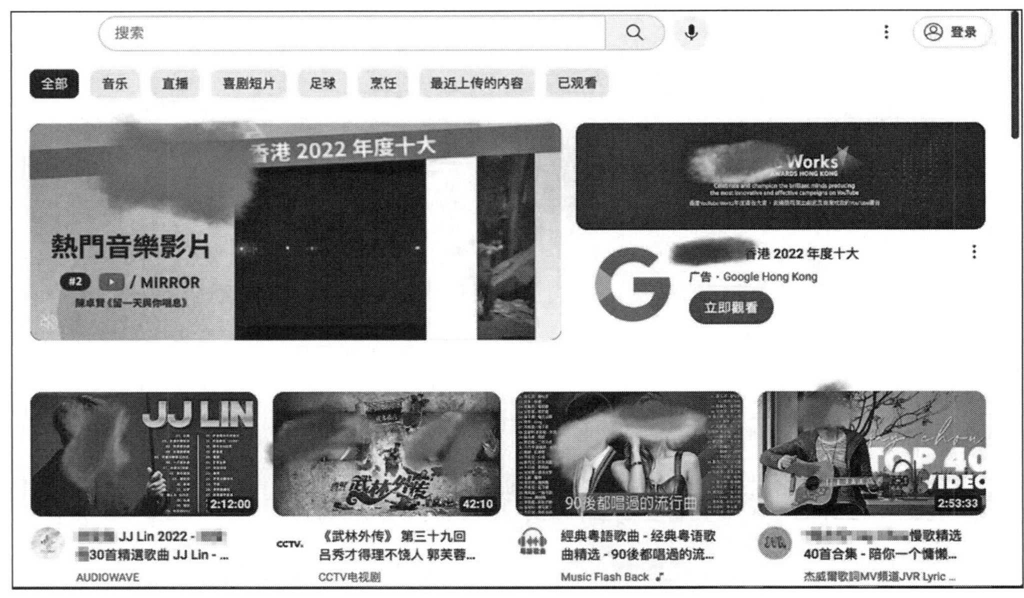

图 1-8　著名视频网站 Y 的推荐首页

接着看图 1-9 所示的下面一排卡片，很明显，卡片内容变为 3 个与电视娱乐相关、1 个与音乐相关。因此，我们从图 1-8 和图 1-9 可以明显感觉到，网站 Y 的个性化推荐不仅依照了历史搜索和浏览记录，还会根据当前用户的行为进行实时的策略调整。这背后的逻辑或多或少存在着强化学习的影子。此外，图 1-8 展现的 4 个视频中，有 3 个都是笔者之前点击过的视频或者与其相

图 1-9 著名视频网站 Y 的推荐页面

关的视频。但是在图 1-9 展现的视频中，除了一个视频笔者在半年前浏览过，其他的都没有看过，但是，网站确实击中了笔者的大部分兴趣点。比如，最后一个视频就是笔者一直想看，但是又没有时间看的视频。

图 1-10 是著名视频网站 B 的推荐首页。很明显，比起网站 Y，网站 B 的主页要复杂得多。第一排显示的是网页的基础功能——搜索，不过这里嵌入了一个搜索纹，经过笔者检测，这也是一个个性化的搜索纹。不同于某些网站的动态搜索纹，网站 B 的搜索纹是一次性的，并不会隔几秒自动替换新的搜索纹。再往下是一系列的标签，不同于网站 Y，这里的标签不是个性化的，会一次性展示很多的标签供用户选择。再往下，左边的大卡片展现的是网站 B 主推的广告节目，右边的 4 个小卡片是个性化的视频。

再往下是 4 个小卡片，其中 3 个是个性化视频、1 个是广告，如图 1-11 所示。同时，每个视频上都展现了播放数和弹幕数。弹幕是网站 B 的特色，为网站 B 的推荐增添了不少的光彩。这里着重说一下网站 B 的推荐反馈机制。该机制相比较于其他网站的推荐系统的反馈机制要丰富很多，不仅有点击、播放、评论、点赞、转发、关注和收藏等视频类网站的基本反馈操作，还有投币、弹幕。特别是弹幕，弹幕显示了大量用户的反馈，无疑为推荐系统提供了很好的反馈信息。

通过网站 Y 和网站 B 的主页我们可以发现，视频网站的推荐系统首先要具备正常的搜索功能，其次应该有让用户快速导航的标签，最后才是一系列广告和个性化视频的推荐。我们可以明显地感觉到，现在的视频网站不再单纯地推荐个性化视频，还会在其中插入直播和广告。因此，这不仅是一个视频推荐业务的问题，还涉及直播推荐和广告推荐。那么，怎么在保证个性化的前提下，分给直播和广告足够多的流量，并且选择合适的位置进行插入，是每一个视频推荐算法工程师需要着重思考的问题。

图 1-10　著名视频网站 B 的推荐首页

图 1-11　著名视频网站 B 的推荐页面

1.3.3　推荐系统是怎么应用于广告业务的

广告业务是大部分互联网企业的主要营收来源之一。互联网广告的计费方式有很多种，主要有 CPT（按独占时间段收取费用）、CPM（按千次展示结算）、CPC（按点击结算）、CPS/CPA（按转化结算）、oCPM（按 CPM 决定展现，按转化进行收费）。现在流行的互联网广告结算方式是 oCPM。首先，广告主在广告在线平台选择每条广告的竞价——bidding。然后，平台根据当前的流量、广告主的基本信息和广告素材计算当前广告和流量客户的 p_{CTR}（点击率）和 p_{CVR}（转化率）。最后，平台会计算出当前广告的 eCPM＝bidding×P_{CTR}×P_{CVR}×1000，再对各个广告主的 CPM 进行排序，选择 eCPM 最高的广告主的广告进行展现。但是在扣费的过程中，是对实际转化的个数进行扣费，并不是直接以 eCPM 进行扣费。事实上，互联网的广告计费模式很复杂。比如，对于新的广告主而言，它的广告一开始是很难得到曝光的。对于平台而言，平台需要给予其一定的流量让其冷启动，让模型可以学习到真实的 CVR 和 CTR。为了提高曝光量，新的广告主可能需要提高它的 bidding，在 CTR 和 CVR 增长起来以后，可以适当降低 bidding，控制成本。此外，对于选择 CPM 类型的用户，为了充分保障用户的利益，平台会采用广义第二高价的机制(GSP 策略)，即竞价选择 CPM 最高的广告主，但是实际收费采用第二高的 CPM。

CPx（泛指各种按成本计费的方式）形式的计费方式彻底将互联网广告和传统广告区分开来，广告不再是广告主投钱、平台负责展现的形式。在互联网广告中，平台还需要为广告的真实效果负责。这一点保证了广告主的利益，但是，这对平台的预估能力提出了很高的要求，而预估的工作基本和推荐预估的程序是一致的。物料个性化推荐和广告推荐的区别在于，物料个性化推荐系统追求的是对单个用户在物料之间的序正确，而广告不仅追求序正确，还追求值的准确，因为算出的 p_{CTR} 和 p_{CVR} 会直接参与 CPM 的计算，并且后续会影响扣费。所以，预估值应该尽可能保证线上的原始分布 OCPC（真实值/预估值）接近 1。

从电商和视频网站的例子可以看出，现在的主要广告展现形式还是在个性化推荐的物料中强插广告。最开始，广告是在当前展现卡片中的固定广告位进行插入。后来，开始选择动态坑位插入，提高了广告的点击率。事实上，个性化的物料展示和广告插入是在限制条件下的最优化问题，很多算法工程师在广告混排场景中定义了一系列的约束条件和优化目标，运用拉格朗日对偶转换对广告混排场景进行最优化求解。这里需要格外注意的是，个性化推荐物料的打分和广告推荐的广告的打分并不在一个量纲上，很多时候个性化推荐和广告推荐由两个团队负责，因为精排产生的物料的分数的量纲肯定是大不相同的，如何将两个分数的量纲进行统一后排序是推荐团队负责人必须提前考虑的问题，因为这直接决定了企业的广告营收和推荐收益。此外，有的企业直接打破个性化推荐和广告推荐的壁垒，将个性化推荐和广告推荐的数据统一并进行模型训练，只是对广告侧的物料的 bidding 乘以一个系数后加入排序来作为最终的排序值，即广告物料的最终分为 bidding（一般为 eCPM）＋α×rankscore，而正常的个性化物料的最终分就是 rankscore。

1.3.4　推荐系统是怎么应用于信息流的

在流媒体日益发展的今天，出现了集新闻、视频、广告、直播、小说等功能为一体的信息流。信息流，顾名思义，就是信息流量，可展现给用户大量的信息内容，不局限于某一类内容，而是包罗万象的信息大集合。

信息流根据应用的功能不同会有所侧重。比如，电商类 App 的信息流主要是商品相关的图片和视频，新闻类 App 的信息流主要是新闻和中小视频，视频网站的信息流主要是视频和评论。信息流所展现的内容不再具有单一性，而具有多元性。换句话说，也可以将信息流当作一个个推荐板块的入口。比如，用户点击了直播板块，那么用户就会进入直播的板块界面，直播推荐就会接力信息流推荐，让用户继续留存在 App 内。因此，个性化推荐就显得异常重要了，否则用户就会迷失在庞大的无效信息内容中，产生负向反馈。

图 1-12 是著名新闻 App T 的推荐信息流首页，第一栏是搜索框，搜索框里面有个性化词条的推荐。下面是官方必备的置顶栏。置顶栏之后是带有官方色彩的个性化新闻，之后是图文形式的个性化新闻。可以看出，App T 的信息流首先还是官方的新闻，然后才是个性化的图文新闻。

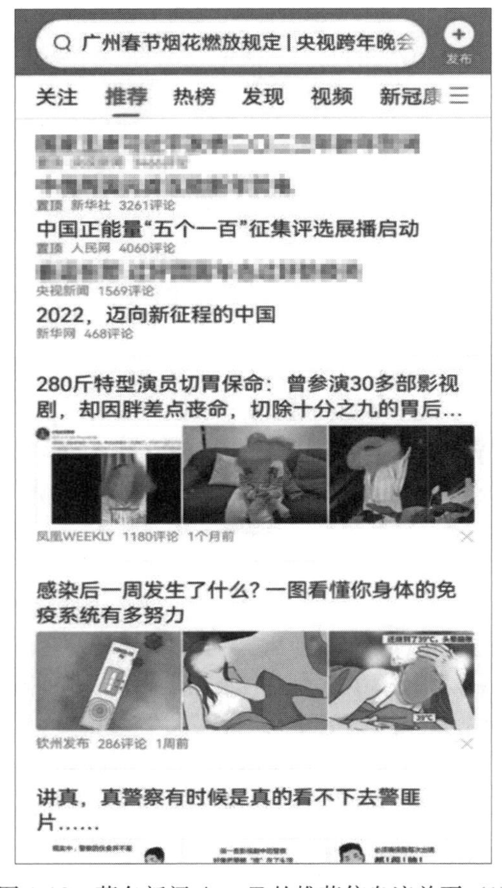

图 1-12　著名新闻 App T 的推荐信息流首页（1）

再往下滑动，如图 1-13 所示，我们可以清晰地发现，展示的内容有了很大的不同。如图 1-13 的左图所示，开始出现了两个 10min 以上的长视频和一条小说书评。继续下滑，如图 1-13 的右图所示，开始出现了两个短视频小卡、一个长视频中卡和一条广告信息。

很明显，信息流展现的内容是动态变化的，除了官方内容必须在首页展示外，信息流会随时根据用户的当前状态改变展现的内容，而且每一次刷新都会展现不同的内容，从而尽快找到用户的兴趣点，增加用户在 App 内的留存时间。

从图 1-12 和图 1-13 也可以明显看出，短短的 3 刷，信息流展现的内容就包括了官方新闻、主流媒体新闻、长视频、个性化图文、小说评论、短视频和个性化广告。在企业中，这些内容板块很多时候是由不同的推荐团队负责的，只是每个板块的展现流量是不同的。可以说推荐系统贯穿了整个信息流的生命周期，并且毫不夸张地说，推荐系统的好坏直接决定了信息流的命脉。因为一旦信息流的个性化丧失，用户很快就会感觉到无聊或者反感而退出 App，甚至卸载 App，因为信息流的主要存在目标就是用户留存，而用户留存的关键因素就是个性化和内容库。内容库保证了信息流有足够的资源展现给用户，而个性化决定将哪些资源展现给用户。

上面我们谈到信息流的个性化板块是多种多样的，但是，信息流的坑位却是固定的。因此，为每个坑位选择内容也是推荐负责人和产品负责人需要仔细考虑的问题。一种比较常见的处理方式就是将问题看作广告混排去处理，另一种就是根据各个业务不同的需求进行流量分配。

图 1-13　著名新闻 App T 的推荐信息流页面（2）

此外，对于用户的每一刷也是很有讲究的。比如在上面的案例中，整个信息流推荐系统对用户的每一刷展现不一样的内容，竭尽全力地吸引用户的注意力，让用户去点击展示的内容。一旦用户点击了某一条内容，接下来就是一套组合个性化推荐，从而让用户花费更多的时间在 App 内。这里，读者可以做一个实验，首先选择一款有信息流的 App，然后选择一个感兴趣的视频并点击，接着将会进入一个视频界面，看完这个感兴趣的视频后它会自动跳到下一个视频，你会发现这也是自己感兴趣的视频。当然，如果恰好你不感兴趣，那么系统会指示你滑走，进入下一个视频，你就会慢慢沉迷于这个上下滑动视频的过程，从而增加了 App 的使用时长。

上述过程中，推荐算法和运营的个性化策略显得尤为关键。运营会尽可能地运用数据分析和用户画像让用户去点击物料，最开始被点击的物料称为钩子，也就是一种开启用户个性化推荐的开关，而推荐算法可让用户进入个性化推荐的状态，让用户沉浸在信息流的个性化信息中。

1.4　推荐系统怎么拉活促销

推荐系统的拉活促销起源于打折和发优惠券，主要的目标还是促销。拉活促销的主要业务场景是发优惠券，图 1-14 所示是两个著名打车 App 的优惠展示页面，但是这个页面中的优惠券并不是每个人都可以收到的。首先，如果给每个人都发优惠券，无疑会极大地增大企业的成本。但是只针对经常打车的用户发，又只囊括了小部分用户。理想的状态是给那些平时不怎么用打车软件，但是一旦有优惠券，就会使用 App 的用户发优惠券，所以 3 种人就被排除了：

- 第一种是不管发不发优惠券，都会用 App 的用户，这也就是所谓的大数据杀熟中的熟客。
- 第二种是不管发不发优惠券，都不会用 App 的用户，这部分不是打车业务的目标用户，不值得大量的优惠券投入。
- 第三种是不发优惠券时使用 App，发了优惠券反而不用 App 的用户。

图 1-14　两个著名打车 App 的优惠展示页面

所以，真正需要给优惠券的用户只有一种，就是有了优惠券就会消费的用户。那么怎么把这部分用户挑选出来呢？最初的做法就是，一部分用户发，一部分用户不发，然后训练两个模型去拟合这两个群体的分布。这样，两个模型被称为条件状态下的因果模型，它的核心条件是发或者不发优惠券。在真实预测的时候，会将用户同时通过两个模型，然后用发优惠券的模型分数减去不发优惠券的模型分数，如果结果大于某个阈值，就认为该用户为优惠券可激活的用户，否则就是非目标用户。当然，这里要注意的就是阈值的设定和两个模型的分数量纲的一致性。后面，为了解决分数量纲不一致的问题，算法工程师将问题设定为多目标问题来求解，将用户划分为4个类别，即发优惠券消费用户、发优惠券不消费用户、不发优惠券消费用户和发优惠券不消费用户。

这种控制变量进行推荐的模型被统一称为提升模型（也被称为因果模型），它被大量运用在有强偏置的推荐场景，比如发优惠券、发红包、推送或者活跃度消偏等场景。该模型主要的作用就是通过优惠或者激励进行用户促活和刺激消费，而推荐算法的主要作用其实就是用户圈选。

1.5 架构和模型在推荐系统落地中的作用

通过前面节中一系列的案例，我们可以发现推荐系统对于各个互联网 App 的重要性。在落地推荐系统的过程中，首先要确定业务状态，比如用户的体量、物料的体量、用户画像的分布、数据的积累程度和公司技术的支持程度等，然后决定推荐系统的架构，比如：

- 对于发优惠券的业务场景，通常只需要一个精排模型就可以了。
- 对于物料库不大的场景，并不需要粗排，只需要精排就足够了。
- 对于相对成熟的业务，用户和物料的规模都比较大，那么就需要整套推荐模块，冷启动、召回、粗排、精排、重排都是需要的。

确定好了推荐系统的架构之后，下一步就是选择各个推荐模块对应的数据和模型，这将直接决定推荐的效果。比如，对于精排模型，数据应该符合线上分布，模型应该以精度为准，模型相对复杂，要充分考虑特征序列、模型特征交叉等因素。召回模型就不一样了，主要考虑的是召回率，数据可以不遵从线上分布，模型的推理速度必须要快，因此，很多时候模型是不考虑特征交叉因素的。

一般情况下，冷启动最开始是根据业务规则策略确定的。比如，根据用户年龄、用户画像、用户点击的物料的标签等去进行冷启动。后面，随着技术的迭代，冷启动不再是链路中的一个板块，而是独立成链路，拥有单独的召回、粗排、精排步骤。只是不同于原始推荐链路，冷启动的链路更加关注多样性和新颖性，主要目的是让用户快速发现兴趣，同时让新的且有潜力的物料快速成为优质物料。

因此，推荐架构可以被理解为整个推荐系统的“骨架”，而模型就是“骨架”上的“血肉”。架构和模型具有递进关系。架构决定了整个推荐系统的成长上限，主要由业务所处的状态和以后可能达到的上限所决定。模型直接决定了推荐的效果，使效果逼近上限，同时也直接影响了用户的体验和 App 的推荐收益。因此，架构的设计考量的是算法工程师对于业务的理解和对业务的前瞻性，以及对于企业技术的了解程度。而模型的设计考量的是算法工程师对于具体业务数据的了解和模型建模的技术水平。

CHAPTER 2

第 2 章 推荐系统架构

在 1.5 节中我们介绍过，比较成熟的业务推荐系统的整个框架分为冷启动、召回、粗排、精排、重排，本章就针对这个链路详细介绍怎么去设计一套成熟的业务推荐系统框架。图 2-1 所示为从召回到重排的整个流程。

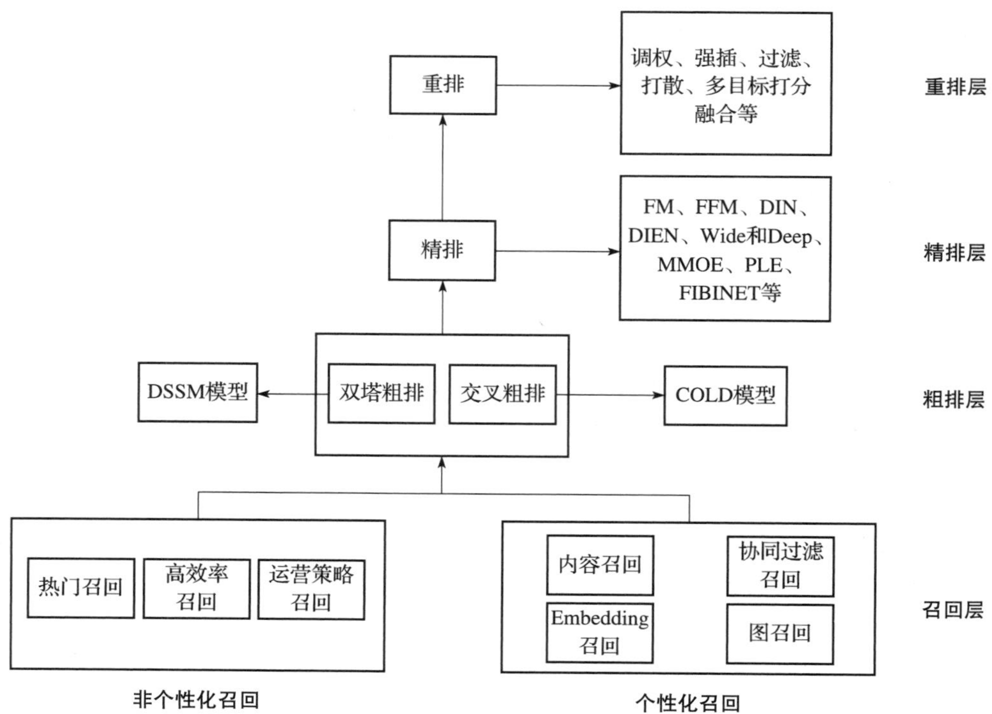

图 2-1　召回层到重排层的过程图

2.1 推荐系统架构概述

如果把整个推荐系统比喻为做菜，数据的来源是生食材，数据的分类是各个食材的规整，数据的连续数值和离散数值处理是食材的加工，那么接下来就是对食材进行下锅混炒。“下锅混炒”这部分可展现一个算法工程师的架构能力和算法能力。一个好的推荐系统不能只考虑当前的短期目标（如提高点击率），还要考虑长期目标的优化（如客户留存、长期目标转化等），而其中的环节又是一环影响着一环、环环相扣的。因此，作为推荐算法工程师，不应只考虑当前的目标优化，还应该从整个系统、整个生态的角度去考虑问题，从整体的宏观业务出发，结合算法进行系统的设计和优化。

比较常见的推荐系统架构如图 2-2 所示。

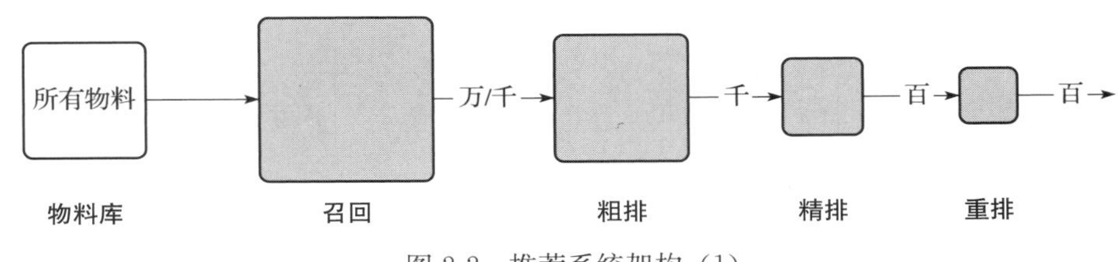

图 2-2　推荐系统架构（1）

目前市面上比较成熟的推荐系统分为**冷启动、召回、粗排、精排、重排** 5 个阶段。

1. 冷启动

很多时候，冷启动是自成体系的，而且是跨场景的。比如，对电商类某个新品牌进行冷启动，可以先对其图文部分进行冷启动。如果效果还不错，则再对其视频部分进行冷启动。换句话说，先在图文部分进行第一次冷启动，有了效果后，再扩大冷启动的范围，在视频场景也开始进行相关品牌的冷启动，让整个信息流联动起来。

冷启动主要分为两种：

- **物料冷启动。**即让新入库的物料得到足够的曝光，从而让一些新的高质量物料能够迅速提升曝光量，快速下发给用户，以满足用户的兴趣和需求。
- **用户冷启动。**即新来了一个用户后，迅速找到用户的兴趣点，给用户推送感兴趣的内容，让用户留存下来，增强用户的黏性，从而将新用户转化为忠实用户。

2. 召回

召回的主要作用就是尽可能地从海量的物料中圈住用户可能感兴趣的物料。一般来说，当一款 App 需要推荐系统存在的时候，其一定是拥有大量物料的。例如大型电商 App，每天的商品肯定是按亿级别来计算的，但是最后每次展现给用户的也就不到 10 条，而这个从亿级别到十级别的工作就是召回、粗排、精排、重排，整个系统就像一个漏斗一样由粗到细（见图 2-3）。同时，每个链路的精度也是从低到高的，而召回就是第一步的粗筛，这一步并不是追求精准，而是追求覆盖度，不要求精准打击，而是“炮火”应尽可能地把所有用户感兴趣的物料都覆盖住。因为召回针对的是所有的物料库，所以我们对召回还有一个要求，那就是快。总体看下来，召回的主要作用就是从上亿的物料库里面迅速找出上万（也可能是千或者百级别的，主要看物料的规模）用户可能感兴趣的物料，而且要求找出的这些物料覆盖了用户大部分的兴趣。

3. 粗排

粗排更像是一个中间过渡层。其对精度有一定的要求，但是没有精排那么高。此外，对于速度而言，可以比召回慢一些，但是也不能太慢，至少要强于精排，属于一个中间过渡层。其存在的目的主要还是因为精排算力“吃”不下那么多物料（如果能够“吃”掉，就不需要粗排了），所以需要粗排层过渡一下，是精度和速度的折中层。

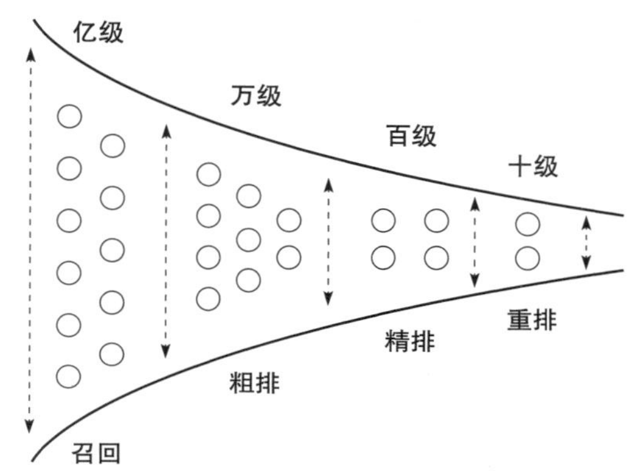

图 2-3　推荐系统架构（2）

4. 精排

精排层就一个目的，即在算力能够承载的最大限度下选出用户最感兴趣的物料。事实上，在推荐系统演化的历史中，算法工程师一半的时间都花费在它上面，因为它直接决定了推出的物料是否能够满足用户的兴趣需求，直接与用户体验和用户转化挂钩。

5. 重排

重排层存在的目的主要有 3 个。

- **满足运营的一些业务需求。**如某些物料需要被强行推送（如广告产品插入或者紧急新闻推送等）。
- **消偏。**具体来说就是精排模型不一定是完美的，其也有某些学习不足的地方，此时，消偏通过数据分析可以发现某些规则并去弥补精排的不足。比如，通过数据分析发现喜欢体育的用户从来不会点击娱乐的物料，但是我们发现精排模型经常会给喜欢体育的用户推送娱乐物料，所以，可以在重排层把娱乐物料过滤掉。
- **增加用户的多样性体验。**对于推荐系统来说，不能一直给用户推送某一类物料，而是应该适当地给用户推送一些其他类的物料，让用户不会产生兴趣疲劳或者避免让用户陷入信息茧房。总的来看，重排层的主要作用是满足业务需求，弥补精排模型的不足。

2.2 召回层概述

在推荐系统的设计中，召回层属于整条链路的最底层，它的存在主要是因为物料库的物料数量十分巨大，需要一个筛子对物料库进行粗筛，尽可能地将用户感兴趣的物料筛选出来。因为是粗筛，所以该层对用户兴趣的精准度要求不是那么高，但是对**用户兴趣的广度**（把所有用户可能感兴趣的物料都囊括进来）和**召回层的反应速度要求**比较高。

召回往往不是一路召回，而是多路召回。每一路召回都从不同的用户兴趣点出发去捞取一定量的物料，再将每一路召回的物料融合去重，之后送入粗排。其中的一点要注意，就是速度必须要快，因为后续还有一系列的链路，所以给予召回层的时间并不是很充足的。召回方法主要分两类：一类是非个性化召回，主要根据物料热度、物料的质量和运营策略等去召回物料；另一类是个性化召回，主要是根据用户和物料的信息匹配度进行物料召回。

2.2.1 非个性化召回

非个性化召回主要根据物料的后验数据和运行的一些策略去召回。非个性化召回与用户无关，可以离线构建，主要有以下几种：

- **热门召回：**比如最近7天点击率高、成交量高、评论量高、点赞高的样本，但是热门召回的量不应该太大，因为一般来说，热门样本都属于高质量样本，用户大概率会去点击，但是这并不能完全说明用户真的是因为兴趣去点击的（可能就是因为热度点击的，比如世界杯）。
- **高效率召回：**比如高CTR、高完播率、高人均时长的物料，这类物料实际的点击率较高，但是因为还没有得到大量的下发而未进入热门召回。
- **运营策略召回：**比如运营构建的各个类目的榜单、片单，最新上架的物料等。

2.2.2 个性化召回

个性化召回主要根据用户和物料的相关信息去进行匹配召回，强调的是个性化的特点，本小节对其主要形式进行介绍。

1. 内容召回

内容召回根据用户的基础信息，比如年龄、职业、兴趣爱好、历史行为、所在地区等，建立倒排索引。内容召回的优点是速度快，而且和兴趣相关（前提是公司画像团队的打标既全又准），但是，缺点也很明显，就是随着基础特征的增多，基于各种基础特征的倒排拉链将越来越多，维护成本大，而且需要算法工程师对业务有很强的理解能力。

2. 协同过滤召回

我们可以通过协同过滤算法找出与目标用户相关的用户，然后将这些相关用户点击过的物料作为召回物料，这种方法就是典型的协同过滤召回。

3. 图召回

图召回主要是通过建图的方式去描述用户和物料（I2U）、用户和用户（U2U2I），或者物料和物料（I2I）之间的关系，然后从这些关系中进行信息抽离，进而进行召回。图召回的建图方式对算法工程师的业务理解也有很高的要求，例如，如何定义节点，如何定义两个节点边的关系，如何设定边的权重等，都是需要细细考量的。

这里通过一个例子（见图 2-4）来进行初步讲解，我们可以采用 Deepwalk＋Word2vec 的方式建立一个 U2U2I 的召回模型，具体步骤如下：

1）将 $user_i$ 设为图的节点 $node_i$，如果两个用户点击过同一个物料，那么两个 node 之间就产生一条边 e_j。此外，还可以根据两个用户点击过同一物料的次数为边 e_j 设置权重 w_j。

建图完毕以后，通过随机游走的方式（因为图太大了，因此不可能让所有的相关节点去训练），得到一系列的相关节点序列。

2）这些相关序列采用 Word2vec 方式训练，得到每个用户的 Embedding，此时的用户 Embedding 已经具有相似特性。

3）对于目标用户，得到其对应 Embedding，对其他用户进行检索，获取到与目标用户最相似的 n 个用户，将这些用户点击过的物料作为召回物料。

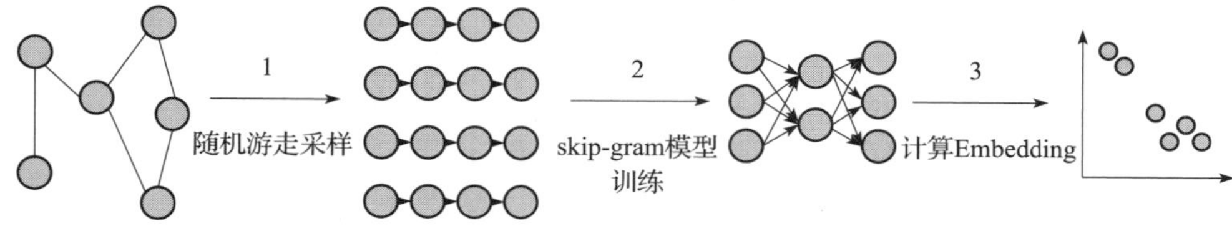

图 2-4　深度游走（Deepwalk）训练流程

4. Embedding 模型召回

Embedding 模型召回本质上属于 U2I 召回，也被称为双塔模型，主要把用户和物料的数据分别用模型进行处理，可以是 FM（因子分解机），也可以是 DNN（深度神经网络），甚至可以直接进行 Embedding 拼接，然后输出仅代表用户和物料的 Embedding，最后将用户和物料 Embedding 进行内积操作，以及进行监督学习。

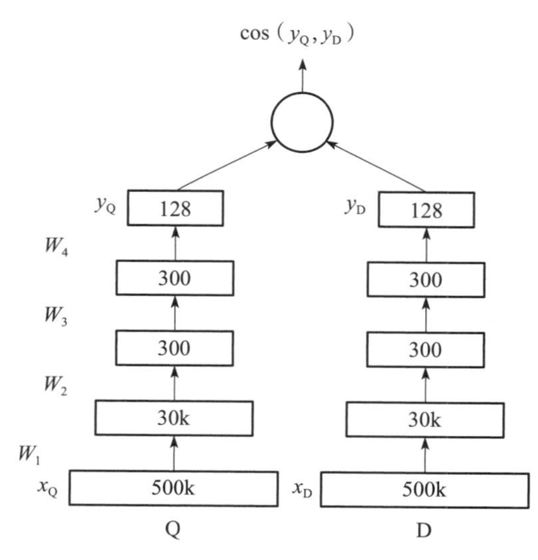

图 2-5　DSSM 双塔结构[⊖]

图 2-5 是一个典型的 DSSM（深层结构化语义）双塔结构，Q 和 D 为用户和物料各自的特征。训练阶段使用 cos（y_Q,y_D）和目标值计算交叉熵进行梯度下降，在线预测的时候仅输出 y_Q 和 y_D，然后通过向量检索工具（如 Faiss）直接对目标用户进行物料 Embedding 检索，一般取打分的前 k 个（Topk）物料作为召回的物料。图 2-5 中，W_i（i=1,2,3,4）指神经网

⊖ 本图中的 k 代表 1000。

络每一层的参数。

Embedding 模型召回的方式满足了个性化的需求。它比图召回更能直接表达用户的兴趣，比内容召回更具个性化，而且因为检索算法的进步，耗时也达到了一个可接受的范围。另外，因为 Embedding 是可以被离线缓存起来的，所以很多复杂的算法都可以被实现并在此阶段落地。不过，事实上，Embedding 模型召回还是有它的不足之处的，大量实验表明，在同样数据集的情况下，双塔模型因为缺少用户特征和物料特征的交叉，因此无论是 GAUC（曲线下的分组面积）指标还是 AUC（曲线下的面积）指标都远弱于 DNN。

2.3 粗排层概述

粗排层是召回层的下一层，它的存在是因为经过召回层的初筛物料的数量还是很多，如果直接送入精排模型，由于很多业务的线上算力无法支持那么多的物料，所以就需要一个粗排层对通过召回层初筛的物料进行二次筛选（当然如果物料并不多，比如召回后只有 100 条物料，那么粗排就不需要了）。粗排层与召回层相比，既要考虑一定程度的兴趣精度，还要考虑粗排层的反应速度。从精度上来说，粗排层的精度是大于召回层而小于精排层的。从速度上来说，粗排层一般快于精排层，慢于或者等于召回层。**以上可以看出，粗排层其实是精排层和召回层的一个折中层。**

因为粗排比起召回，考虑更多的是精度，也就是说，它对于兴趣广度的要求不再那么高，所以粗排往往只需要一个模型就足够了，不需要再进行类似多路召回的兴趣探索。粗排模型的设计要求是在保证精度的情况下，推理速度应尽可能快。因此，粗排模型不能设计得太复杂。一般来说，粗排模型分为双塔粗排和交叉粗排。

2.3.1 双塔粗排

DSSM 粗排模型仍然是常用的粗排算法，主要优点正如 Embedding 模型召回所介绍的速度快，而且个性化强，但是有人会疑惑是不是和 Embedding 召回重复了。两者的**区别主要在于样本的不同**。对于召回来说，其正样本通常来说是曝光点击样本，负样本为 batch 内负采样或者全局随机负采样。这是因为对于召回来说，其面对的物料池是整个物料库，里面的物料对于用户来说大部分是不感兴趣的，只有少部分是用户感兴趣的，所以可以按如下方法处理：

- **不将曝光未点击的样本直接作为负样本，因为曝光未点击的样本基本上是用户感兴趣的样本，这些样本都是经过千挑万选选出来的，分布和物料库是很不一样的。**
- **不可能用整个库里面的用户未点击的物料作为负样本，因为会把潜在的正样本误杀，而且算力也“吃”不下。**

采用负采样的方式构建负样本满足了两点需求，一是拟合了物料库的分布，二是减少了算力的压力。对于粗排就不一样了，因为其是去模拟精排的分布，而且其面对的物料池经过召回已经大大降低了物料的数量，所以此阶段可以用曝光未点击样本作为负样本，去拟合精排，不再那么需要样本负采样。其次，为了更贴近精排的分布，可以将精排打分的前 n 个物料作为正样本或者将精排打分的后 n 个物料作为负样本，并加入训练样本。这么做的原因是，精排的前 n 个物料会被认为是特别好的样本，可以作为一个伪正样本，增强粗排辨别精排所喜欢的样本的能力，那么精排的后 n 个物料作为负样本，主要是让粗排知道这些并不是精排喜欢的样本，以后不要再送过来了。

此外，还可以让粗排模型对精排模型蒸馏，具体做法是，将精排模型的打分作为一个软目标，用 KL 散度或者 MSE 去建立精排打分和粗排模型打分的损失函数，让粗排模型更好地拟合精排的分布。

2.3.2 交叉粗排

交叉粗排产生的原因是用户特征和物料特征交叉的强大拟合能力，也就是说精度比较高，因此，为了克服模型交叉耗时大的缺点，工程师决定对模型进行"瘦身"，让其可以在特征交叉的情况下满足速度的要求，比较典型的代表是 COLD（冷态）模型。

交叉粗排具有如下特点：

- **参数要少，计算复杂度要低，速度要快。**建议采用 LR 或者 FM 等这些计算速度快的模型结构。
- **特征不能多。**首先用 XGB（极限梯度提升）或者 SENet（挤压和激励网络）这种能够筛选特征重要性的模型进行特征筛选，然后选择重要特征进行特征裁剪，降低模型复杂度。
- **工程方面要进行优化。**比如，模型精度可由 float32 降到 float16，总的来说就是牺牲部分精度换取速度。

2.4 精排层概述

精排层其实是推荐系统中最重要的一层，直接表现出用户个性化的优劣与否。好的精排模型直接决定了用户的留存和转化，因为其推出的物料直接代表了用户的兴趣点。如果精排模型出现差错，那么直接的表现就是点击率大幅下降，用户逐渐流失，转化也会逐渐减少。

最初的推荐系统并不存在冷启动、召回、粗排和重排，只有一层精排。CF 就是最早的精排模型，这时候仅考虑用户和物料是否存在点击关系，后面出现的 LR（逻辑回归）开始在各大公司大行其道，其中的优秀代表就是百度的大规模特征工程与 LR 算法的融合，其主要作用就是将用户的基础特征和物料的基础特征提取出来，再加上大量的人造特征，提取出用户和物料的共性，然后运用梯度下降的方法让模型去学习用户和物料的关系。其主要优点就是速度快，而且只要特征工程做得好，其精度丝毫不弱于 DNN。但是缺点也很明显，需要大量的特征工程去堆砌和实验。

2014 年，基于树模型的 GBDT（梯度提升决策树）开始被广泛应用于市场，因为其具有对连续特征处理的优秀能力，所以经常被用来作为连续特征的提取器提取叶子特征，供给 LR 使用。

之后精排开始进入深度学习时代，特征开始进入Embedding化，模型也出现了几个不同的优化分支。第一个分支是模型侧的特征交叉，主要的代表有FM、FFM（现场感知因子分解机）、deepfm（深度因子分解机）、DCN（深度和交叉网络）、DCNv2、Fibinet[㊀]等。第二个分支是序列特征的兴趣提取，主要代表有DIN（深度兴趣网络）、DIEN（深度兴趣进化网络）、SIM（基于搜索的用户兴趣模型）等。第三个分支是多目标模型的研究，主要代表有ESSM（完整空间多任务模型）、MMOE（多门专家混合）和PLE（渐进分离提取）等。

总体来说，在精排层，算法工程师最应该想做的就是在算力能够承受的最大压力下尽可能地提高模型的精度，以满足用户的兴趣点，提高用户满意度。对于正常的推荐系统来说，一个好的精排模型应该满足用户对粗排“送上”的物料的序关系（即越容易被用户点击和喜欢的物料，越排在前面）。对于广告推荐来说，精排模型不仅要满足序关系，还要满足值关系，即精排打分和物料的点击率应该是1∶1的关系，这个指标被称为COPC，即$\text{COPC}=\frac{\text{实际点击率}}{\text{模型预测的点击率}}$。之所以要满足值关系，是因为在广告推荐中，精排打分会直接被用于广告定价，可见精排对于广告推荐来说是非常重要的。

做精排的工程师还有一点要注意，就是要定时对模型进行迭代或者模型冷启动。**如果精排模型长期不进行迭代，产生的训练数据会逐渐拟合模型的分布，模型将和数据合二为一，那么之后的新模型将很难超过当前的模型，甚至连持平都很困难，这种模型就是推荐工程师最讨厌的老汤模型。**这时候只能通过更长周期地训练数据，让新模型去追赶老模型或者去加载老模型的参数热启动新模型，但是，这种热启动的方式很难改变模型的结构，模型建模受限大。所以，算法工程师在初次建模的时候就要考虑到老汤模型的问题，定时对精排模型进行迭代，或者每隔一段时间（比如3个月）就将模型重训，进行数据冷启动，这么做的目的是让模型忘记之前过时的分布，着重拟合当前的分布。

2.5 重排层概述

传统重排的主要作用是提升用户的多样性体验，扶持业务产品，弥补精排的个性化不足和实现多目标的最优解，主要的策略为调权、强插、过滤、打散、多目标打分融合和模型重排等。

1. 调权

在业务上来说，调权存在的原因主要有以下两点：

- ❑ 数据分析后，发现精排对于某些物料的预测有偏差。
- ❑ 因为某些业务的需求，需要对某些物料进行提权或者降权。

为了纠正精排的预测偏差或者满足业务对于物料的需求，调权主要是对精排后的物料打分进行提权和降权，最简单的做法就是，得到物料的精排打分后，用得到的分数乘以一个系数α。调

㊀ 一种结合特征重要性和双线性特征交互进行CTR预估的模型。

权可以分为个性化调权和冷启动调权两种。

- **个性化调权。** 举个例子，如果经过数据分析发现整体预估 CTR 和实际 CTR 的比值为 1，即在整体 COPC=1 的情况下，体育类物料的预估 CTR 是低于其实际 CTR 的，那么就需要对体育类的物料乘以一个系数 $\alpha>1$ 以对体育类的物料进行调权。同理，如果发现某个类别的实际 CTR 是低于预估 CTR 的，则应该对其降权。
- **冷启动调权。** 对于某些需要冷启动的物料，可以对其进行加权，让其快速曝光，但是为了保证效果，一般建议对精排的前 10%的物料进行冷启动调权。

在进行了调权以后，对重新打分以后的物料进行重新排序，然后将物料推送给用户。

2. 强插

强插主要是针对某些运营安排的特定物料（如某个突发新闻的报道或者广告的插入）强制下发，业务驱动比较强。

3. 过滤

过滤主要是针对一些负反馈过多的物料或者明显不合理的物料的下发，如不为学生推送烟酒产品。

4. 打散

打散主要是针对用户兴趣疲劳制定的一个机制，可提高用户多样性体验，主要是统计用户当天的历史下发品类，然后尽可能地保证推送给用户的物料的品类是足够多的，而不是一味地只推送某一品类的物料。

5. 多目标打分融合

多目标打分融合是一个全局目标优化的策略，主要针对的是多个目标的共同优化。 正如第 1.3.1 节所介绍的，应用优化目标只有一个，即用户满意度，但是很多时候我们拿不到纸面的用户满意度，所以用点击率（CTR）、转化率（CVR）、观看 6s、接通电话 30s、评论、点赞、收藏和多样性覆盖率等一系列指标来作为用户满意度的替代品。因此，实际中的目标有多个，就有多个目标的精排打分，那么怎么把这多个目标的打分统一起来，最终形成一个用户满意度打分，用来进行最终的排序，就是多目标融合打分的工作。

- **朴素权重分配。** 这是最简单的方法，就是给各个优化目标打分，安排权重，然后得到一个最终打分 $S_{用户满意度}=w_{\mathrm{CTR}}\,s_{\mathrm{CTR}}+w_{\mathrm{CVR}}\,s_{\mathrm{CVR}}+w_{留存}\,s_{留存}+\cdots$，通过在线调整每个目标的权重，查看每个目标的在线效果，直到调到一个业务最优的状态。但是，这个方法的缺点也很明显，就是需要大量的实验，时间耗费大，而且随着模型的迭代，参数也会跟着变化。
- **动态权重分配。** 动态权重分配又可分为如下两种。
  - **在线动态权重分配。** 在线动态权重分配法主要根据各个指标的在线实时统计和业务需求去分配权重，注重的是实时性。
  - **强化学习-动态权重分配。** 可以通过强化学习的方式，设定用户的状态（一般为静态属性（如性别、年龄、购买力等）和环境状态（时间、浏览深度等）），再设定奖励（如浏览时长、点击、购买等），最后设定动作（对 w 的调整），当得到状态、动作、奖励之后，就可以进行强化学习了，可学习出最优的权重。

6. 模型重排

模型重排主要针对精排展现物料的位置进行调整，主要通过调节物料的展现位置而获得长期的收益。很多精排模型推荐的物料只代表了用户对单个物料的兴趣，并没有考虑用户当前情况下所交互的物料，也就是没有考虑当前会话的推荐序列。举个例子，依次给用户展现物料 A、物料 B 和物料 C，用户点击了物料 A，但是没有点击物料 B 和物料 C。对于同一个用户，如果展现物料的顺序是物料 B、物料 A 和物料 C，那么此时用户对物料 A、物料 B 和物料 C 都进行了点击。这种情况比较适合有强序列关系的业务场景，一般使用列表对（List wise）的建模方式，让模型去学习物料间的序列关系。

7. 混排

混排一般用于类似信息流场景的 App 的主页推荐展示，主要是对 App 中各个子业务场景的板块进行混合展示。例如，新闻类别的信息流集新闻、视频、广告、直播、小说等业务于一体，**那么如何在得到最大收益的情况下，将各个业务的推荐物料展示在同一个页面，就是混排做的事情**。通常来说，有两种做法：第一种是把各个业务场景的物料的精排打分通过算法进行量纲归一化，让各个场景的物料的精排打分在同一个量纲，从而进行排序；第二种是将各个场景的信息流页面的物料进行统一训练，不再进行单独的业务区分，这样，所有物料的打分也可以统一量纲，而且最符合线上原始分布。但是，有一点要注意，对于广告业务的物料，需要对排序分数进行广告加权，公式为：

$$\text{bidding}+\alpha\times\text{rankscore}$$

注意：正常的物料仅用 rankscore 排序即可。

2.6　冷启动环节

冷启动不同于传统推荐链路（召回—粗排—精排—重排），它是单独的一条链路，会有专门的流量供给冷启动链路，让还没有得到曝光的优质物料可以迅速地下发给用户。

对于物料冷启动存在的目的，在业务上来说，是**对某些新产生的物料进行流量扶持，让具有潜力的物料可以迅速下发，从而提高用户体验**。在实施上来说，会专门留 1～2 个推荐条数给冷启动的物料，比如给用户展示的 6 个物料中可能有 1 个是来自冷启动的物料，或者给用户发送的 15 个个性化物料中，有 1～2 个是来自冷启动链路的物料。

用户冷启动存在的原因是**新用户缺少行为数据，所以不能直接用正常的个性化推荐链路，因为正常个性化推荐链路的用户画像已经基本成型，其分布和新用户的分布是不一样的，所以需要通过其他途径进行用户冷启动**。

还有一种冷启动是系统冷启动。系统冷启动主要解决如何在一个新开发的网站上（还没有用户，也没有用户行为，只有一些物品的信息）设计个性化推荐系统这一问题，从而在网站刚发布时就能让用户体验到个性化推荐服务，这主要依赖专家的整体设计。

2.6.1 用户冷启动

用户冷启动有两种主要方式：利用用户注册信息进行冷启动和利用好物推荐进行冷启动。下面分别进行介绍。

1. 利用用户注册信息进行冷启动

用户冷启动最常用的方式是利用用户注册信息。在应用中，当新用户刚注册时，网站不知道他喜欢什么物品，因此只能给他推荐一些热门的商品。但如果已经知道她是一位女性，那么可以给她推荐女性都喜欢的热门商品。这也是一种个性化的推荐。当然，这个个性化的粒度很粗，因为所有刚注册的女性看到的都是同样的结果，但相对于不区分男女的方式，这种推荐的精度已经大大提高了。因此，利用用户的注册信息可以很好地解决注册用户的冷启动问题。比较常用的方式就是通过注册信息建立热门倒排拉链进行推荐，比如可以建立一个关于性别的 map（映射），结构为 {性别：物料 1→物料 2→物料 3→…→物料 n}，这里的物料排序通常是通过点击率进行的，越是热门的物料越排到前面。同理，可以根据年龄、职业、兴趣偏好、位置等信息建立倒排拉链进行推荐。

2. 利用好物推荐进行冷启动

好物推荐是指对新用户直接展现一些具有代表性的物料，然后通过用户的点击反馈，迅速掌握用户的兴趣动向，之后进行相关推荐。但是要注意，这些具有代表性物料的选择一般具有多样性和热门性，因为只有多样性的物料才能探索出用户真正的兴趣。比如，对于网易云音乐的新用户来说，如果给他狂推 rap 类和古风的音乐，假如他不喜欢，那么点击的概率就很低，反而有可能会转到其他音乐平台。但是，如果音乐类型足够多，除了 rap、古风，还有流行、民谣、摇滚等类型的代表歌曲，可以给用户充足的选择（当然也不能太多，不然用户又会陷入布利丹效应），让系统接收到用户的初步兴趣，从而进行相关推荐。

那么一般的展现方式是怎么样的呢？主要的流行方式是先计算每个物料的区分度：

$$D(i)=\sigma_{u\in N_i^{+}}+\sigma_{u\in N_i^{\text{负评论}}}$$

$\sigma_{u\in N_i^{+}}$ 为点击过 i 物品的用户历史正评论过的物品的打分方差，但是因为在很多场景中用户并不会对物品打分，所以可以用点击过 i 物品的用户的历史正评论物品个数之和来表示该变量：

$$\sigma_{u\in N_i^{+}}=\sum_{i=1}\sum_{j=1}\text{item}_{ij}^{+}$$

$\sigma_{u\in N_i^{\text{负评论}}}$ 为点击过 i 物品的用户历史负评论过的物品的打分方差，但是因为在很多场景中用户并不会对物品打分，所以可以用点击过 i 物品的用户的历史负评论物品个数之和来表示：

$$\sigma_{u\in N_i^{\text{负评论}}}=\sum_{i=1}\sum_{j=1}\text{item}_{ij}^{\text{负评论}}$$

如果这两类用户集合内的用户对其他物品的兴趣很不一致，则说明物品 i 具有较高的区分度。

下面讲述展现步骤。首先对所有物料计算区分度，然后选择区分度最大的物料展现给用户，让新用户选择喜欢还是不喜欢。如果用户选择喜欢，则从 $\sigma_{u \in N_i^+}$ 的相关物料中选择区分度最大的物料展现给用户；如果用户选择不喜欢，则从 $\sigma_{u \in N_i^{负评论}}$ 的相关物料中选择区分度最大的物料展现给用户，如此递归展现次数（不宜太多），能迅速收集用户的兴趣。

图 2-6 所示为某音乐 App 好物推荐的用户冷启动过程。首先，App 让用户选择喜欢的音乐类型，用户选择了民谣，接着 App 从民谣类的物料中选择区分度最大的物料《同桌的你》展现给用户，让用户选择喜欢还是不喜欢，用户选择了喜欢，然后从喜欢《同桌的你》的用户点击过的历史物料中选择区分度最大的物料（《蓝莲花》）展现给用户。通过一系列的歌曲展现，App 可以大概了解用户喜欢民谣，不喜欢摇滚和流行歌曲。

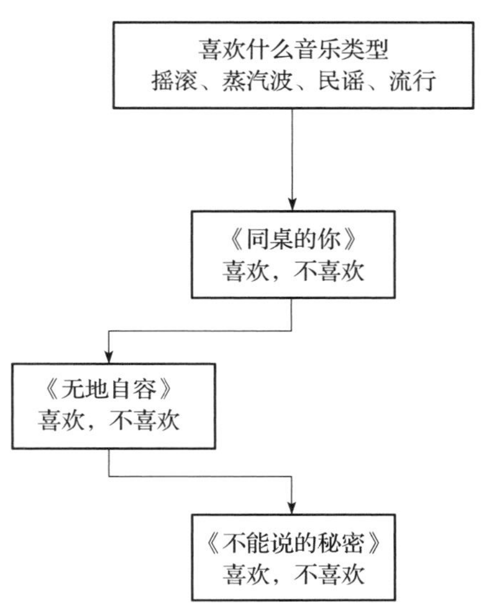

图 2-6　某音乐 App 好物推荐的用户冷启动过程

- ❑ **问题启发式冷启动。**这种方式有些类似于好物冷启动，只是从物料展现变为了问答形式，从一系列的问题中去探寻用户的兴趣，比较典型的案例如某视频网站-B 的 60 问，如图 2-7 所示。但是，这种方式很容易引发用户的反感，所以问题数不能设置得太多，而且难度程度应该适中。

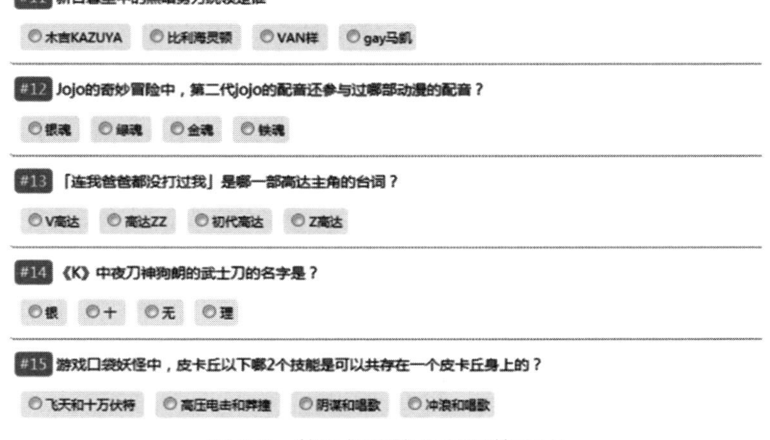

图 2-7　某视频网站-B 的问答页面

- ❑ **社交冷启动。**从用户的社交网络去冷启动新用户，比较出名的案例是 Facebook 和微信，主要利用用户的联系人或者好友感兴趣的物料去冷启动用户。

- **模型冷启动。**模型冷启动的做法比较多，比如单独对新用户建模、利用用户间的相似度、用相似用户点击物料冷启动、对新用户的用户 ID Emebdding 设置固定值等。
- **多域冷启动。**主要通过站内应用间的信息互传进行冷启动。比如，今日头条的用户冷启动可以用抖音的用户画像，百度外卖的用户冷启动可以用百度搜索的历史内容和关键字等。

2.6.2 物料冷启动

物料冷启动的主要作用有两个：第一个是让新入库的物料得到充足的曝光；第二个是让高质量的物料得到迅速下发，满足用户兴趣。比较经典的案例就是知乎对于新文章的曝光和下发，具体如下：

- **用户粉丝冷启动。**通常来说，当一个作者发布新内容的时候，最感兴趣的应该是该作者的粉丝，所以直接把新的物料发送给作者的粉丝是一个快速冷启动的方式。
- **物料基础信息冷启动。**物料相对用户来说有更详细的信息，比如物料的类别、关键字、主题等，我们可以用建立物料基础信息的用户倒排索引来实现物料冷启动，如 {'篮球': 用户 1→用户 2→…→用户 n}，倒排规则通常为用户活跃度。
- **物料相似性冷启动。**通过物料之间的相似性找到与新物料相似的高热物料，然后下发给点击过这些高热物料的用户。具体的做法是首先对物料的标题进行 Embedding 化，然后计算物料间的相似度，找到相似物料，再进行用户圈选，或者对物料的基础属性进行数值化，最后利用 Cosine 距离或者欧氏距离计算相似度。
- **物料进退场机制。**物料进退场机制又称为保量，主要是对新的物料进行单独的个性化推荐。对于整个系统而言，为所有新入库的物料建立一个冷门物料池子，然后单独针对这部分物料进行模型训练，即所谓的个性化保量。此外，还可以根据物料当时的下发量设立爬坡式的进退场机制，每一个坡都对应着物料的强制下发量。比如，对于下发量在 0～1000 区间的物料，可以对每个物料的下发量强保量到 1000，起的作用就是让物料得到充足下发，实现高质物料的初筛；对于下发量在 1000～2000 的物料，可以挑选点击率高的物料进行二次推量强推，保证高质的物料得到持续的下发；对于下发量大于 2000 的物料，可以让其进入正常的推荐物料库中，让其和其他物料自由竞争。

本章主要介绍的是推荐系统的整个架构。推荐系统主要分为冷启动、召回、粗排、精排、重排 5 个阶段。如果冷启动的物品池足够大，那么完全可以重启一整套为冷启动服务的推荐流程。召回的主要目的是尽可能地囊括目标用户感兴趣的物品。粗排的主要作用是能够快速地从召回物料中选择用户最感兴趣的物料给精排。精排是最重要的一环，直接决定了用户的满意度，所以力求精准。重排的主要作用是提升用户的多样性体验，扶持业务产品，弥补精排的个性化不足和实现多目标的最优解。其实，对于一个物料和用户还不多的 App 来说，推荐系统最开始仅需要简单的“精排＋重排”就足够了，随着物料和用户的增多，可以逐步添加召回层和粗排层。

CHAPTER3

第 3 章 构建推荐系统的特征

在推荐算法界一直流传着一句话：数据决定了模型的上限，而模型只是在逼近这个上限。本章主要介绍数据的收集、清洗、处理等一系列数据方面的工作。数据虽然简单和琐碎，但是至关重要，类似于地基之于楼房，发动机之于汽车，铁轨之于高铁。在工作中，算法工程师的大部分时间都花费在了数据处理上面。

3.1 怎么收集数据

收集数据是整个推荐系统的起点，数据对于推荐系统就相当于石油之于汽车，只有源源不断的数据进行支撑，整个推荐系统才可以顺利地运转起来。从某种程度上来说，数据比整个推荐系统还要重要，直接决定了业务的命脉。数据通常来自数据埋点、注册信息、网络爬虫、问卷等。

1. 数据埋点

数据主要来自运营的数据埋点。埋点是一种良好的私有化部署数据采集方式，简称事件追踪。通俗点来说，埋点就是用户行踪监控仪，负责监视用户使用产品的轨迹。不过数据埋点只是第一步，在获取埋点数据后，一般会进行数据的二次加工。二次加工以后主要进行数据分析，比如分析运营机制的合理性，分析产品功能的合理性，分析用户消费行为，监控产品的流畅性，分析不同渠道的用户行为差异，分析用户转化以及存留，分析用户偏好，收集市场反馈，保障用户数据安全，定位异常，建立用户画像等。

埋点主要分为页面埋点、点击埋点、停留埋点。从细节上来说，在客户端进行埋点涉及 6 个事件——**pv 事件**、**show 事件**、**click 事件**、**task 事件**、**play 事件**和 **produce 事件**。

- pv 事件一般有页面进入和页面离开（页面一般指占据整个屏幕的页面，页面内部的元素称栏目）。
- show 事件一般指推送的内容曝光给用户，在某些时候，show 事件和 pv 事件是一个事件，即同为展现事件。

- click 事件就是点击事件，即用户在应用内产生交互行为。
- task 事件一般是某种功能的完成，如启动、登录、登录授权、绑定、推送等。
- play 事件一般包括播放开始和播放结束。一般来说，vv（播放次数）在一段时间内发生重复播放仅算一次（中间的重复播放日志不上传），播放时长为同一个视频播放时间的累加（例如，某个 10s 视频重播了 1 次，在重播 5s 后退出，则播放时长＝首播的 10s＋重播 1 次看的 5s）。
- produce 事件主要统计拍摄和上传的内容。在直播领域，还增加了语音实时记录、面部实时记录等。

根据目前常见的形式，可以将数据埋点分为全埋点（包括常规全埋点、可视化全埋点）、代码埋点（可以自定义前端埋点和后端埋点），当然也可以按照产品的类型划分为 App 埋点、Web 埋点、小程序埋点。

几种数据埋点形式对比如表 3-1 所示。

表 3-1　数据埋点类型对比

比较项	详情			
埋点类型	常规全埋点	可视化全埋点	代码埋点（前端）	代码埋点（后端）
实现平台	App、H5、小程序前端	App、H5、小程序前端	App、H5、小程序前端	服务器端
优势	开发成本低，大部分常规行为都能覆盖	业务人员可独立完成采集，实现成本低，历史数据可回溯	事件、属性采集完整，基本能满足绝大多数采集需求	数据准确度高，后端迭代不需要跟前端发版同步，业务属性采集较完整
劣势	依赖于代码规范性，只有预置事件与属性，数据量较大，5%左右的数据会丢失	改版后需要重新设置，管理难度大	需要前端开发，实现成本较高，会有 5%以内的数据丢失	需要服务端开发，成本较高；前端属性获取成本高，需要修改前端、后端传值接口
使用建议	作为保底采集使用，可满足宏观统计需求，做好页面标题设置、元素内容赋值的代码规范管理，可大大加强可用性	作为点击事件的备用采集方案	采集方案规范设计加强，首次埋点采集做好，能大大降低后续的维护、迭代成本	在数据准确性要求高的情况下采用，可适当牺牲前端属性的采集需求，以降低采集成本
最佳案例	启动、退出、页面浏览、点击事件（通用）	活动页面按钮点击事件	核心点击事件（如登录、注册主流程点击事件）、带有特定属性的事件（如加入购物车、提交订单等业务事件）	核心业务结果事件，如购买成功

2. 注册信息

利用用户的注册信息，可以迅速收集到用户的基本数据，如年龄、手机号、所在地点、基本的兴趣爱好等。

3. 网络爬虫

利用网络爬虫可以获得很多与物料相关的信息，比如，哪些商品卖得好、哪些新闻比较热、杭州哪个地点比较好玩等与物料相关的信息。网络爬虫对于物料数据的补充是一种很有效的方式，其覆盖范围广，包含的信息多，值得每个业务负责人去关注。

4. 问卷

问卷方式可以得到用户对于业务的体验和反馈数据。该数据对于业务的发展方向和模型训练都具有强相关关系。

3.2 怎么清洗数据

当收集完埋点的日志后，接下来要做的便是整合数据，因为埋点的日志其实是一些非结构化的原始数据，完全没有规律性和结构性，此时要做的便是对数据进行清洗、整合和归类。例如，按对象进行分类，一般分为**用户侧数据、物料侧数据、内容数据**。按类型分，又可分为**数值数据、类别数据、时间数据、文本数据、图片数据，ID 类数据**。将数据按照基本框架归类完毕后，需要对数据进行二次加工，比如意图识别、文本归类、图片归类、关键字提取、聚类、语音转文本等。

此外，进行数据归类，运营需要特别注意类别等级的建立。比如，一级类目通常是比较广泛的大类别，如体育、经济、女装、房产等；二级类目视物料规模而定，一般为 50 到几百不等，如 NBA、连衣裙、篮球鞋、凉席等；三级类目就是更细的分支（有的情况也有四级类目，不过四级类目的作用基本等同于关键字）。如果可以尽量做到从粗泛到精细化，那么通常来说 1～3 级类目就可以构建出大部分的个性化特点。

3.2.1 物料侧数据

物料侧数据主要是物料相关的信息，一般包括如下内容。

- **物料 ID。**其具有唯一性，而且具有时效性。一般而言，物料 ID 需要超过 15 天才有使用的必要性，不然时效性太短，模型根本无法对其进行记忆。
- **物料的类目。**通常包括其对应类目在一段时间内的点击率，如［体育（物料对应的一级类目）:0.32（类目的历史点击率）］。注意，这里计算点击率时需要考虑时间衰减计算，这里给出一个经验公式 $\sum_{t=1}^{T}\frac{\text{click}_t}{\text{show}_t}\times\frac{1}{e^{0.02t}}$（$\text{click}_t$ 为时间 t 内选定物料的点击次数，show_t 为时间 t 内选定物料的展现次数）。**此外，根据业务的不同，这里的点击率可以替换为业务相关的数据，比如成交率和点击时长等。而且，时间也可以转化为多个维度，比如 1h、**

6h、1 天、1 周、1 月等。

物料的类目可能不止一个，比如某体育明星买跑车的新闻，那么这个物料的一级类目是体育和娱乐，二级类目应该是篮球和汽车。此外，一级类目通常不计算置信度，这是因为一级类目置信度本身的要求是非常高的。如果是置信度很低的一级类目，那么根本就没有存在的必要性，因为从源头就开始错的类目是不被允许的，所以一级类目经常是由人工标注的。二级类目，相对来说容错性要高一些，而且有些二级类目本身也具有一些争议，具有多义性。另外，二级类目的量比较大，人工标注成本高，因此需要通过置信度来纠正。

- **物料的关键字。**通常包括其对应类目的点击率和置信度的乘积。
- **物料的地点。**
- **物料的反馈数据。**包括点击率、展现量、点击量等。
- **物料在高活用户的反馈数据。**
- **物料在中活用户的反馈数据。**
- **物料在低活用户的反馈数据。**
- **物料在不同设备的反馈数据。**
- **物料的来源。**
- **物料的作者。**
- **物料的标题。**
- **物料的评论量。**
- **物料的点赞量。**
- **物料的正面评论量。**
- **物料的负面评论量。**
- **物料的 photo_ID。**
- **物料的主题。**
- **物料 Embedding 聚类类目。**

……

3.2.2 用户侧数据

用户侧数据主要是用户相关的信息，一般包括以下内容。

- **用户 ID。**其具有唯一性，通常对于新用户而言，因为其历史行为比较少，所以通常将用户 ID 归类到一个公共 ID，只有当用户具有一定程度的历史行为后才建立个性化用户 ID。这么做的原因是，新用户的历史行为少，如果新增一个用户 ID，当用户 ID 在网络中查找以后，产生的对应 Embedding 更新会很少，从而起不到个性化作用。此外，在现实环境中，中高活用户占整体用户的比例较小，低活用户占到了大部分，设置公共 ID 有助于减少模型的尺寸，减少工程的压力。比如，抖音的精排模型要对几亿用户进行 Embedding，它们的模型通常有几十 TB，这样的规模对于很多小型公司是不可接受的，所以工程师们在设计用户 ID 的时候必须考虑公共 ID 是否有存在的必要性。如果考虑到了公共 ID，那么进入公共 ID 的条件也是工程师需要着重考虑的问题，例如是根据点击、购买，还是根据观看 5s 等指标去设置这个条件。设置条件对于最终的点击率、成交率和相关指标会起到非常重要的作用。比如，在某些的业务场景中，设置了进入公共 ID 的条件为点击未超过 10 个，结果是点击率提高了，成交率并没有提高。后来，将进入公共 ID 的条件设置为未成交的用户，结果是成交率和点击率都提高了。

- **用户的短期一级类目兴趣画像。**通常应统计用户短期对一级类目的点击率，如 7 天内用户对一级类目的点击率，如（体育为 0.36，娱乐为 0.28，国际为 0.05）。统计的时候也应该考虑画像剪枝，比如点击率太小的类目应该过滤。
- **用户的中期一级类目兴趣画像。**通常应统计用户中期对一级类目的点击率，如 30 天内用户对一级类目的点击率。
- **用户的长期一级类目兴趣画像。**通常应统计用户长期对一级类目的点击率，如半年内用户对一级类目的点击率。

注意：通过用户下发，以及点击对应物料的一级类目、二级类目和主题等表达兴趣的指标，统计其对应长、中、短期的点击率、成交率或者重要指标，构建用户对应的兴趣画像特征，这是画像团队的主要作用。

- **用户的点击序列。**用户的行为序列是很重要的特征，在大部分场景中都具有重要的作用，这是因为用户的行为序列带有强兴趣特征，而序列特征的解析就是从行为序列中找到用户的潜在兴趣。比如，用户 A 点击了物料 A、物料 B、物料 C、用户 B 点击了物料 B、物料 C、物料 D、用户 C 点击了物料 C、物料 D、物料 E、在对用户 A 进行推荐的时候，因为用户 A、用户 B、用户 C 都点击了物料 C，而用户 B 和用户 C 都点击了物料 D，因此通常模型倾向于推荐物料 D 给用户 A，这就是点击序列作用的原理。通常来说，就是前文推荐系统的协同过滤的思想。一般来说，常见的点击序列包括物料 ID 点击序列、成交物料 ID 序列、一级类目点击序列、二级类目点击序列等。
- **用户的年龄。**
- **用户的职业。**
- **用户的人生阶段，比如是否育儿、是否结婚、是否为学生等。**
- **用户使用 App 的时间段。**
- **用户的性别。**
- **用户在其他 App 的兴趣画像。**

……

3.2.3 内容侧数据

内容侧数据主要是一次推荐会话中与会话相关的信息，一般包括如下内容。

- **会话的时间戳。**

- **物料在当前推荐会话中所在的位置。**
- **会话 ID。**
- **会话点击序列。**

……

3.2.4 交叉数据

交叉数据又称为**交叉特征**，在推荐模型中是非常重要的特征，一般用在**精排模型**中。交叉数据通常朴素地表现了用户对某些物料的兴趣，单个特征的表达能力太弱，所以需要交叉多个特征来增强模型的表达能力。比较简单的方式就是对用户和物料在相同的类目下进行交叉，如用户侧特征｛sex:男｝和物料侧特征｛cate:体育｝进行交叉，就是｛sex-cate:男-体育｝。如果用户的短期类目兴趣为 u=｛'体育':0.8,'娱乐':0.4,'国际':0.6｝，物料的短期类目 d=｛'体育':1，'娱乐':0.5｝，那么其交叉结果为 ud=｛'体育':0.8×1=0.8,'娱乐':0.4×0.5=0.2｝。此外，还有一种非主流交叉，就是只对权重进行交叉加和，例如以上例子，ud=0.8×1+0.5×0.4=1.0，这就是交叉后的结果。这么做的主要原因就是抛掉类目特征的 Embedding 化，直接用权重加和去表达交叉，虽然牺牲了准确性，但是胜在本身还有其他特征能够辅助补充信息，并且减少了计算资源。

另一个复杂的交叉特征是任意一对〈用户特征,物料特征〉的消费指标（比如〈男性用户,物料标签="足球"〉这一特征对）上的 xtr。但是，离线统计此类 xtr 是一个很大的工程，因此，一般还是选择用户特征中的非权重类特征和物料特征中的非权重类特征直接交叉。

此外，连续值特征间也可以进行交叉，常用的交叉方式为乘法、除法、加法、减法等。

3.3 怎么处理连续特征

在推荐系统的模型设计中，特征处理是很重要的一环。尽管在经过数据清洗以后，数据已经具有结构性和可解释性，但是，对于模型而言，还需要把数据转化为模型可接受的形式。不同的特征数据处理方法会对模型的精度产生不同程度的影响，甚至在某些情况下，如果特征处理不好，模型的精度会直线下降。因此，为业务模型选择合适的特征处理方式也是得到好的推荐效果的重要一环。

连续特征就是特征值为数值类型（int、float 或者 double）的特征，如时间、CTR、年龄等。本节将介绍在模型设计中针对连续值进行特征处理的几种方法。这几种方法并无明显的优劣之分，可针对不同的业务需求选择合适的处理方式。

3.3.1 标准化

数值型特征的**标准化又称归一化，是将数据按比例缩放**，使之落入一个小的特定区间，不过一般来说，这种情况只针对 LR 或者神经网络这种模型，树模型不太需要此种处理（如果有会更好，所以还是推荐做类似处理的）。这里以 LR 为例介绍为什么要做归一化。

其实，对于 LR 或者神经网络这种需要梯度下降的模型而言，即使数值特征不做处理，也依然可以在经过 n 次梯度下降后，达到收敛状态（也就是最优状态），但是这个时间会非常长，这是因为，对于单个特征来说，数值间的相差特别大，或者说**分布并不符合正态分布**，所以模型的参数很难调整到适当的位置去拟合整体目标的分布。那么为什么一定要符合正态分布呢？这是因为对于 LR 或者神经网络来说，都是提出了一个模型假设。比如，对于**连续数值目标**来说，都假设其符合**正态分布**；对于**二分类目标**来说，都假设其符合**伯努利分布**；对于**多分类目标**来说，都假设其符合**多项分布**。因此，根据假设，需要将特征尽可能地转化为假设分布的模型去拟合。这里需要特别说明，在选择模型的过程中一定要看目标的分布，然后选择不同的模型，因为不同的模型会符合不同的假设分布。比如要预测房价，又选择了 LR 作为模型，那么就需要将房价尽可能地转化为正态分布（俗称伪正态分布），因为 LR 被假设为正态分布，因此，我们首先要明白目标的分布（**如果目标不符合假设的分布，则可以进行对应的转换。如果不转换，那么可能拟合也会很困难，原因是目标需要符合模型假设分布**），然后选择模型。总的来说，标准化就是让特征尽量符合模型的假设分布，这样做既可以**让数据更好地拟合模型分布，从而提高精度**，也可以**让模型迅速收敛，节省训练时间**。图 3-1 为模型损失函数等高线图，左图是特征没有归一化的下降路线，右图为特征归一化后的下降路线，可以明显看出，左图的下降路线曲折蜿蜒，右图的下降路线笔直且直击中心，由此可见标准化的重要性。

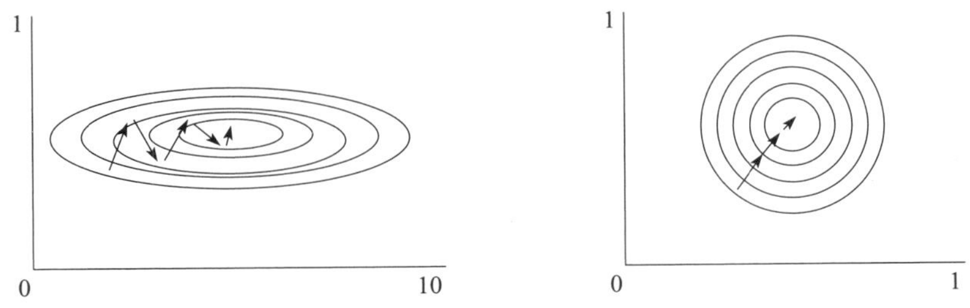

图 3-1　模型损失函数等高线图

总体来说，标准化一般是由于 LR 或者神经网络的假设分布引起的。对于 LR 和神经网络来说，有如下情况。

- **样本的各个特征的取值要符合概率分布**，即 [0,1]。
- **样本的度量单位要相同，即把所有度量单位拉到同一水平线。**我们没有办法去比较 1m 和 1kg，但是如果知道了 1m 和 1kg 在整个样本中的大小比例，比如一个处于 0.2 的比例位置，另一个处于 0.3 的比例位置，就可以说这个样本的 1m 比 1kg 要小。
- **神经网络假设所有的输入/输出数据都满足标准差为 1，均值为 0，包括权重值的初始化、激活函数的选择及优化算法的设计。**
- 如果输出层的数量级很大，那么会引起损失函数的数量级很大，这样做反向传播时的梯度也就很大，从而会给梯度的更新带来数值问题。

- 如果梯度非常大，那么学习率就必须非常小，因此，学习率（学习率初始值）的选择需要参考输入的范围，此时不如直接将数据标准化，这样学习率就不必再根据数据范围进行调整。而且对 $w1$ 适合的学习率，可能相对于 $w2$ 来说会太小，如果使用适合 $w1$ 的学习率，则会导致在 $w2$ 方向上的步进非常慢，从而消耗非常多的时间；而使用适合 $w2$ 的学习率，对 $w1$ 来说又太大，搜索不到适合 $w1$ 的解。因此，标准化是很有必要的。

下面介绍标准化前后数据到底如何变换。图 3-2 左图所示的是未归一化的数据，右图所示的是归一化后的数据，可以明显看出，归一化后的数据被转换为了正态分布，符合模型假设。

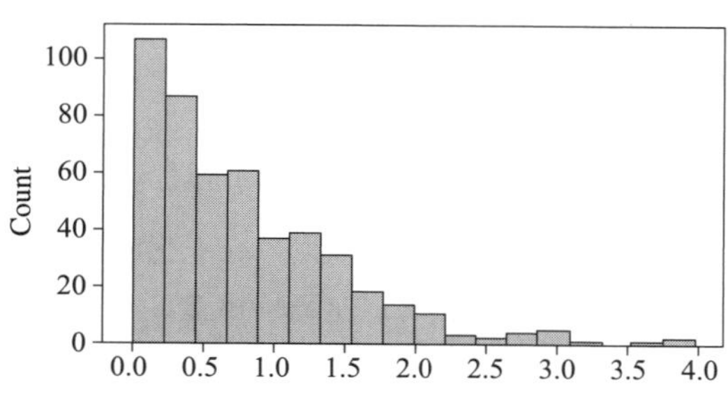

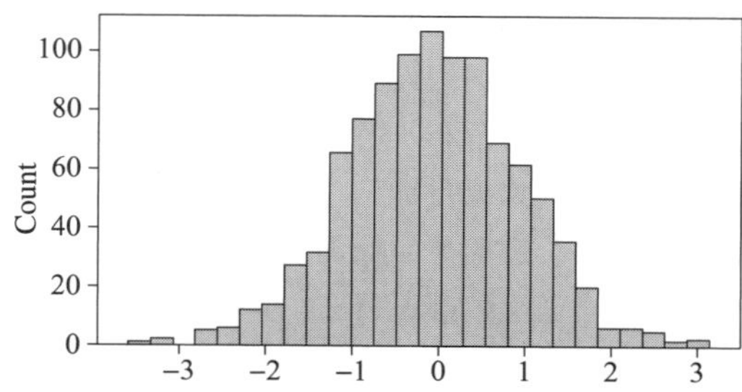

图 3-2　标准化前后数据的变换

接下来介绍几种归一化方法。

1. 最小/最大归一化

最小/最大归一化是对原始数据的线性变换，将数据值映射到 [0,1] 之间。其公式如下：

$$x_{new}=\frac{x-x_{min}}{x_{max}-x_{min}}$$

这种方法有一个缺陷，就是当有新数据加入时，可能导致 x_{max} 和 x_{min} 的变化，需要重新定义，而且若数值集中且某个数值很大，则规范化后的各值接近于 0，并且相差不大。最小/最大归一化比较适合分布稳定的连续值数据。

2. log 函数转换

正常的 log 转换有 $y=\log_2 x$，$y=\log_{10} x$，$y=\log(1+x)$ 等，还有一种是 $y=\frac{\log_{10} x}{\log_{10} x_{max}}$。

一般来说，为了避免异常值的出现，我们需要对转换做一个威尔逊平滑，即 $y=\log(a+x)$，a 为常数，防止转换后的值过大或者过小。

3. z-score 规范化

z-score（零–均值）规范化也称标准差标准化，经过处理的数据的均值为 0，标准差为 1。

$$y=\frac{x-\overline{x}}{\sigma}$$

式中，$\overline{x}$ 为均值，σ 为标准差。

z-score 规范化方法适用于特征的最大值和最小值未知的情况，或有超出取值范围的离群数

据的情况。

一般来说，比较常用的归一化方法就这 3 种，它们之间没有优劣之分。不过，一般情况下会推荐 z-score 方法（在条件允许情况下，3 种方法都可以尝试）。

下面介绍一种对复杂数据有较好效果的方法——BoxCox 转换。

除了 log 函数转换，还可以使用 BoxCox 转换来对数据分布纠偏。

$$F(y_i,\lambda)=\begin{cases}\dfrac{y_i^{\lambda}-1}{\lambda}, & \lambda\neq 0\\ \log(y_i), & \lambda=0\end{cases}$$

式中，λ 是一个超参数，通过调节 λ 可以调整数据的偏度，让数据自适应偏度变化，最终达到伪正态分布。BoxCox 转换对分布比较复杂的数据进行正态转换具有比较好的效果。

对很多采用 LR 或者神经网络模型的业务来说，**经过数值标准化后的模型精度要优于没有经过数值标准化处理的。**

3.3.2　无监督分箱

尽管归一化已经可以很好地拟合模型的分布，但是，实际上对于神经网络来说，连续型数值如果存在异常值，或者数据分布很难转换为正态分布，那么拟合依然很困难，所以，为了解决这个问题，有了**分箱**处理方式。

分箱的主要作用就是对连续特征离散化，也就是取值的数量变少了。正常来说，取值的样本量增多，方差变小，但相应的偏差变大了，离散化之后，数据信息会受到一定程度的损失。但是，特征数据会变得异常稳定，鲁棒性会更强。例如，特征为“房屋面积＞100m²”是 1，否则是 0。如果特征没有离散化，那么异常数据“房屋面积 3000 亩”会给模型造成很大的干扰。换一个角度来看，虽然信息有所损失，但是也降低了模型过拟合的风险，而且可以将一些缺失值作为独立的一类带入模型。并且，离散化以后，模型能够处理与目标变量的非线性关系，从而便于分析，让分析结果或者模型预测更加稳健。

此外，离散特征的增加和减少都很容易，易于模型的快速迭代。稀疏向量内积乘法运算的速度快，计算结果方便存储，容易扩展。而且，逻辑回归属于广义线性模型，表达能力受限。单变量离散化为 N 个后，每个变量都有单独的权重，相当于为模型引入了非线性功能，能够提升模型表达能力，加大拟合。对于神经网络来说，离散化数据后的每一个数据都被安排进一个预先安排的数据箱中，每一个箱在神经网络中都会被 ID 化（hash 为一个值），然后安排一个 Embedding 去代表这个特征 ID。

正如前文所说，神经网络或者 LR 这种以梯度下降为主要优化目标的模型参数是符合正态分布假设的，所以，特征 Embedding 的初始化一般都符合正态分布，更加有利于网络的拟合。

最后是笔者的一点经验之谈，**一般来说，对于连续特征占多数的数据集，建议选择树模型去拟合，因为树模型是按点划分的；而对于 ID 类特征占多数的特征，建议选择神经网络，因为对于 LR 模型来说，在 ID 特征进行独热（onehot）编码之后，其对应的权重表征将得到很大程度的**

加强。对于 DNN 来说，ID 特征的 Embedding 可以更好地去表征，因此，如果要选择神经网络作为拟合模型，则建议将连续数值进行分箱。下面介绍几种常见的分箱方法。

1. 等频分箱

等频分箱指将数据的值由大到小排列后，将数据分成 N 等份，保证每份中数据的个数是一样的。下面是一个简单的例子，将 1～9 的数值等频分到 4 个桶中。等频分箱的 Python 代码如下：

```
import pandas as pd
X = [1,2,3,4,5,6,7,8,9]
Bins = pd.qcut(x,4)
```

在很多推荐场景中，等频分箱都是常用的一种处理方式，其以简单、容易理解、速度快和明显优于生数据的模型效果被算法工程师广泛应用。

2. 等宽分箱

等宽分箱也称为等距分箱，它将数据从最小值到最大值之间平均分为 N 等份。比如年龄数据，最大值为 75，最小值为 3，如果试图将数据分为 4 份，这时每个区间的长度就是（75－3）/4＝18。切分后的边界就是 21、39、47、75。等宽分箱的代码如下：

```
import pandas as pd
X = [1,2,3,4,5,6,7,8,9]
Bins = pd.cut(x,4)
```

等宽分箱在推荐场景中也被广泛应用，其效果和等频分箱相比不分上下。

等宽分箱和等频分箱需要注意以下几个细节：

- **排除异常值的干扰。**比如 NAN 值或者众数值，如果数据分布为［0,0,0,0,0,0,0,0,1,2,3,4,5,6］，那么应该考虑把 0 单独设为一类，然后对 1～6 进行分箱。
- **控制分箱的数值。**可根据数据的分布起伏去控制分箱的数量。一般来说，如果数据分布起伏明显，则可以根据聚集点的个数设置分箱数；如果并不是很明显，就需要先设置一个常用值，然后带入模型，观察 AUC 或者 GAUC 的升降，这也是调参的一部分。这里推荐等频分箱，分箱数为 20，然后采用二分法验证分箱数量的效果好坏。

通常来说，无监督分箱的优点是迅速简单，可以快速验证，并且经过实验证明，模型效果明显优于没有处理过的数据，特别是在训练数据足够多的情况下，其效果大于或等于标准化数据处理。缺点就是需要选择合适的分箱方法和分箱的数量，并且需要花费一定的调参时间。

3.3.3 有监督分箱

有监督分箱主要利用统计模型学习数据的先验数据进行分箱。它的主要优点是避免了大量的分箱调参操作。**在分布变化不大且数据规模不大的数据集上，有监督分箱的模型效果是大于或等于无监督分箱的。**然而它的缺点是太过依赖先验数据，如果数据发生较大的波动，那么分箱的效果就会大打折扣。下面介绍几个有监督分箱方法。

1. IV 调整分箱

IV（Information Value，信息值）和 WOE（Weight Of Evidence，证据权重）通常应用于二分类任务中，用来描述特征和目标值的关系强弱。提到 IV，就必然会提到 WOE，两者的区别在于：WOE 描述了二元目标值和一个预测变量的关系，而 IV 则表示了这种关系的强弱。在实际的应用中，IV 的置信范围如图 3-3 所示。

IV	预测能力
<0.03	无预测能力
0.03~0.09	低
0.1~0.29	中
0.3~0.49	高
≥0.5	极高

图 3-3　IV 置信范围

因此，我们可以通过 IV 去判断特征是否和目标强相关，特别是对于非线性关系的强弱判断。那么特征和分箱又有什么关系呢？例如，对于某个连续值特征，我们可以先对其进行等频 4 分箱，然后通过 WOE 和 IV 判断特征是否和目标值强相关。如果发现 IV 偏低，则调整分箱结构，直到 IV 达到最大，此时也就达到了最优分箱状态。

$$\mathrm{WOE}_i=\ln\left(\frac{\mathrm{neg}_i}{\mathrm{neg}_{\mathrm{total}}}\right)-\ln\left(\frac{\mathrm{pos}_i}{\mathrm{pos}_{\mathrm{total}}}\right)$$

$$\mathrm{IV}_i=\left(\frac{\mathrm{neg}_i}{\mathrm{neg}_{\mathrm{total}}}-\frac{\mathrm{pos}_i}{\mathrm{pos}_{\mathrm{total}}}\right)\times\mathrm{WOE}_i \tag{3.1}$$

$$\mathrm{IV}=\sum_{i=1}^{n}\mathrm{IV}_i$$

根据式（3.1）来讲解 IV 分箱的具体流程：

- 步骤 1：对连续型变量进行分箱，可以选择等频分箱、等距分箱，或者自定义间隔。
- 步骤 2：统计每个分箱里的正样本（pos_i）和负样本（neg_i）个数，然后用每个分箱的正负样本个数除以总的正负样本个数，得到每个分箱的正负样本占总体正负样本的比例，即$\frac{\mathrm{neg}_i}{\mathrm{neg}_{\mathrm{total}}}$和$\frac{\mathrm{pos}_i}{\mathrm{pos}_{\mathrm{total}}}$。
- 步骤 3：计算每个分箱的 $\mathrm{WOE}_i=\ln\left(\frac{\mathrm{neg}_i}{\mathrm{neg}_{\mathrm{total}}}\right)-\ln\left(\frac{\mathrm{pos}_i}{\mathrm{pos}_{\mathrm{total}}}\right)$。
- 步骤 4：检查每个分箱（除 Null 分箱外）中的 WOE 是否满足单调性（这里的单调性指的是 WOE 和负样本比例成正比关系）。若不满足，则返回步骤 1。注意：Null 分箱由于有明确的业务解释，因此不需要考虑满足单调性。
- 步骤 5：计算每个分箱里的 IV，最终求和，即得到最终的 IV。

这里来详细解析整个公式的流程，首先是 WOE，其主要用来描述每个分箱中负样本分布相对于正样本分布的差异性。可以注意到，如果将式（3.1）再次拆解，$\ln\left(\frac{\text{neg}_i}{\text{neg}_{\text{total}}}\right)-\ln\left(\frac{\text{pos}_i}{\text{pos}_{\text{total}}}\right)=\ln\left(\frac{\frac{\text{neg}_i}{\text{neg}_{\text{total}}}}{\frac{\text{pos}_i}{\text{pos}_{\text{total}}}}\right)$，其中，$\frac{\frac{\text{neg}_i}{\text{neg}_{\text{total}}}}{\frac{\text{pos}_i}{\text{pos}_{\text{total}}}}$就是用来描述这个差异性的核心，也被称为比率（odds），其公式为 $\text{odds}=\frac{P}{1-P}$，$P$ 为预测为正样本的概率。比率越大，预测为正样本的概率就越高。

那么为什么 WOE 要满足单调性呢？

这就要追溯到 IV 分箱的对应模型逻辑回归上，逻辑回归的基本公式为 $y=\ln\left(\frac{P(y=1|x)}{P(y=0|x)}\right)=\ln\left(\frac{P(y=1|x)}{1-P(y=1|x)}\right)=b+w_1\times x_1+w_2\times x_2+\cdots+w_nx_n$，如果对特征进行 WOE 变化，则此公式可以简化为 $\ln\left(\frac{p}{1-p}\right)=w\times\text{WOE}(x)+b=w\times\left(\ln\left(\frac{\text{neg}_i}{\text{neg}_{\text{total}}}\right)-\ln\left(\frac{\text{pos}_i}{\text{pos}_{\text{total}}}\right)\right)+b$。我们可以观察到，式（3.1）与逻辑回归的基本公式非常相似，因此，WOE 公式的设计其实是为了适配 LR 模型。这样，我们就可以通过以下推导去证明为何 WOE 需要满足单调性，首先把相邻的两个分箱比率相减：

$$\ln(\text{odds}_2)-\ln(\text{odds}_1)=w\times(\text{WOE}_2-\text{WOE}_1)=w\times\left(\ln\left(\frac{\text{neg}_2}{\text{pos}_2}\right)-\ln\left(\frac{\text{neg}_1}{\text{pos}_1}\right)\right)$$

$$w=\frac{\ln(\text{odds}_2)-\ln(\text{odds}_1)}{\left(\ln\left(\frac{\text{neg}_2}{\text{pos}_2}\right)-\ln\left(\frac{\text{neg}_1}{\text{pos}_1}\right)\right)} \tag{3.2}$$

在式（3.2）中，**权重 w 可以认为是常数**。我们会发现：

- 分子和分母的变化趋势一致，当 WOE 单调递增时，分子中的 ln(odds) 也是单调变化的。
- 分母变化越大，分子也就变化越大，宏观表现就是 WOE 曲线越陡。此时，正负样本的区分将会越明显。
- 这里让 WOE 单调是为了让 WOE(x) 与 y 之间具有线性的关系，从而更有助于人们的理解，而不是最开始 x 和 y 之间的非线性关系。

注意：若非单调，即转换为 WOE 后，x 与 y 之间还是非线性关系，则可重新分箱（等频有益于分箱）或手动调整。

这里发现了 WOE 的另外一个功能，就是其将本身的非线性关系，通过分箱强行转换为了线性关系，增强了特征的拟合能力。

但是 WOE 真的需要完全具备单调性吗？其实不是的。要知道，WOE 的作用是为了将非线性关系转换为线性关系，那么为什么要转换为线性关系呢？因为线性关系能够比较好地拟合业务关系，所以如果分箱以后发现其分布符合业务数据分布，那么即使没有单调性也是合理的。但是通常来说，如果不单调的特征不进行 WOE 编码而直接进入 LR 模型，则一般是很难求解的，因为很难找到一个线性公式来描述关系。

上文说了那么多 WOE 的内容，那么为什么最后又选择 IV 作为最后的评判呢？主要有以下两点原因：

- 评价特征好坏的指标应是非负数，比如，如果 WOE 为−0.5，那么单纯叠加 WOE 作为评价指标，−0.5 并不能作为差的指标去单纯加减，因此引入了$\left(\frac{neg_i}{neg_{total}}-\frac{pos_i}{pos_{total}}\right)$，也就是通过 p_i-p_n 来让评价指标永远保持正数。
- 乘以 p_i-p_n 后，体现出了变量当前分组中个体的数量占整体个体数量的比例对特征预测能力的影响。比例的影响是很重要的，如果 A 的 WOE 很大，但是 A 的正样本比例其实仅占总数的 1%，那么 A 的 WOE 肯定不能单纯地直接加和，而应该乘以对应的比例。

综合以上原因，**我们选择 IV 作为分箱后特征优劣的评价指标**，但是有一点需要注意：在变量的任何分组中，不应该出现正样本为 0 或负样本为 0 的情况。这是因为，当正样本或者负样本为 0 时，根据公式 $IV_i=\left(\frac{neg_i}{neg_{total}}-\frac{pos_i}{pos_{total}}\right)\times WOE_i=\left(\frac{neg_i}{neg_{total=0}}-\frac{pos_i}{pos_{total=0}}\right)\times WOE_i$，可以得出 IV 将趋近于负无穷或者正无穷。如果出现这种情况，那么需要采取一些方法去规避。这里提出了几个常用的解决方法：

- 尽可能地将这种没有正样本或者负样本的分箱单独成箱，不参与 IV 的计算。
- 重新对特征进行分箱，使每个分箱不会出现“一边倒”的情况，尤其是在某些箱的样本数太少的情况。

最后给出一个 IV 计算案例，如图 3-4 所示。

面积	正样本	负样本	WOE	IV	正负比
0～30	50	30	2.543 747 15	1.065 400 592	1.666 666 667
30～60	20	100	0.423 483 614	0.026 582 305	0.2
60～100	5	200	−1.655 957 928	0.319 004 882	0.025
100～120	15	250	−0.780 489 191	0.125 858 105	0.06
120～160	10	150	−0.675 128 675	0.059 183 358	0.066 666 667
>160	10	110	−0.364 973 747	0.014 614 75	0.090 909 091
总计	110	840			2.109 242 424

图 3-4　IV 计算案例

可以看出，WOE 和正负比成单调性，IV 为正值，且区分性也很好（可见，0～30 区间的正样本多于负样本，所以 IV 明显大于其他分箱）。

IV 分箱早期主要应用于金融领域 LR 模型的特征分箱。其以良好的模型效果和强解释性在推荐系统的早期被广泛应用。时至今日，大部分推荐系统已经进入了深度学习时代，模型不再具有可解释性。但是，在选择特征分箱的方法上，也可**用 IV 分箱在 LR 上进行初步的效果尝试，然后选择在 LR 上最好效果的分箱并应用到深度学习模型中**。该方法其实是效果和速度的折中，因为 LR 其实和神经网络的本质是相似的，但是神经网络复杂得多，如果直接将 IV 分箱应用到神经网络，那么计算复杂度是十分巨大的，所以将 LR 模型作为一个先验去替代神经网络。

2. 卡方分箱

要介绍卡方分箱，应首先介绍卡方分布和卡方检验。下面先介绍什么是卡方分布。

设 x_1，x_2，…，x_n 相互独立，都服从标准正态分布 $N(0,1)$，则称随机变量 χ^2（卡方）$=x_1^2+x_2^2+\cdots+x_n^2=\sum_{i=1}^{n}x_i^2$ 所服从的分布为自由度为 n 的 χ^2（卡方）分布。所包含的独立变量的个数即为自由度（例如，$\chi^2=x_1^2+x_2^2$，自由度为 2）。

卡方分布的期望为 $E(\chi^2)=n$，方差 $D(\chi^2)=2n$。从图 3-5 可以看出，n 越大，曲线越平缓；n 越小，曲线越陡峭。

此外，卡方分布是具有可加性的：若 $x_1^2\sim\chi^2(n)$，$x_2^2\sim\chi^2(m)$，且二者相互独立，则 $x_1^2+x_2^2\sim\chi^2(n+m)$。

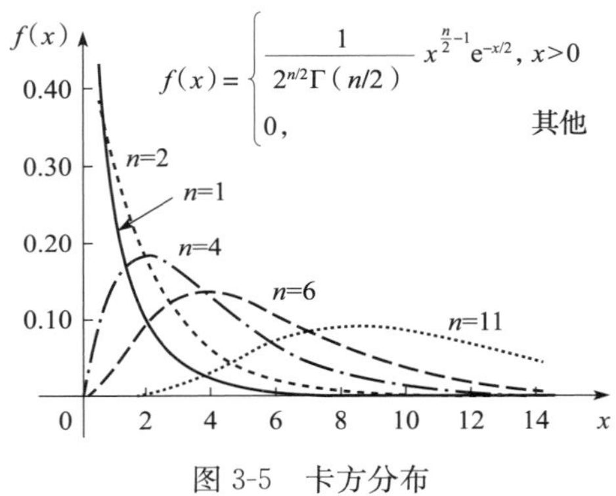

图 3-5　卡方分布

卡方分布到底有什么用呢？这里就要谈到卡方检验了，卡方检验主要用于分类变量之间的独立性检验。其基本思想是，根据样本数据推断总体的分布与期望分布是否有显著性差异，也可以推断两个分类变量是否相关或者独立。一般可以设原假设为：观察频数与期望频数没有差异，或者两个变量相互独立，不相关。实际应用中，先假设原假设成立，计算出卡方的值，卡方值表示观察值与理论值间的偏离程度。卡方值用于衡量实际值与理论值的差异程度，这也是卡方检验的核心思想。对于类别特征来说，卡方分布的公式如下：

$$\chi^2=\sum_{i=1}^{m}\sum_{j=1}^{k}=\frac{(A_{ij}-E_{ij})^2}{E_{ij}}$$

其中：

- ❑ m 为变量特征的类别数。
- ❑ k 为目标的类别数。
- ❑ A_{ij} 为变量特征分箱 i 中目标类别 j 的个数。
- ❑ E_{ij} 为假设下 A_{ij} 的期望。

当样本总量比较大时，χ^2 统计量近似服从 $(m-1)(k-1)$ 个自由度的卡方分布。

通俗点说，就是卡方检验可以检查两组独立变量是否存在相关性。在推荐中，卡方检验可以用来检验特征的重要性，比如检查性别特征是否和成交相关，也可以用来检验预测分数和成交的相关性（一般来说，如果预测分数和成交的 p 值太低，则证明此模型不适合该业务场景）。

下面给出一个例子（见图3-6），某医院对某种病症的患者使用了A、B两种不同的疗法，两种疗法有无差别？

组别	有效	无效	总计
A	120	200	320
B	80	220	300
总计	200	420	620

图3-6 卡方分箱示例

对于整体来说，有效率为$\frac{200}{620}\approx 0.3225$。如果A和B无差别，则意味着A组与B组的有效率是相同的，都是32.25%，则：

- A组有效的期望值为$320\times 32.25\%\approx 104$，无效的期望为$320-104=216$。
- B组有效的期望值为$300\times 32.25\%\approx 97$，无效的期望为$300-97=203$。

由于有随机因素的存在，即使“A和B无差别”的假设成立，因此观察到A组与B组的实际有效人群也不会精确地等于104和97。**卡方检验的思想就是衡量预测值与观察值的差究竟有多大的概率是由随机因素引起的。如果这个概率很小**，那么“A和B无差别”的假设是不成立的，因此A组和B组的治疗效果是不同的。此处的概率需要以卡方值对应的概率来描述：

$$\chi^2=\frac{(104-120)^2}{104}+\frac{(200-216)^2}{216}+\frac{(97-80)^2}{97}+\frac{(220-203)^2}{220}\approx 7.94$$

由于治疗的组别与是否有效各有2种类别，卡方检验的自由度为$(2-1)=1$，$\chi^2=7.94$对应的p值$=0.005$（查卡方表可得），$p<0.05$，说明原假设在0.05的显著性水平下是可以拒绝的。也就是说，原假设不成立，因此A和B对于治疗有**显著差别**。如果A和B无太多相关，A组治疗有效人数趋近于104，B组治疗有效人数趋近于97，而本案例事实上并不是。

那么对于卡方分箱而言，具体的实现涉及一个名为Chimerge的合并分箱法。Chimerge法采取自底向上不断合并的方法完成分箱操作。在每一步的合并过程中，选择卡方值最小的两个箱进行合并。其核心思想是，如果某两个区间可以被合并，那么这两个区间的坏样本需要有最接近的分布，进而意味着两个区间的卡方值是最小的。

其主要包括两个阶段。

1）**初始化阶段**：首先按照属性值的大小进行排序（对于非连续特征，需要先做数值转换，比如转换为点击率，然后排序），然后每个属性值单独作为一组。

2）**合并阶段**：

①对每一对相邻的组计算卡方值。

②根据计算的卡方值，将其中最小的一对邻组合并为一组。

③不断重复前面两个步骤，直到计算出的卡方值都不低于事先设定的阈值，或者分组数达到一定的条件［如最小分组数为5，最大分组数为8，或者某次合并后，最小卡方值的p值超过0.9

(或 0.95、0.99 等)。**卡方值越大，*p* 值越小，相关性越强，对 *Y* 的解释性越好**]。事实上，有的实现方法在合并阶段计算的并非相邻组的卡方值（只考虑在此两组内的样本，并计算期望频数），因为它们用整体样本来计算此相邻两组的期望频数。

总体来说，卡方分箱依赖卡方分布和卡方检验的理论，首先开始假设变量特征的分箱与目标无关，然后把特征的箱子进行适当的分箱（通常分成很多个箱），再通过计算每个相邻箱的卡方值和 p 值进行合并操作，直到达到目标箱数或者某种停止条件。其中有一点要注意，因为这里假设分箱和目标是无相关性的，所以计算过程中卡方值越大，p 值越小，相关性越强，对 Y 的解释性越好，当前分箱就越合理。

卡方分箱比较适合线上分布和线下分布波动不大的数据集。某些业务场景证明卡方分箱和 IV 分箱在模型效果上基本无差别。但是，卡方分箱更适合小数据集，因为卡方分箱的计算时间复杂度比较高，不推荐在大规模数据集上使用。

3. KS 分箱

KS（Kolmogorov-Smirnov，正态检验）可对模型风险区分能力进行评估，指标衡量的是正负样本累计部分之间的差距。KS 值越大，该变量越能将正负样本进行区分。通常来说，KS>0.2 即表示特征有较好的准确率。强调一下，这里的 KS 值是变量的 KS 值，而不是模型的 KS 值。

KS 的计算方式：

- 计算每个分箱的正负样本数，即 pos_i 和 neg_i。
- 计算各分箱间的累计正样本数占总正样本数的比率（good%）$\frac{\text{pos}_i}{\text{pos}_{\text{total}}}$，以及累计负样本数占总负样本数的比率（bad%）$\frac{\text{neg}_i}{\text{neg}_{\text{total}}}$。
- 计算每个分箱区间累计负样本占比与累计正样本占比差的绝对值（累计 good%～累计 bad%），然后对这些绝对值取最大值，得到 KS 值，即 $\text{KS}=\left|\frac{\text{pos}_i}{\text{pos}_{\text{total}}}-\frac{\text{neg}_i}{\text{neg}_{\text{total}}}\right|$。

Best-KS 分箱的算法执行过程与卡方分箱相反，是一个逐步拆分的过程：

1）将特征值进行从小到大的排序。

2）计算出 KS 最大的那个值，即为切点，记为 D，然后把数据切分成两部分。

3）重复步骤 2)，进行递归，D 左右的数据进一步切割，直到 KS 的箱体数达到预设阈值。

其实，KS 是对模型排序能力的一个刻画。对于连续型变量而言，分箱后的 KS 值小于或等于分箱前的 KS 值。分箱过程中决定分箱后的 KS 值是某一个切点，而不是多个切点的共同作用。这个切点的位置是原始 KS 值最大的位置。

但是 KS 仍然不是完美的，首先，其对**样本量敏感**，通常来说，正样本在 1000 以上（或者 1500 以上）时计算的 KS 才可以稳定，否则波动会很大。其次，KS 这种比率类指标的可比性有个前提，就是针对同分布数据，否则它的大小没什么参考价值。最后，**KS 受数据整体分布和模**

型特征相关性的影响很大。很多人认为正样本率高，KS就高，这种观点不准确，很多时候，正样本率很低，KS也会很高，关键是正样本分布的集中度，如果都集中在高分数段，自然就高，因为KS的本质是对模型排序能力的刻画（其实它还不如AUC)。此外就是如果用户选用了一些强相关、强有效的特征，那么KS也会很高，因为共线性太高。

4. 最优分箱

最优分箱主要根据树模型的分裂节点进行分箱，主要选出让当前训练集预估效果最好的分箱节点，其中，以AUC或者GAUC为监督指标，以信息熵、信息增益或者gini指数为分裂标准，有监督地去决定分裂节点。

最优分箱和卡方分箱的适用条件是差不多的，它比较适合数据规模不大且分布波动小的数据集。

本节主要介绍了特征工程中对连续值特征的处理方式。处理方式主要分为两种，第一种是特征标准化，第二种是分箱。**标准化的主要目的是让特征分布符合模型的假设分布，提高模型的鲁棒性及加快收敛速度。**分箱主要分为无监督分箱和有监督分箱。有监督分箱主要是根据箱内的正负样本差异和整体正负样本差异的特点，让特征和目标具有类线性关系，从而符合模型的假设分布。**有监督分箱的优点是鲁棒性强，效果好，可解释性强，模型收敛速度快。但是有监督分箱也有明显的缺陷，首先就是一旦线上数据分布发生了巨大变化，模型效果就会打折扣，其次是分箱的时间复杂度远高于无监督分箱。无监督分箱的优点是速度快，不会因为线上数据分布发生变化而出现效果损失，而且在训练数据足够多的情况下的效果和有监督分箱基本无差别。但是无监督分箱的缺点也很明显，可解释性差，而且寻找合适的分箱数和分箱方法需要算法工程师具有很强的数据理解能力。**此外，在进行数据转换时需要注意，**一定要检查转换后的数据分布**，查看是否存在异常值，如果出现异常值，那么一定要做防御措施，如进行威尔逊平滑，或者舍弃该数据，用默认值填充，防止数据脱离分布，降低效果。

3.4 怎么处理离散特征

离散特征主要是指类别型特征，如性别、类目、关键词等。离散特征通常来说是不能直接送入模型的，比如性别特征（男/女），因为计算机只能识别数字，所以模型肯定是不认识“男”这个字的，因此需要将离散特征进行数字化，让模型认识它，从而去学习它。大量的业务实验证明，合适的特征离散化方法对模型精度的提高起到了重要作用。

通过3.3节，读者已经明白了特征处理对于模型预估精度的重要性，本节将介绍几种对离散特征处理的方法。

1. 标签编码

标签编码可将变量特征的类别进行统计，每一个类别都对应一个数字。例如，在体育这个特征下，其标签编码如表3-2所示。

表 3-2　标签编码

体育	转换类别
足球	0
篮球	1
其他	2

其中的各个类目都被转换为了对应的数字，但是此方法也有一个缺点就是需要维护｛类目：ID｝这个映射，以便于类目的增删。另外，一定要设置“其他”这个类目，以防发生未出现的类目问题。

此方法**一般在树模型的应用比较多**，因为树模型是按点划分训练的。如果选择树模型为训练模型，那么标签编码是一个不错的选择。但是要注意，该特征包含的类目不能太多，否则该特征在树模型中可能会失效。

2. 独热编码

独热（onehot）编码是在 LR 模型中应用最多的，简直可以说是**为 LR 量身打造的转换方法**。这么说的原因是，其不像标签编码那样直接将类别转换为对应的数字，而是直接转换为 0/1 的模式。当类别转换为 0/1 的模式以后，其区分性被大大增强。那么为什么它最适合 LR 呢？回顾一下 LR 的公式 $y=w\times x+b$，当特征进行独热编码以后，x 只有 0/1 的形式，那么意味着 w 只作用于 $x=1$ 的地方，这种方式会大大增加模型的敏感性，提高模型的预测能力。此外也可以通过 w 值的大小去查看特征的重要性，因为越是重要的特征，其对应 w 的值（特征独热编码后对应的 $[w_1,w_2,w_3,\cdots]$）就越大。但是此方式需要维护｛类目：ID｝这个映射，以便于类目的增删。而且如果变量特征类目很多，就会引发维度爆炸（特征对应类目每多一个，维度就加 1），内存消耗大，属于用空间换效果的方式。独热编码的具体转换过程示例如图 3-7 所示。

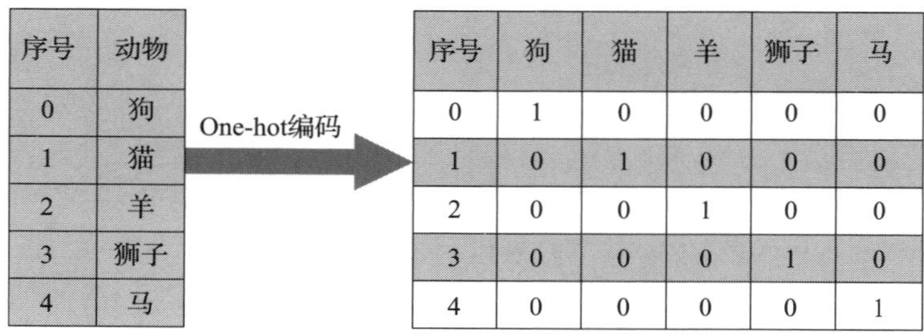

图 3-7　独热编码的具体转换过程示例

通常来说，**独热编码比较适合 LR 模型，并不适合树模型和神经网络模型**。对于树模型来说，二值化以后只有两个选择，并不能让树模型很好地找到切分点。神经网络更喜欢具有正态分布的数据，而不是这种二值化的数据，这种二值化数据会让神经网络很难收敛。

3. 频数编码

频数编码可将变量特征的类别替换为训练集中的计数（比如对于性别特征，男性在训练集中出现了 100 次，那么可将男性类别替换为 100）。这样，类别特征又转换为了数值特征，我们可以按照连续数值特征的处理方式再对其进行处理。但是它也有缺点，就是某些类别的频数会发生碰撞，从而影响模型预估。**频数编码一般适用于类别种类比较多的数据集。**

4. 目标编码

目标编码主要针对特征类别非常多的数据集。独热编码后，数据可能产生维度灾难，从而提出目标编码。该编码主要统计每个类别的数量和每个类别正样本的数量，然后求出正样本率，用此值去替代该类别。以图 3-8 为例，$f_{猫}=\frac{\text{pos}_{猫}}{\text{total}_{猫}}=\frac{2}{5}=0.4$。因为目标编码直接和目标挂钩，所以在使用时一定要注意过拟合的风险，尤其是对于空值或者长尾值的情况。此时一定要注意验证集的表现及异常值的处理。

	动物	目标	编码动物
0	猫	1	0.40
1	仓鼠	0	0.50
2	猫	0	0.40
3	猫	1	0.40
4	狗	1	0.67
5	仓鼠	1	0.50
6	猫	0	0.40
7	狗	1	0.67
8	猫	0	0.40
9	狗	0	0.67

图 3-8　目标编码示例

总的来说，目标编码比较适合特征类别多且空值少的没有明显长尾（20% 的类别占了 80% 的数量）的特征。在很多数据集中，目标编码也可以作为特征的补充信息加入模型中，从而提高模型精度。

为了缓解过拟合的情况，目标编码也可以用以下公式去计算：

$$s=\frac{1}{1+\exp\left(-\frac{\text{count}(k)-\text{mdl}}{a}\right)}$$

$$\text{cate}^k=\text{prior}\times(1-s)+s\times\frac{\text{sum}(\text{pos}^k)}{\text{count}(k)}$$

式中：

- mdl：为类目 k 允许的最小出现次数，是一个超参数。
- count(k)：为类目 k 的出现次数。
- a：为正则化系数，防止过拟合。
- sum(pos^k)：为类目 k 中正样本的个数。
- prior：为先验值，一般为$\frac{总正样本数}{总样本数}$。

5. Beta 目标编码

Beta 目标编码来源于 kaggle 曾经的竞赛 Avito Demand Prediction Challenge（Avito 需求预测比赛）第 14 名的解决方案。其主要思想是将 Beta 分布作为共轭先验，对二元目标变量进行建模（这里不对 Beta 分布进行讲解，一切公式均来自结论公式，不做过多解释）。

用一句话来说，可将 Beta 分布看作概率分布，当用户不知道具体概率是多少时，它可以给出所有概率出现的可能性的大小。说白了，就是预测出现概率的概率。

Beta分布用α和β来参数化。α和β可以被作为重复二元实验中的正例数和负例数。分布中许多有用的统计数据可以用α和β表示，例如：

- 均值：$u=\frac{\alpha}{\alpha+\beta}$。
- 方差：$\sigma^2=\frac{\alpha\beta}{(\alpha+\beta)^2(\alpha+\beta+1)}$。
- 偏度：$s_k=\frac{2(\beta-\alpha)\sqrt{\alpha+\beta+1}}{\sqrt{\alpha\beta}(\alpha+\beta+1)}$。

那么怎么将其应用到目标编码上去呢？当决定先验分布的时候，我们需要设置α_{prior}和β_{prior}的值，也就是需要一个经验正负样本的参数，俗称为先验参数。那么怎么确定呢？一般来说用训练集的均值比较好，即$u_{\text{prior}}=\frac{1}{N}\sum_{i=1}^{N}y_i$。

这里我们设τ为先验分布的有效样本量，假设α为正样本参数，β为负样本参数，那么：

$$\tau=\alpha_{\text{prior}}+\beta_{\text{prior}}$$

$$\alpha_{\text{prior}}=(1-u_{\text{prior}})\times\tau$$

$$\beta_{\text{prior}}=u_{\text{prior}}\times\tau$$

$$\alpha_{\text{posterior}}^{j}=\alpha_{\text{prior}}+\sum_{i=1}^{n}y_i\times I\{x==x_j\}$$

$$\beta_{\text{posterior}}^{j}=\beta_{\text{prior}}+\sum_{i=1}^{n}y_i\times I\{x==x_j\}$$

式中：

- $\alpha_{\text{posterior}}^{j}$为变量特征$j$类别的有效后验正样本参数。
- $\beta_{\text{posterior}}^{j}$为变量特征$j$类别的有效后验负样本参数。

下面详细介绍以上公式的逻辑。首先，在概率学中，后验概率＝先验概率＋当前概率，那么先验概率一般由训练集或者客观事实决定，当前概率由当前数据集决定，后验概率可由先验概率＋当前概率得到。而后验概率即为我们要求的结果，得到后验概率后便可以求得对应的均值、方差、偏度等参数，从而进行特征类型转换。

下面介绍计算步骤：

1）根据训练集求得对应的正样本率，即$u_{\text{prior}}=\frac{1}{N}\sum_{i=1}^{N}y_i\times I\{y_i=1\}$。

2）选择要进行变换的特征A，统计特征A下各个类目的总样本数x_{total}^{j}和正样本数x_{pos}^{j}，j为单个类目。

3）对要变换的测试集中的特征A关联之前得到的各个类目的x_{total}^{j}和x_{pos}^{j}。

4）选择类目允许出现的最大次数$N_{\max}$，防止长尾类目不置信的问题，然后用u_{prior}和1去替换j为空值或者默认值的x_{total}^{j}和x_{pos}^{j}（也是为了防止异常值的出现）。

5）计算$\tau=\max(N_{\max}-x_{\text{total}}^{j},0)$，得到先验数量。

6）计算 $\alpha_{\text{prior}}=(1-u_{\text{prior}})\times\tau$。

7）计算 $\beta_{\text{prior}}=\tau-\alpha_{\text{prior}}$。

8）计算 $\alpha^{j}_{\text{posterior}}=\alpha_{\text{prior}}+x^{j}_{\text{pos}}$。

9）计算 $\beta^{j}_{\text{posterior}}=\beta_{\text{prior}}+(x^{j}_{\text{total}}-x^{j}_{\text{pos}})$。

10）通过公式 $u^{j}=\dfrac{\alpha^{j}_{\text{posterior}}}{\alpha^{j}_{\text{posterior}}+\beta^{j}_{\text{posterior}}}$ 得到均值。

11）通过公式 $\sigma^{j2}=\dfrac{\alpha^{j}_{\text{posterior}}\beta^{j}_{\text{posterior}}}{(\alpha^{j}_{\text{posterior}}+\beta^{j}_{\text{posterior}})^{2}(\alpha^{j}_{\text{posterior}}+\beta^{j}_{\text{posterior}}+1)}$ 得到方差。

12）通过公式 $s^{j}_{k}=\dfrac{2(\beta^{j}_{\text{posterior}}-\alpha^{j}_{\text{posterior}})\sqrt{\alpha^{j}_{\text{posterior}}+\beta^{j}_{\text{posterior}}+1}}{\sqrt{\alpha^{j}_{\text{posterior}}\beta^{j}_{\text{posterior}}}(\alpha^{j}_{\text{posterior}}+\beta^{j}_{\text{posterior}}+1)}$ 得到偏度。

通过以上步骤，一个变量特征的类别得到了 3 种转换，分别是均值、方差和偏度。

Beta 目标编码主要适用于关键特征的信息补充，可以认为是目标编码的扩充。

6. 目标编码的变种

目标编码对于离散值的有效性处理在很多业务中都被采用，由此也产生了很多目标编码的变种以提高目标编码的信息包含性。下面列出几种变种形式。

- **证据权重编码：**证据权重编码是基于目标编码的方法，只是将其选用比率作为变化底数，$\text{cate}^{k}=\ln\left(\dfrac{\dfrac{\text{sum}(\text{pos}^{k})}{\text{coun}\ (k)}+a}{\dfrac{\text{sum}(\text{neg}^{k})}{\text{coun}(k)}+2a}\right)$。此指标反映了衡量变量特征分别正负目标的能力，但是因为容易过拟合，所以引入超参数 a。
- **加和编码：**采用变量特征的类别的正样本均值除以整体正样本均值得到的值去替代该类别，$\text{cate}^{k}=\dfrac{\dfrac{\text{sum}(\text{pos}^{k})}{\text{coun}(k)}}{\dfrac{\text{sum}(\text{pos})}{\text{coun}(\text{total})}}$，其中，sum(pos) 为在总样本中的正样本数，coun(total) 为总样本数量。
- **CatBoost 编码：**$\text{cate}^{k}=\dfrac{\text{sum}(\text{pos}^{k})+\text{prior}}{\text{coun}(k)+1}$，其中，prior 是先验值，一般为正样本的所占比例。
- **M 估计编码：**M 估计编码是 CatBoost 编码的进化版，其主要引入了一个 m 超参数（m 的推荐值为 1～100）去缓解模型过拟合。

7. 二进制编码

二进制编码将类别转换为二进制数字。每个二进制数字都创建一个特征列。如果存在 n 个唯一类别，则二进制编码将新增 $\log(\text{base } 2)^{n}$ 个特征。表 3-3 中共有 4 个特征。二进制编码新增特征的总数将是二个特征。与“独热编码”相比，二进制编码需要较少的特征列（对于 100 个类别，“独热编码”将具有 100 个特征，而对于二进制编码，仅需要 7 个特征）。

表 3-3　二进制编码

体育	转换类别	二进制	体育-1	体育-2
足球	0	00	0	0
篮球	1	01	0	1
网球	2	10	1	0
其他	3	11	1	1

二进制编码必须遵循以下步骤：

- 将类别转换为从 1 开始的数字顺序（顺序是在类别出现在数据集中时创建的，并不表示任何序数性质）。
- 将这些整数转换为二进制代码。
- 二进制数的数字形成单独的列。

二进制编码比独热编码更节约内存，比较适合类别总数比较大的特征。

8. 哈希编码

哈希编码先对特征类别进行编码数字化，然后通过哈希函数映射到一个低维空间，并且使得两个类对应向量的空间距离基本保持一致。它的主要作用是使用低维空间来降低表示向量的维度。特征哈希可能会导致要素之间发生冲突。哈希编码不需要制定和维护原变量与新变量之间的映射关系。因此，哈希编码器的大小及复杂程度不随数据类别的增多而增多。

哈希编码的优点就是简单、快速和对特征具有不错的区分度；缺点就是可能导致哈希冲突及表达个性化的能力不是很强。

9. Embedding 编码

Embedding 主要在深度学习中使用，需要建立一个 $m\times n$ 的矩阵，m 为类别个数，n 为代替类别的向量，意思是每一个特征的每一个类别都用一个维度为 n 的向量表示。Embedding 编码的主要实现方式有两种：

- 对特征进行标签编码（从 0～m），然后按不同的数值取向量。
- 因为类别数太过巨大，从而导致矩阵过大，所以为了减少内存消耗，使用哈希编码，然后按不同的数值取向量。

此方法简单，速度快，表达能力强且不容易过拟合，目前在推荐系统深度学习模型中被广泛应用。

10. 模型编码

在 GBDT 模型中，LGBM 和 CatBoost 有自带的类别编码。LGBM 的类别编码采用的是 GS 编码（梯度统计），将类别特征转换为累积值（一阶偏导数之和/二阶偏导数之和）再进行直方图特征排序。模型编码一般仅用于 LGBM 模型和 CatBoost 模型的应用场景。

表 3-4 总结了部分离散特征编码的优缺点。

表 3-4　部分离散特征编码的优缺点

编码方法	适用条件	优点	缺点	编码后的特征数
标签编码	适用于分类任务有序或低基类的特征编码	简单快捷	不适用于高基类特征，无序类编码结果对于回归任务是线性不可划分的	1
独热编码	适用于分类和回归任务，有序或低基类的特征编码	解决了标签编码对于回归任务的线性不可划分的问题，操作也简单	不适用于高基类特征，会产生稀疏特征，耗内存和训练时间	类别特征的类别数
频数编码	适用于分类任务	简单快捷，抽取类别出现频次作为特征	忽略特征真正的物理意义	1
目标编码	适用于分类和回归任务，包括高基类无序变量	基于前验和先验概率估算编码概率编码	可能引发过拟合	类型标签的类别数
Beta 目标编码	适用于分类和回归任务，包括高基类无序变量	基于 Beta 分布估算概率编码	可能引发过拟合	类型标签的类别数
二进制编码	适用于分类任务	简单快捷	忽略特征的真正物理意义	1
哈希编码	适用于分类或回归任务	不需要维护类别字段，出现新类别也能直接进行哈希编码	模型学习难度大	哈希编码位数一般为 8
Embedding 编码	适用于分类和回归任务	简单快捷	可解释性差	自主设定
模型编码	适用于分类和回归任务	简单快捷	缺乏对类别特征业务含义的深层次的挖掘	1

本节讲解了离散特征的一些处理方式，可以看出，除了标签编码、哈希编码、Embedding 编码和独热编码外，其他方法全是将离散值转换为连续值，特别是目标编码相关的方式，全是围绕着类目和标签的相关性进行变换的。目标编码的效果虽然不错，但是它的缺点也很明显，就是容易过拟合。

CHAPTER4

第 4 章

为推荐系统选择评价指标

在推荐系统中，评价指标分为**线上指标**和**线下指标**。**线上指标直接代表业务的数据好坏，线下指标更多地起的是指导作用。**通常，对于业务来说，线上目标不仅只有一个，而是有多个。同时，线上目标又直接和公司业务目标直接相关，所以，线上目标需要经过严格的数据分析和论证。如果选择了错误的线上目标，那么对整个业务将是毁灭性的打击。线下指标更像一个指导指标，因为上线一个模型的流程是复杂的。整个上线流程包括模型的设计、策略的思考、代码的编写、走完上线流程和回收数据。从正常的迭代进度来看，1～2 周是必要的。很明显，这样的迭代节奏是很慢的。因此，需要线下指标指导往正确的方向进行快速的迭代。线下指标的作用就是快速地验证我们的策略和模型在业务数据集上的优劣，从而让我们对于优化方向的正确与否有一个大概的了解。

4.1 不同业务的线上指标

我们曾经介绍过最好的评价指标只有一个，就是**用户满意度**，只是因为很多时候我们得不到纸面的用户满意度，所以就用**点击率（CTR）**、**转化率（CVR）**、**观看 6s**、**接通电话 30s**、**评论**、**点赞**、**收藏**和**多样性覆盖率**等一系列指标去作为用户满意度的替代品。这里介绍在不同场景应用中的评价指标和作用。

- **PV（page views，页面浏览次数）**：指物料被浏览或者下发的次数。在很多业务中，PV 是最基本的指标之一。对于信息流业务来说，PV 也是值得提高的指标之一，因为用户是主动点击的，所以，PV 越多证明用户在 App 内越活越。而对于推送业务来说，用户是被动接收的，所以更多考虑的是在固定 PV 下提高点击率。
- **UV（user views，被下发的用户数）**：指物料被下发给了多少用户。如果说 PV 是从物料的角度考虑问题，那么 UV 就是从用户的角度考虑问题，主要表示用户是否留存在

App 内。

- **点击次数（Click）：** 指物料被点击的次数。对于某些特别的场景，如信息流或者视频场景，点击可以视作视频被成功播放 3s 以上，因为 3s 以下的物料可能是误点，不代表真实兴趣。同样，对于销售推荐用户场景，拨打电话成功后，通话 30s 可以视为点击。点击指标根据 PV 和 UV 角度又可以分为点击 PV 和点击 UV。这两个指标都是非常重要的指标，在大多数的业务场景中，算法工程师的工作就是在优化点击 PV 和点击 UV。因为，这两者直接代表了用户的留存和用户的活跃情况，而且根据统计分析，点击的提高也和成交成正比关系，因此点击指标值得被慎重对待。
- **成交次数（Conversion）：** 指物料被成交的次数。对于电商和广告场景，一般就是商品被成交的次数。对于销售推荐用户场景，为接通电话 60s 或者用户下单的次数。成交指标在很多场景中都是最终指标，直接和公司的收益挂钩，甚至可以被认为是整个业务的最终优化目标。
- **点击率（CTR）：** 点击率$\left(\mathrm{CTR}=\dfrac{\text{点击次数}}{\mathrm{PV}}\right)$对于任何场景来说都是比较重要的评价指标。在信息流场景，物料点击率高表示物料受被展现物料的用户的青睐。在电商场景和广告场景，物料点击率高代表该物料受关注，被转化的概率很大。
- **转化率（CVR）：** CVR$\left(\mathrm{CVR}=\dfrac{\text{成交次数}}{\mathrm{PV}}\right)$一般在电商和广告场景中的应用比较多，是 CTR 的升级指标，直接决定公司的收益和用户的真实兴趣。
- **评论：** 比 CTR 更深、比 CVR 浅的指标。评论其实是一个辅助指标，用来表达用户的兴趣程度。
- **点赞：** 比 CTR 更深、比 CVR 浅的指标，代表了用户的兴趣程度。点赞在业务上的重要性和评论类似。
- **收藏：** 比 CTR 更深、比 CVR 浅的指标，代表了用户的兴趣程度。收藏在业务上的重要性和评论类似。
- **多样性：** 为了不让用户陷入信息茧房和兴趣疲劳，应用需要多样性指标去评价推荐物料的多样性。多样性其实更多是长远考虑用户的留存。因为，用户陷入信息茧房和兴趣疲劳以后，对推送的同质化内容会麻木，甚至反感，可能就会减少使用甚至卸载 App。因此，在 CTR 和 CVR 优化到一定程度后，为了提高留存，多样性是必须要关注的指标。
- **VV（Video View，视频播放量）：** 指一个统计周期内，视频被打开的次数。该指标一般应用在短视频、直播、小视频等与视频相关的业务场景中。其重要程度等同于点击。
- **CV（Content Views，内容播放数）：** 指一个统计周期内，视频被打开且视频正片内容（除广告）被成功播放的次数。该指标是 VV 的进阶指标，能够更好地表达用户的兴趣，同样是算法工程师需要长期关注的指标。
- **完播率：** 视频被完整播放的次数/PV，是视频相关 App 的重要指标之一。

- **卸载数**：卸载 App 的用户数。卸载数需要被长期观察，如果某天卸载数突然增加，那么一定要对之前的操作进行数据分析。
- **负反馈指标**：通常为物料被举报和物料被不喜欢的次数，以及物料的评论出现负反馈的次数。负反馈也是需要长期被关注的指标，虽然没有卸载那么严重，但是如果出现负反馈快速增长，也应格外注意。此外，负反馈还涉及一些政策和法律方面的反馈，所以需要小心对待。
- **召回策略下发占比**：下发占比是召回常用的线上指标，通常，某一召回的下发占比越高，说明该召回策略越被精排所喜欢。通常来说，下发占比高，点击率也会增加。但是有的时候下发占比高，点击率不一定增加。这可能是因为精排模型达到了能力的瓶颈，即使召回的都是精排喜欢的物料，精排也无法再选择出更好的物料。因此，除了下发占比，还要观测该召回的点击率等指标。

4.2　精排层应该选择什么评价指标

模型阶段需要着重考虑的就是线下指标了。我们了解了模型从无到有，到上线，再到收回数据的流程是很漫长的，因此，需要一系列的线下指标去小成本地观察模型优化是否有效。当一系列的线下指标都取得了不错的结果后，再将模型进行上线，然后回收数据以观察效果。通常来说，精排层的线上优化指标一般是点击率或者成交率等业务需要着重提高的指标，此处不再赘述。本节主要介绍精排层需要什么样的线下评价指标。

1. 损失函数

损失函数通常是模型的第一选择评价指标，我们可以通过观察模型的损失是否减小来判断模型是否进行了正常的学习。一般来说，分类问题可以用 logloss 去判断，回归问题可以用 MSE 或者 MAE 判断模型的好坏。一般来说，logloss 降低，线上的对应优化目标（如 CTR 或者 CVR）就会升高，但是当 logloss 达到一定程度，将会收敛。只从损失的角度无法观测出模型的优劣，这时候就需要其他指标进行辅助观测。

2. 混淆矩阵

对于二分类而言，把预测结果与实际结果两两混合，就会出现图 4-1 所示的 4 种情况，这就组成了混淆矩阵。

对图 4-1 中提到的指标说明如下：

- TN（True Negative，真负例）：表示预测值和实际值都为 0。
- TP（True Positive，真阳例）：表示预测值和实际值都为 1。

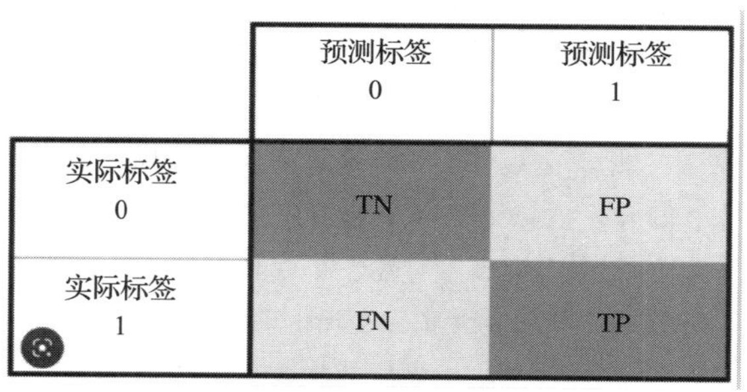

预测标签 0
预测标签 1
实际标签 0
实际标签 1
TN
FP
FN
TP

图 4-1　二分类混淆矩阵

- FP（False Postive，假阳例）：表示预测值为 1，实际值为 0。
- FN（False Negative，假负例）：表示预测值为 0，实际值为 1。

混淆矩阵一般作为多分类的评价标准。通过混淆矩阵，我们可以清晰地观察到模型对于各个类别的分类好坏，从而针对性地对模型做出调整。例如，假设一个二分类任务，从表 4-1 可以清晰地观测到模型对于实际标签-0 的样本学得很好，但是对于实际标签-1 学习得并不好。

表 4-1　混淆矩阵示例

	预测标签-1	预测标签-0
实际标签-1	10	30
实际标签-0	10	90

3. 准确率

准确率（Accuracy）指样本中模型预测正确的结果占总样本的百分比。

$$\text{Accuracy}=\frac{\text{TP}+\text{TN}}{\text{TP}+\text{TN}+\text{FP}+\text{FN}}$$

对于样本均衡的数据集来说，准确率是一个不错的评价指标。

但是，如果在样本极不均衡的情况下，比如正样本占 10%，负样本占 90%，假设负样本预测得很好，正样本预测得很差，那么准确率一样会很高，因为负样本的占比会让准确率失去对于正样本的评价能力。正如表 4-1 所示的例子，其准确率 $=\frac{10+90}{140}\approx 0.71$，看起来还可以，但是它对于正样本的预测概率只有 0.25，这明显是不满足我们的要求的。

4. 精准率

精准率（Precision）又称查准率，指预测为正样本的样本中实际为正样本的占比。

$$\text{Precision}=\frac{\text{TP}}{\text{TP}+\text{FP}}$$

精准率和准确率的区别在于，精准率只关注正样本的准确度，而准确率是正负样本都关注。对于二分类来说，我们要着重关注正样本的精准率。对于多分类来说，我们要关注各个标签的精准率。精准率越高，模型预测为正样本的样本为真实正样本的概率就越高。

5. 召回率

召回率（Recall）又称查全率，指实际正样本中有多少比例的样本被预测为正。

$$\text{Recall}=\frac{\text{TP}}{\text{TP}+\text{FN}}$$

召回率主要关心的是正样本有多少被覆盖了。举个例子，在正负样本悬殊的情况下，准确率首先失效，那么当我们计算精准率的时候，假设一共有 5 个正样本、100 个负样本，有 1 个样本被预测为了正样本，这 1 个样本刚好就是正样本，所以精准率为 100%。但是此时模型真的预测好了吗？明显不是，还有 4 个正样本被预测为了负样本，而召回率就是为这种情况准备的，可见召回率实际只有 0.5。

召回率越高，预测为正样本的样本中包含全部真实正样本的概率就越高。

6. F1-score

在二分类任务中，最后的结果经过 Sigmoid 以后会非线性转换到 [0,1] 的范围，但是如何通过确定一个阈值来确定实际的预测标签呢？比如，大于 0.5 的就为正样本，小于 0.5 的就为负样本。实际中的做法是遍历 [0,1] 的分数，比如将 [0,1] 均分为 100 个点，然后求出每个点的精准率和召回率，很明显，这样做的结果是精准率和召回率是成反比关系，因为阈值取得越大，精准率会越高，但是召回率就会下降，反之亦然。如果将这些均分点的召回率和精准率在二维图上绘出来，就是经典的 P-R 曲线，如图 4-2 所示。

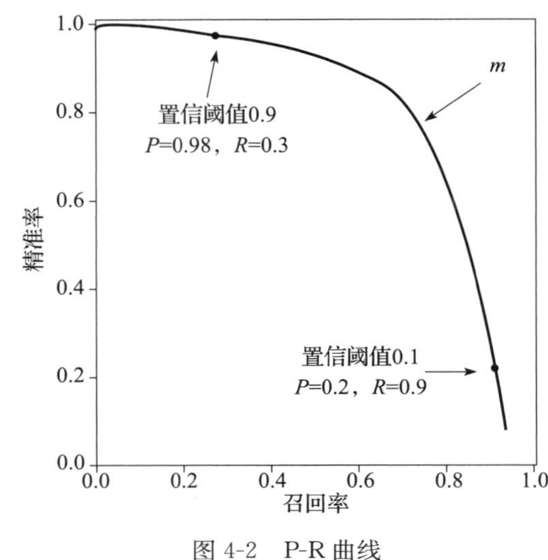

图 4-2　P-R 曲线

F1-score 评价指标综合了精准率和召回率，在二者之间找出一个最优平衡点，也就是图 4-2 中的 m 点，让精准率和召回率同时达到当前最优。其主要应用了调和平均数（Harmonic Mean）的概念。

$$\text{F1-score}=\frac{2}{\frac{1}{\text{precision}}+\frac{1}{\text{recall}}}=\frac{2\times\text{precision}\times\text{recall}}{\text{precision}+\text{recall}}$$

F1-score 指标是精准率和召回率的综合考虑。F1-score 越高，精准率和召回率会不同程度地提高，直到收敛到一个固定值。

7. ROC

在介绍 ROC 之前，我们再引入几个指标，分别是灵敏度（Sensitivity）、特异度（Specificity）、真阳率（TPR）和假阳率（FPR）。

$$\text{Sensitivity}=\frac{\text{TP}}{\text{TP}+\text{FN}}$$

$$\text{Specificity}=\frac{\text{TN}}{\text{FP}+\text{TN}}$$

$$\text{TPR}=\text{Sensitivity}=\frac{\text{TP}}{\text{TP}+\text{FN}}$$

$$\text{FPR}=1-\text{Specificity}=\frac{\text{FP}}{\text{FP}+\text{TN}}$$

从上面的公式可以看出 TPR 是召回率，灵敏度是负样本的召回率，FPR 可检查有多少比例的负样本被预测为了正样本。TPR 和 FPR 两个指标可以无视样本不平衡的问题，因为 TPR 仅关注正样本的覆盖率，而 FPR 仅关注错误正样本的覆盖率。

ROC（Receiver Operating Characteristic）曲线又称接受者操作曲线。该曲线最早应用于雷达信号检测领域，用于区分信号与噪声。其和 P-R 曲线的区别在于，它是使用 TPR 和 FPR 作为指标进行绘制的曲线。

ROC 曲线如图 4-3 所示。可以看出，TPR 和 FPR 一开始为正比关系，但是到了某一个点以后就开始持平。这个也很好理解，因为阈值越小，召回率就越高，同时假阳率也越高。那么什么样的 ROC 曲线才是最好的呢？回到公式本身，我们希望 FPR 越小越好，即错误的正样本越少越好，同时也希望 TPR 越大越好，即更多的正样本被覆盖。那么 **TPR 越高越好，FPR 越低越好，在图上的表现就是 ROC 曲线越陡峭越好，即阈值在很小的范围内就可以实现 FPR 低而 TPR 高的能力。ROC 曲线越陡峭代表模型的预估能力越强，在线上的表现就是 CTR 或者 CVR 会越高。如果 ROC 曲线是一个直角，那么这便是一个完美模型，可以完全预估中用户的所有兴趣，但是这基本是不现实的，当出现完美模型的情况时，应该去检查是否出现数据穿越。**

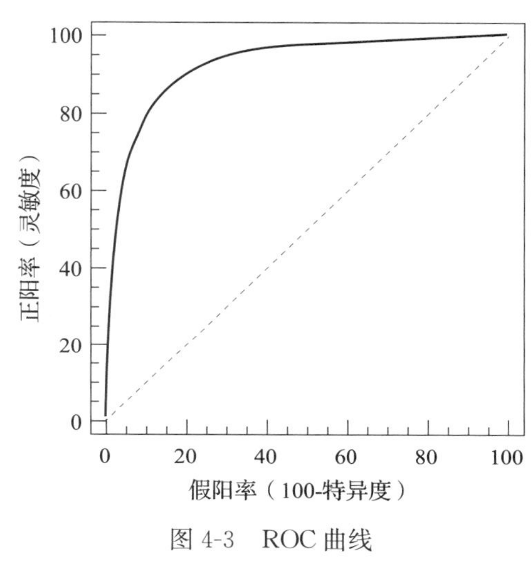

图 4-3　ROC 曲线

8. AUC

上面说到最陡峭的 ROC 曲线就是最好的模型，那么怎么去让这个概念指标化呢？AUC（Area Under Curve）就是这个量化指标，可以求取 ROC 曲线的线下面积。

从图 4-4 我们可以明显地发现，AUC 为 50%的时候，其是一个对角线。随着 AUC 的增加，ROC 曲线越来越陡峭，直到变为一个直角，此时 AUC 也达到了 100%。因此，AUC 是一个 50%～100%的值。50%表示模型基本没有预估能力，属于随机猜测模型，而 95%～100%表示完美模型，不过这种模型不可能存在。AUC 越大，模型越可能把正样本排在前面的位置，衡量的是一种排序的能力。

AUC 分数评价标准如表 4-2 所示。

表 4-2　AUC 分数评价标准

分数	标准
50%～70%	预测能力不好，但是对于小概率事件已经不错了
70%～85%	预测能力一般
85%～95%	预测能力很好
95%～100%	完美模型，但是一般不太可能存在

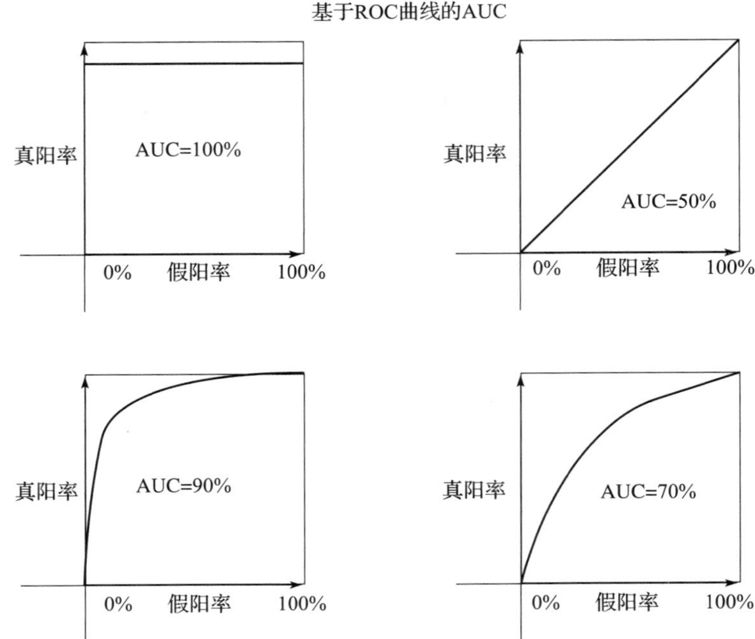

图 4-4　基于 ROC 曲线的 AUC

那么此时我们可以给出 AUC 的定义，随机从正样本和负样本中各选一个，模型对正样本打分的概率大于对负样本打分的概率。

❑ AUC 的计算。

AUC 如果按照原始定义（即 ROC 曲线下的面积）来计算是很复杂的。

我们可以按照上述给出的常用的 AUC 定义，即随机选出一对正负样本，分类器对正样本打分的概率大于对负样本打分的概率。这个概率就是 AUC 的分数。

假设样本集一共有 P 个正样本、N 个负样本，预测分数也就是 $P+N$ 个。这里首先将所有样本按照预测值进行从小到大排序，排序编号由 $1\sim(P+N)$，然后对所有正样本进行以下计算：

1）对于正样本概率最大的，假设排序编号为 rank_1，比它概率小的负样本个数为 rank_1-P。

2）对于正样本概率第二大的，假设排序编号为 rank_2，比它概率小的负样本个数为 $\text{rank}_2-(P-1)$。

3）重复以上步骤，直到正样本概率最小的样本处，假设排序编号为 rank_p，比它概率小的负样本个数为 rank_p-1。

那么在所有样本的情况下，正样本分数大于负样本分数的个数$=\text{rank}_1+\text{rank}_2+\cdots+\text{rank}_p-(1+2+\cdots+p)$。

所以，AUC 的正式计算公式也如下：

$$\mathrm{AUC}=\frac{\sum_{i\in \mathrm{pos}}\mathrm{rank}_i-\frac{P\times(1+P)}{2}}{P\times N}$$

- rank_i 表示正样本 i 的排序编号。
- $P\times N$ 表示随机从正负样本中各取一个的所有情况数。

此外，对于预测分数一类的样本，把原先的排序编号平均，作为新的排序编号。下面举个例子进行讲解。

如图 4-5 所示，一共 8 个样本，正样本 3 个，负样本 5 个，AUC 计算如下：

$$\mathrm{AUC}=\frac{(8+5.5+3)-\frac{3\times(1+3)}{2}}{3\times 5}=0.7$$

ID	Label（标签）	Score（得分）	rank（排序）	new_rank（新排序）
1	1	0.8	8	8
2	1	0.6	6	5.5
3	1	0.2	3	3
4	0	0.6	5	5.5
5	0	0.7	7	7
6	0	0.1	2	2
7	0	0.02	1	1
8	0	0.3	4	4

图 4-5　AUC 计算样例

AUC 具有如下几个优点：

- AUC 衡量的是一种排序能力，因此特别适合排序类业务。
- AUC 对正负样本均衡并不敏感，在样本不均衡的情况下，也可以做出合理的评估。
- 其他指标，比如 Precision、Recall、F1-score，根据区分正负样本阈值的变化会有不同的结果，而 AUC 不需要手动设定阈值，是一种整体上的衡量方法。

AUC 的缺点如下：

- 因为线上样本和线下样本不一致，所以可能会出现线下 AUC 好、线上指标差的现象。
- AUC 没有给出模型误差的空间分布信息。AUC 只关注正负样本之间的排序，并不关心正样本内部或者负样本内部的排序，这样我们也无法衡量样本对于客户的刻画能力。

AUC 是目前精排模型应用最广的指标。通常来说，AUC 提高，线上相关指标也会提高。前文说过，logloss 下降到一定程度就会收敛，而 AUC 就是比 logloss 更细的指标。通常，logloss

收敛，模型继续训练后，AUC 是可能继续提高的。但是，AUC 具有和 logloss 一样的问题，那就是 AUC 增长到某个值以后也会开始收敛，但是这个收敛可能并不是模型的极限。

9. GAUC

AUC 计算基于模型对全集样本的排序能力，而在真实的线上场景中，往往只考虑一个用户推荐会话下的排序关系，这就导致了线上与线下不一致的情况。导致这个问题主要有两个方面的原因：

- 线上出现了新样本，而在线下没有出现，使线上与线下不一致。这种情况更多的是采用在线学习的方式去缓解，AUC 本身可改进的不多。
- 线上的排序发生在一个用户的推荐会话下，即排序接收的是粗排“吐”出的样本，而排序根据粗排“吐”出的样本进行排序，然后输出 Topk。而线下计算全集样本时事实上只有 Topk 样本的 AUC，并不包括粗排“吐”出的样本，即用户 1 点击的正样本排序高于用户 2 未点击的负样本是没有实际意义的，但线下 AUC 计算的时候考虑了它。

为了解决以上问题，阿里妈妈团队提出了 GAUC 来解决 AUC 的不足，其公式如下：

$$\mathrm{GAUC}=\frac{\sum_{i=1}^{n} w_i \mathrm{AUC}_i}{\sum_{i=1}^{n} w_i}=\frac{\sum_{i=1}^{n} \mathrm{impression}_i \mathrm{AUC}_i}{\sum_{i=1}^{n} \mathrm{impression}_i}$$

GAUC 主要以每个用户为群计算 AUC，然后按照曝光量做加权平均。事实上，在不同的业务场景中，可以以不同的维度为群来计算 AUC，然后做加权平均。

GAUC 可以作为 AUC 的辅助指标来帮助算法工程师观测模型的效果。当发现 AUC 增长，线上 CTR 却没有增长的情况时，建议观测 GAUC 的情况。

4.3 召回层应该选择什么评价指标

召回层的线上指标一般是单路召回路的下发占比和线上点击率或者成交率，此处不再赘述。本节主要介绍召回层的线下评价指标。

1. **累积增益**

在召回层中，**评价指标一般是 Topk**，即模型打完分的样本的 Topk 中有多少是正样本。而累积增益（Cumulative Gain，CG）公式就是根据 Topk 改造的：

$$\mathrm{CG}_k=\sum_{i=1}^{k} \mathrm{rel}_i$$

式中，rel 表示相似分数，也就是数据集的标签。对于亚马逊图书 1～5 分的标签，rel 的取值范围是 [1,5]。对于二分类而言，rel 的取值范围是 {0,1}。

举个例子，假设对于一个用户来说，召回得到了 5 个物料，按照前面提到的评级标准，rel_i 可以表示为 1，1，0，0，1。那么，CG 就等于这些结果评级值的累加和，即 CG＝1＋1＋0＋0＋

1=3。假设另外一个模型也得到了 5 个结果，表示为 0，0，1，1，1，则 CG 也为 3（CG=0+0+1+1+1）。

通过上述的例子可以看到，CG 的统计并不能影响到召回结果的内部排序，CG 得分高只能说明这一批召回结果的质量比较高，而并不能说明这个算法的排序能力好或差，所以就产生了 DCG（折损累积增益）。

CG 在推荐系统的早期应用较多，后来它的改进版 NDCG（归一化折损累积增益）被广泛应用于召回模型。

2. 折损累积增益

折损累积增益的公式如下：

$$\mathrm{DCG}_k=\mathrm{rel}_i+\sum_{i=2}^{k}\frac{\mathrm{rel}_i}{\log(i+1)}$$

折损累积增益（Discounted Cumulative Gain，DCG）的思想是质量比较高的物料排到了较后的位置，那么在统计分数时就应该对这个物料的得分有所打折。也就是说，物料的分值是一方面，但是要按照排序位置给一个折扣，此处通过乘以 $1/\log_2(i)$ 来计算折扣。

此外针对二分类，DCG 还有一种表达公式：

$$\mathrm{DCG}_k=\sum_{i=1}^{k}\frac{2^{\mathrm{rel}_i}-1}{\log_2(1+i)}$$

此公式只适合二分类，如果类别太多，那么 2^{rel} 将会变得很大，那么分母就不会有太大意义。

DCG 解决了结果排序优劣的问题，但是不能比较不同的召回结果。比如，召回结果 1 的 5 个物料分数为 3,1,2,2,3，召回结果 2 的 5 个物料分数为 2,2,1,1,1。对于 DCG，显然是召回结果 1 是优于召回结果 2 的，但是从排序能力来说，召回结果 1 并没有达到最优排序，即 {3,3,2,2,1}，而召回结果 2 其实达到了最优排序，即高质量的物料都排到了前面。面对这种情况，DCG 就不适用了，所以就产生了 NDCG。

3. 归一化折损累积增益

归一化折损累积增益（Normalized Discounted Cumulative Gain，NDCG）就是针对 DCG 做了归一化，具体公式如下：

$$\mathrm{NDCG}_k=\frac{\mathrm{DCG}_k}{\mathrm{IDCG}_k}$$

式中，IDCG 为理想的 DCG：

$$\mathrm{IDCG}_k=\sum_{i=1}^{|\mathrm{REL}_k|}\frac{2^{\mathrm{rel}_i}-1}{\log_2(i+1)}$$

式中，IDCG_k 表示人工对这些结果进行排序，排到最好的状态后，算出这个排序下本次结果的 DCG，即 ideal DCG，就是 IDCG。

例如，召回结果的物料分数为 {3,2,1,3,2} 的理想结果应该是 {3,3,2,2,1}，此理想结果的 DCG 为：

$$\mathrm{DCG}=3+3+1.26+1+0.43=8.69$$

而 {3,2,1,3,2} 的为：

$$\mathrm{DCG}=3+2+0.63+1.5+0.86=7.99$$

那么 {3,2,1,3,2} 的 NDCG 为：

$$\mathrm{NDCG}=\frac{7.99}{8.69}\approx 0.91$$

CG 系列的评价指标一般是用在召回阶段的评价指标。这是因为召回面对的物料池特别大，我们并不关心其精准率，而更偏向于召回率，并且每次测试模型性能的时候都不可能直接把物料池中所有的物料拿出来计算，因此，我们更关心模型的整体排序是否具有把高质量物料排到前面的能力。这一方面，CG 系列指标就是一个比较好的评价指标。

NDCG 指标目前在推荐召回阶段已被业界广泛应用。

注意：一般在论文中，Topk 的物料召回集合的 NDCG 的表达为 NDCG@k。

4. 命中率

命中率（Hit Rate，HR）公式如下：

$$\mathrm{HR}_k=\frac{\sum_{i=1}^{k} I(\mathrm{label}=1)}{\sum_{i=1}^{n} I(\mathrm{label}=1)}$$

命中率是目前 Topk 推荐研究中十分流行的评价指标，主要是看 Topk 中正样本的比例占到了整体正样本的多少。比如，对于单个用户来说，召回的 1 万个物料中有 500 个正样本，我们取 Top2000 观察，发现有 400 个正样本，那么 $\mathrm{HR}_{200}=\frac{400}{500}=0.8$。

HR 指标其实就是召回率的计算，是模型召回效果最简单和最直观的体现。

5. 平均互惠命中排序

平均互惠命中排序（Average Reciprocal Hit Rank，ARHR）也是目前 Topk 推荐中十分流行的指标，它是一种加权版本的 HR，可衡量一个物料被推荐的强度，公式如下：

$$\mathrm{ARHR}_k=\frac{\sum_{i=1}^{k} \frac{I(\mathrm{label}=1)}{p_i}}{\sum_{i=1}^{n} I(\mathrm{label}=1)}$$

式中，p_i 为物料在 Topk 序列中的排序位置，比如物料 1 在 Topk 序列中排名第一，那么 $p_1=1$。

6. 平均精度

由前面可知，精准率和召回率都只能衡量模型性能的一个方面，理想的情况肯定是精准率和召回率都比较高。当想提高召回率的时候，大概率会降低精准率，所以可以把精准率看作召回率的函数，即 Precision=f（Recall），那么就可以对函数 Precision=f（Recall）在 Recall 上进行积分，可以求 Precision 的期望均值：

$$\text{AveP}=\int_0^1 P(\text{Recall})\,\mathrm{d}_{\text{recall}}=\sum_{k=1}^{n}\text{Precision}(k)\Delta(k)=\frac{\sum_{k=1}^{n}(P(k)\times\text{rel}(k))}{\text{number of positive label}}$$

式中：

- $P(k)$ 表示前 k 个物料的精准率；
- rel(k) 表示第 k 个物料是否为正样本。
- number of positive label 表示负样本本数。

在推荐场景中，对于单个用户，平均精度（Average Precision，AP）的计算方式可以简单地认为是：

$$\text{AveP}=\frac{1}{R}\sum_{r=1}^{R}\frac{r}{\text{Position}(r)}$$

- R 表示正样本的总个数。
- Position(r) 表示模型结果从大到小排序后，列表从前往后看第 r 个正样本在列表中的位置。

例如，对于某一个用户来说，召回了一批物料，一共有 3 个正样本，排序分别为 1，3，6，那么 $\text{AveP}=\frac{1}{3}\left(1+\frac{2}{3}+\frac{3}{6}\right)\approx 0.72$。

AveP 的意义是在召回率从 0～1 逐步提高的同时，对每个正样本排序位置上的 P 进行相加，同时要保证精准率比较高，才能使最后的 AveP 比较大。

7. 全类平均精度

全类平均精度（Mean Average Precision，MAP）就是当有多个查询或者多个用户的时候，计算每个查询或者用户的 AP，然后求加权平均：

$$\text{MAP}=\frac{\sum_{q=1}^{Q}\text{AveP}(q)}{Q}$$

MAP 是反映模型在全部用户或者查询上的性能的单值指标。模型找出的物料打分越靠前（Rank 越高），MAP 就应该越高。

MAP 的衡量标准比较单一，在推荐场景中，用户与物料的关系非 0 即 1，核心是利用用户对应的物料出现的位置来进行排序算法准确性的评估。

MAP 比较适合二分类的召回模型评估场景。通常来说，MAP 越高，模型上线后的下发占比和点击率会越高。

8. 半衰期效用指标

半衰期效用（half-life utility）指标是在用户浏览商品的概率与该商品在推荐列表中的具体排序值呈指数递减的假设下提出的，它度量的是推荐系统对一个用户的实用性，即用户真实评分和系统默认评分值的差别。

$$HL_u=\sum_i \frac{\max(r_{ui}-d,0)}{2^{\frac{(l_{ui}-1)}{h-1}}}$$

- ❑ r_{ui} 表示用户 u 对商品 i 的实际打分。
- ❑ l_{ui} 为商品 i 在用户 u 的推荐列表中的排名。
- ❑ d 为默认评分（比如平均评分值）。
- ❑ h 为系统的半衰期参数，即有 50%的概率用户会浏览的推荐列表的位置。

显然，当用户喜欢的商品都被放在推荐列表的前面时，该用户的半衰期效用指标会达到最大值。

9. 平均互惠排序

互惠排序（Reciprocal Rank）是指第一个正确答案的排名的倒数。MRR 是指多个查询语句的排名倒数的均值，公式如下：

$$\mathrm{MRR}=\frac{1}{|Q|}\sum_{i=1}^{|Q|}\frac{1}{\mathrm{rank}_i}$$

- ❑ rank_i 表示第 i 个查询语句的第一个正确答案的排名。

MRR 是国际上通用的对搜索算法进行评价的机制，其评估假设基于唯一的一个相关结果，即第一个结果匹配，分数为 1，第二个匹配分数为 0.5，第 n 个匹配分数为 $1/n$。如果没有匹配的句子，那么分数为 0。最终的分数为所有得分之和。

MRR 是针对每一个查询把正确的物料在推荐列表中的排序取倒数来作为它的准确度，再对所有的查询取平均。

如图 4-6 所示，针对 3 个查询，其 $\mathrm{MRR}=\frac{\frac{1}{3}+\frac{1}{2}+1}{3}\approx 0.61$。一般来说，MRR **在搜索场景应用得比较多**。MRR 越大证明模型的召回效果越好。

查询	建议的结果	正确的结果	排序	平均互惠排序
cat	catten、cati、cats	cats	3	1/3
torus	torii、tori、toruses	tori	2	1/2
virus	viruses、virii、viri	viruses	1	1

图 4-6 MRR 计算样例

4.4 重排层应该选择什么评价指标

一般来说，重排层除了提高 CTR、CVR 等直接指标以外，还经常扮演调和多样性和新颖性的角色。本节主要介绍一些与多样性相关的指标（线上/线下都可以适用）。

1. ILS

ILS（Intra-List Similarity）主要对一段时间内单个用户点击过的物料进行相似度计算。其公式如下：

$$\mathrm{ILS}(R)=\frac{2}{k(k-1)}\sum_{i\in R}\sum_{j\in R,i\neq j}\mathrm{Sim}(i,j)$$

- R 为推荐给用户的商品集合。
- k 为商品个数。
- Sim 为相似性度量。

Sim 的计算方法有很多种，比较常见的如下。

- 物料 i 和物料 j 的 Embedding 的 Cosine 距离。
- 物料 i 和物料 j 的特征 Jaccard 距离。

ILS 越小，多样性越好。ILS 是目前应用比较广泛的多样性评价指标，在某些追求多样性的场景，其经常被加入精排模型的损失函数以提高多样性。

2. 海明距离

海明距离（Hamming Distance）的公式如下：

$$H_{ij}=1-\frac{Q_{ij}}{L}$$

式中：

- L 为推荐列表长度。
- Q_{ij} 为系统推荐给用户 i 和 j 两个推荐列表中相同物料的数量。

海明距离衡量了不同用户间的推荐结果的差异性。其值越大，不同用户间的多样性程度越高。

3. 自系统多样性

自系统多样性（Self-System Diversity，SSD）指推荐列表中没有包含历史推荐列表中的比例，主要考察推荐结果的时序多样性。

$$\mathrm{SSD}(R|u)=\frac{|R-R_{t-1}|}{|R|}$$

- R_{t-1} 是上一次的推荐列表。
- $|R-R_{t-1}|$ 是物料属于本次推荐但是不属于上一次推荐的集合。
- u 表示用户。

通常，SSD 值越大，推荐列表的时序多样性越好。

4. 覆盖率

覆盖率（Coverage）是推荐给用户的物料占物料库中所有物料的比例，用来衡量对长尾物料的捕获能力。

5. *K* 次重复率

在一次推荐请求中，同一类别的物料连续出现 K 次的比率。这个指标越大，证明多样性越差。

6. Hellinger 距离

通过计算生成的 Topk 结果的多样性分布和理想的多样性分布之间的 Hellinger 距离，可衡量 Topk 结果多样性的好坏。

$$H(P,Q)=\frac{1}{\sqrt{2}}\sqrt{\sum_{i=1}^{k}(\sqrt{p_i}-\sqrt{q_i})^2}$$

式中：

- p_i 为当前推荐的多样性分布。
- q_i 为理想情况下的多样性分布。

比如，我们希望对于用户 A 来说，理想的推荐结果中包含体育、国际和娱乐类目，那么可以用一个向量 $\boldsymbol{q}=\{1,1,1\}$ 表示，而当前推荐的物料中有体育和国际类目，那么可以用向量 $\boldsymbol{p}=\{1,1,0\}$。通过 $\boldsymbol{p}$ 和 $\boldsymbol{q}$，我们就可以计算 $\boldsymbol{H}$。该指标越大，证明多样性越好。

7. 新颖性

新颖性（Novelty）也是影响用户体验的重要指标之一。它指的是向用户推荐非热门、非流行商品的能力。推荐流行的商品纵然可能在一定程度上提高了推荐准确率，但是却使得用户体验的满意度降低了。度量推荐新颖性最简单的方法是利用推荐商品的相似度。推荐列表中的商品与用户已知商品的相似度越小，对于用户来说，其新颖性就越高。由此可得到推荐新颖性指标：

$$\text{novelty}_i=\frac{1}{|S_u|-1}\sum_{j\in S_u}(1-\text{Sim}(i,j))$$

式中：

- S_u 表示已经推荐给用户 u 的商品。

Sim 的计算方法有很多种，比较常见的有：

- 物料 i 和物料 j 的 Embedding 的 Cosine 距离。
- 物料 i 和物料 j 的特征 Jaccard 距离。

该指标越大，证明新颖性越高。

4.5 怎么设计合理的 AB 实验

在整个推荐系统中，AB 实验在搭建系统之前就应该部署好，贯穿整个推荐系统的生命周期，主要负责策略和模型的实验验证。

通常，最开始我们的线上实验面对的是全部流量的用户，当需要上线一个新实验的时候，在没有验证实验效果的时候，肯定不能直接替换原来的实验，那么怎么去做这个 AB 实验呢?

首先进行功能层分层，前面的章节介绍过，推荐架构分为冷启动、召回、粗排、精排、重排，需要将每一层进行隔离，让每一层的实验互不干扰。此外，还需要保证同一层的实验流量均匀分配到每个实验中，为了保证实验的公平性和有效性，需要对每个实验桶进行消偏，保证 AB 实验的完全公平性。

图 4-7 所示为一个简单 AB 实验的流量分配流程。首先对所有用户进行哈希，再将用户均匀分配到 1000 个箱里面。这里一定要注意用户的消偏，以保证每个桶里面的用户在关键特征上的分布是一致的，比如保证**用户活跃度、用户兴趣类目、用户点击率、用户成交率**等关键特征的分布是一致的。如果发生不一致的情况，则很难说明实验的提升是因为实验本身的效果还是因为用户分箱出现偏差导致的。当分箱完毕以后，再根据实验的个数将 1000 个箱按比例分到各个实验箱中。比如图 4-7，新上线的实验为 B，分配 20％的流量给 B，A 实验为之前线上的实验，为了和新实验 B 在各个指标上对齐，所以划分 20％的流量给 A，用来和 B 进行比较，剩下的流量还是原来实验的。用这种实验方式可以快速、小代价地验证新实验的效果。

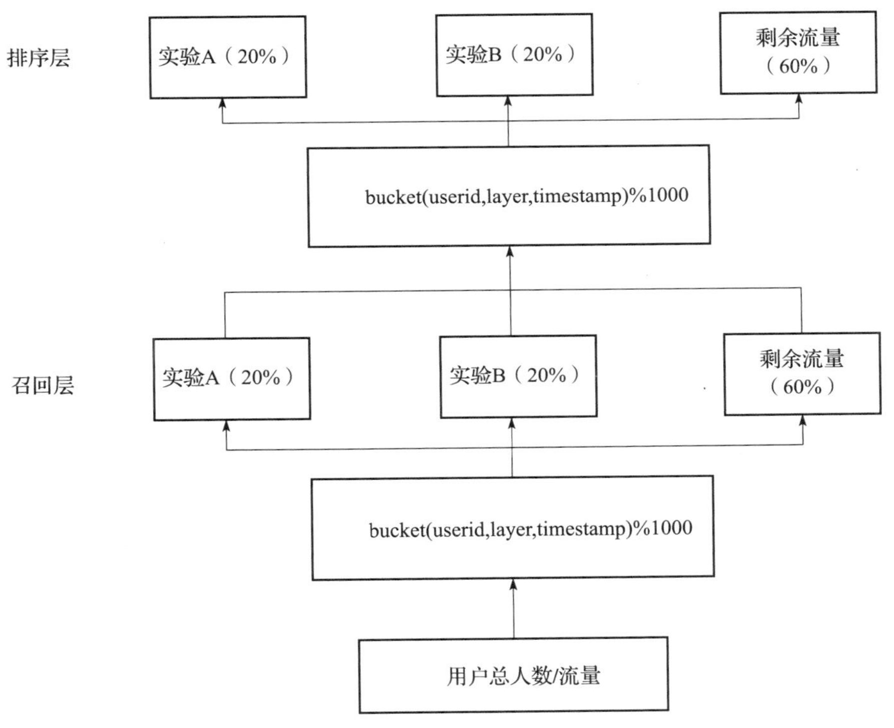

图 4-7　一个简单 AB 实验的流量分配流程

在初次进行分箱实验的时候，除了保证每个箱的用户分布一致外，还需要**验证实验箱和实验箱之间的数据分布差**，因为即使进行了用户哈希，并保证分布一致，但是事实上每个箱之间还是存在数据波动的。比如实验 A 箱和实验 B 箱都用同一个模型进行实验，理论上，实验 A 箱和实验 B 箱的各个效果指标（CTR、CVR、点击 UV 等）都应该是一致的，但是实际上它们是有差的，所以验证数据分布差就是为了查看箱和箱在各个指标上的**波动差别**。当上线一个新实验 C 的时候，如果 C 的提升效果相比于基线箱是低于波动差别的，那么是不认可 C 的提升的，因为这很可能是波动差别造成的，需要更长时间的观察去验证 C 的效果。而且验证数据分布差还有一个优点，就是确认新实验的流量分配占比。通常来说，实验流量越多，实验效果置信度越高，但是我们需要在影响整体推荐效果最小的情况下验证模型的效果，所以可以在波动差别尽量小的情况下将流量分箱数最大化。通常，我们可以先分 100 个箱来查看波动差别，如果波动差别过大，再分 50 个箱，再查看波动差别，如此循环，直到波动差别在可接受范围内。

此外，新实验的扩量也不能太过于急促，需要慢慢扩量并进行长期观察，比如在流量 10%的时候，发现 A 实验箱的 CTR 明显高于 B 实验箱，那么就将流量扩大到 20%，继续观察，如果一切指标都正常（如下发量、点击量、点击率、成交率等），就继续扩大到 50%，再到 80%，最后到 100%推全。要知道“线上无小事”，一个小小的失误都可能引发巨大的损失，所以我们对于线上效果一定要**谨慎**。

上面介绍的仅是同一层级的 AB 实验方法，那么对于不同层级（如召回层和精排层），为了**保证其实验的可靠性和正交**，我们应该对每次进入当前层级的用户**用新的哈希函数进行打散**，确保这一层的用户分箱不受上一层的影响。例如有个业务，在召回层，线下指标实验 A 完全超过实验 B，但是因为对精排层和召回层的用户使用了同一个哈希函数进行打散，导致召回层的新实验分箱数据指标很难超过基线箱。这是因为精排层已经适应了当前基线召回层的用户数据，每次都是那一批用户，精排就完全拟合了这批用户的分布，所以当新的召回实验进入以后，精排因为没有见过这批用户而导致效果降低。当对精排层和召回层使用不同的哈希函数以后，用户偏置被消除，实验箱 A 的效果就超过了实验箱 B。

空箱机制是为了防止某些未知的偏置消失而导致当前推全的模型效果失效设定的。其主要实现方式是，当要推全一个有效果的新实验的时候，应该留一部分置信的流量来保留旧实验，而且这个旧实验应该长期保留，一般是 3 个月以上。这是因为有一些实验会由于一些未知因素（比如疫情、地震等）而导致线上的数据分布发生了变化，新的模型正好又拟合了这个分布，所以线上/线下的指标都比基线箱高，经过一段时间的 AB 测试，我们将该实验进行了推全。但是，一旦未知因素消失，线上数据分布又恢复到了之前的分布，模型效果就会大打折扣，这种现象笔者称为偏置**的闪现**。因此，为了消除这种偏置的闪现，空箱机制便诞生了。

CHAPTER5

第 5 章 机器学习模型调参

在推荐系统中，机器学习一直是重要的一环，其被广泛应用在精排、粗排和召回环节。在开源模型流行的今天，大多数复杂的机器学习模型都已经被搭建好，程序员只需要调用写好的代码包即可。那么，为了提高推荐各个环节的精度和体验，机器学习模型的调参就显得非常重要。本章将针对几个常用的机器学习模型进行调参介绍。

5.1 决策树调参

决策树是一种分类和回归的方法，在推荐系统历史的早中期被广泛应用于精排。决策树主要通过选定的分裂标准（如信息增益或者 Gini 指数）对样本进行划分，每一次的节点划分都会让当前节点的部分样本落到下一层节点中，且样本数量逐渐减少。样本经过多次划分以后，一个庞大的树就形成了，且每个样本都会落到对应的叶子节点里面。通过对叶子节点样本分布的计算，我们将预测出每个样本对应的目标值。这个树就是决策树。

以 Python 的 sklearn（Python 著名的机器学习库）中的决策树为例，决策数的重要参数有：

- criterion（分裂标准）：其 entropy 和 gini 参数的差别不是很大，**一般 gini 指标更好**。
- max_depth（树的最大深度）：树的深度越深，拟合效果越好，但是到达一定程度后也容易过拟合，**建议根据深度范围（从 1～32）分别建模，并绘制训练和测试 AUC 分数**。
- min_samples_split（分割内部节点需要的最小样本数）：通常从 10%～100%进行调参，通常来说，到了 100%，模型处于欠拟合状态。
- min_samples_leaf（叶子节点的最小样本树）：**通常从 10%～100%进行调参**，100%时，模型处于严重欠拟合状态。
- class_weight：为正负样本分配权重，解决样本不均衡问题。
- max_features（节点分裂时考虑的最大特征数）：**通常从 30%～100%进行调参，一般在**

10%的情况下，模型严重欠拟合。该参数主要用于防止过拟合。

- max_leaf_nodes（最大叶子节点）：在最大叶子节点的情况下建立最优的决策树，主要用来防止过拟合。
- ccp_alpha(α)：考虑到叶子节点的影响，我们除了希望每个叶子节点的纯度要高外，还希望叶子节点尽可能少，即决策树的损失 $C(T)$ 小，从而防止过拟合：

$$C_\alpha(T)=C(T)+\alpha|T_{\text{leaf}}|$$

$$C(T)=\sum_{t\in \text{leaf}} N_t H(t)$$

式中：

- $|T_{\text{leaf}}|$ 代表叶子节点的个数。
- α 代表叶子个数对评价结果的影响程度，是一个超参数。
- t 为叶子节点。
- $H(t)$ 为当前叶子计算出来的熵值或者基尼系数的值。
- N_t 代表有几个样本归到当前叶子节点中来作为权重。

如果数据集不是很大且选择决策树作为模型，则可以首选 Max_depth 和 Criterion 进行网格搜索（Grid Search）调参，这样会得到一个不错的结果。然后基于这个结果，对其他参数进行精细化调参。调参的原则是首先选择一个参数，参数值调到最大，**让模型过拟合**，然后采用二分法对模型调参，直到模型达到最优，最后对下一个参数继续采用上述方法调参。这种方法被称作**过拟合调参法**。

5.2 随机森林调参

随机森林（Random Forest，RF）是决策树的进阶模型，以更好的精度和鲁棒性著称，**一般在精排应用较多，后来也常用来做重要特征选择**。随机森林在以 Cart 树为基学习器构建 Bagging 的基础上，进一步在决策树的训练过程中引入了随机特征选择。随机森林每次都会随机选择特征，例如对于 u 个特征，随机选取比 u 少的 n 个特征（$n<u$），n 越小，模型的方差越小，但是偏差越大，一般通过交叉验证选择合适的 n，经验值为 $n=\log_2 u$。决策树的构造过程如下。

步骤 1：假如有 N 个样本，则有放回地随机选择 N 个样本（每次随机选择一个样本，然后返回继续选择）。选择好了的 N 个样本用来训练一个决策树，作为决策树根节点处的样本。即使是有放回地抽取 N 个样本，但是样本允许重复，即同一条样本会被多次抽到，所以实际上可能只有 60%的样本被抽中。

步骤 2：当每个样本有 M 个特征时，在决策树的每个节点都需要分裂时，随机从这 M 个特征中选取出 m 个特征，满足条件 $m\ll M$。然后从这 m 个特征中采用某种分裂策略（比如信息增益）来选择 1 个特征，作为该节点的分裂属性。

步骤 3：决策树形成过程中，每个节点都要按照步骤 2 来分裂，一直到不能够再分裂为止。

注意，整个决策树形成过程中没有进行剪枝。

步骤 4：重复以上步骤，建立大量的决策树，这样就构成了随机森林了。

因为采用了数据有放回的采样和特征采样，所以从单个决策树来看是处于欠拟合的状态的，因此决策树是不需要剪枝的。但是又因为有多个决策树的集成学习，所以随机森林的鲁棒性很强，被誉为“代表集成学习技术水平的方法”。

在 sklearn 中，随机森林调参就比较简单了，其在决策树模型的基础上增加了一个 n_estimators 参数，代表了子树的数量，是随机森林最重要的参数。表 5-1 所示为随机森林调参解释。调参的整个过程类似于决策树的调参。

表 5-1　随机森林调参解释

参数	模型性能评估	影响程度
n_estimators	随着 n_estimator 的增加，效果逐渐提升至收敛	★
max_depth	从最大深度往最小深度调整，模型效果从过拟合到平稳，再到欠拟合	★★★
min_samples_leaf	最小限制为 1，从最大比例 100%到最小比例 x%进行调参，模型效果从欠拟合到平稳，再到过拟合	★★
max_features	一般初始值为特征总数的开平方，既可以往上调，也可以往下调，往上趋近过拟合，往下趋近欠拟合	★
min_samples_split	最小限制为 2，从最大比例 100%到最小比例 x%进行调参，模型效果从欠拟合到平稳，再到过拟合	★★
criterion	一般用基尼系数	★

5.3　XGBoost 调参

XGBoost（eXtreme Gradient Boosting，极度梯度提升）比起 GBDT 对函数求一阶导数的原则，XGBoost 进行了进一步的拓展，将函数推进到了二阶导数的近似。同时，为了防止过拟合，其损失函数加入了正则项。**XGBoost 是树模型的集大成者模型，一经发布便得到了业界的广泛应用，其以可解释性强、精度高、速度快和鲁棒性强著称。**XGBoost 一般被应用在**精排、粗排和重要特征选择中，对于某些不追求实时性的业务场景，也可以用作召回。**

XGBoost 的思想来源于 GBDT。在 GBDT 中，损失函数定义为：

$$L(y,f(x))=\sum_{i=1}^{n}l(y,\hat{y}_i)$$

为了防止过拟合，XGBoost 对其加入了正则项 $\Omega(f_j)$，其代表第 j 棵树的复杂程度。在决策树中，叶子节点越多，代表模型越复杂，过拟合的程度就可能越严重，而 $\Omega(f_j)$ 就可以有效防止过拟合，因此公式变为：

$$L(y,f(x))^t=\sum_{i=1}^{n}l(y,\hat{y}_i)+\sum_{j=1}^{t}\Omega(f_j)$$

式中：

- $\sum_{j=1}^{t}\Omega(f_j)$ 为 t 棵树的叶子节点之和。
- $L(y,f(x))^t$ 为当前情况下的最后一棵树的结果和目标值的损失函数，即第 t 棵树的损失函数，因为 Boosting 为叠加算法，所以第 t 棵树的结果也就是当前最优的结果。

根据前向分布加法模型我们知道：

$$\hat{y}^t=\hat{y}^{t-1}+f_t(x_i)$$

代入以上公式，可以得到：

$$\begin{aligned}L(y,f(x))^t&=\sum_{i=1}^{n}l(y_i,\hat{y}_i^{(t)})+\sum_{j=1}^{t}\Omega(f_j)\\&=\sum_{i=1}^{n}l(y_i,\hat{y}_i^{(t-1)}+f_t(x_i))+\sum_{j=1}^{t}\Omega(f_j)\\&=\sum_{i=1}^{n}l(y_i,\hat{y}_i^{(t-1)}+f_t(x_i))+\Omega(f_t)+c\end{aligned}$$

式中，$\sum_{j=1}^{t}\Omega(f_j)=\Omega(f_t)+\sum_{j=1}^{t-1}\Omega(f_j)$，因为只有第 t 棵树的结构是未知的，所以前 $t-1$ 棵树的叶子节点是确定的，因此 $\sum_{j=1}^{t-1}\Omega(f_j)$ 为常数 c。

根据泰勒公式：

$$f(x+\Delta x)\approx f(x)+f'(x)\Delta x+\frac{1}{2}f''(x)\Delta x^2$$

可以将其导入以上函数中：

$$l(y_i,\hat{y}_i^{(t-1)}+f_t(x_i))=l(y_i,\hat{y}_i^{(t-1)})+g_i f_t(x_i)+\frac{1}{2}h_i f_t^2(x_i)$$

式中，$g_i=\frac{\partial l(y_i,\ \hat{y}_i^{(t-1)})}{\partial \hat{y}_i^{(t-1)}}$为损失函数的一阶导，$h_i=\frac{\partial^2 l(y_i,\ \hat{y}_i^{(t-1)})}{\partial(\hat{y}_i^{(t-1)})^2}$为损失函数的二阶导。注意，这里是对 $\hat{y}_i^{(t-1)}$ 求导。

将其导入上述的二阶展开式，代入 XGBoost 的目标函数中，可以得到目标函数的近似值。

整体损失函数可以写为：

$$L(y,f(x))^t\simeq\sum_{i=1}^{n}\left[L(y_i,\hat{y}_i^{t-1})+g_i f_t(x_i)+\frac{1}{2}h_i f_t^2(x_i)\right]+\Omega(f_t)+c$$

由于在第 t 步时 $\hat{y}_i^{(t-1)}$ 其实是一个已知的值，所以 $l(y_i,\hat{y}_i{}^{(t-1)})$ 是一个常数，其对函数的优化（常数求导为 0）不会产生影响。因此，去掉全部的常数项，得到的目标函数为：

$$L(y,f(x))^t\simeq\sum_{i=1}^{n}\left[g_i f_t(x_i)+\frac{1}{2}h_i f_t^2(x_i)\right]+\Omega(f_t)$$

我们只需要求出每一步损失函数的一阶导和二阶导的值（由于前一步的 $\hat{y}^{(t-1)}$ 是已知的，因此这两个值就是常数），然后最优化目标函数，就可以得到每一步的 $f(x)$，最后根据加法模型得到一个整体模型。

XGBoost在算法和工程上做了很大的调优，因此超参数也比其他模型多了很多。它的参数分为3类，分别为**通用参数、Boost参数和目标参数**。

通用参数包括如下几个。

- booster：有gbtree（决策树模型）和gblinear（线性模型）两种类型，**一般用gbtree。**
- silent：打印消息的控制参数，1为关闭，0为打开。
- nthread：多线程相关参数。

booster参数包括如下几个。

- eta：学习率，取值范围为0～1，用于控制树的权重。XGB模型在进行完每一轮迭代之后，会将叶子节点的分数乘以该系数，以便于削弱各棵树的影响，避免过拟合。一般对eta调优时会结合迭代次数。
- min_child_weight：分裂的叶子节点中样本权重和的最小值。如果新分裂的节点的样本权重和小于min_child_weight，则停止分裂。增大min_child_weight可以减少过拟合。**取值范围为0～1。**
- max-depth：控制的是决策树的最大深度，用来避免过拟合。**取值范围通常为3～10。**
- max-leaf-nodes：在最大叶子节点的情况下建立最优的决策树，主要用来防止过拟合。
- gamma：XGBoost在分裂节点时会看分裂后损失函数的增益，只有增益大于一个阈值时，才会对节点进行分裂。该参数指定的就是那个阈值，**该参数越大，表示决策树越难进行分裂，也就意味着算法越保守**。该参数和损失函数息息相关。
- subsample：用于每次分裂一棵树时随机样本（行）采样的比例。**一般取值为[0.5,1]，主要用来防止过拟合。**
- colsample_bytree：用于每次分裂一棵树时随机样本（列）采样的比例。**一般取值为[0.5,1]，主要用来防止过拟合。**
- lambda：权重的L2正则化项。增大lambda，可使模型缓解过拟合。
- alpha：权重的L1正则化项，主要用来防止过拟合。
- scale_pos_weight：用于调节样本不均衡的情况。一般取值可以为$\frac{负样本数}{正样本数}$。

目标参数包括如下几个。

- objective：binary∶logistic对应二分类；multi∶softmax对应多分类，返回具体的类别；multi∶softprob对应多分类，返回各个类别的概率。
- eval_metric：评价指标，一般指标有rmse、mae、logloss、error、merror、mlogloss、AUC。
- seed：随机种子参数。

为了得到一个在业务中效果好的XGBoost模型，XGBoost的调参很重要。一般选用eta和max_depth参数进行网格搜索调参。首先选出效果最好的eta和max_depth，再对subsample、colsample_bytree、lambda、alpha进行过拟合调参。调参的过程中，对回归任务关注merror（多分类错误率）、error（错误率）、rmse（均方根误差）等指标，对二分类任务关注 logloss、AUC 等指标。

5.4　LightGBM 调参

LightGBM（轻量级梯度提升机器学习）在 XGBoost 的基础上进行了一系列的算法优化，提高了算法效率。实验结果证明，**在同样的效果下，LightGBM 的速度是 XGB 的 10 倍**。其主要的优化方式包括直方图算法、单边梯度采样、互斥特征捆绑算法、带深度限制的 Leaf-wise 算法和类别特征处理。表 5-2 给出了 LightGBM 的优缺点。

表 5-2　LightGBM 的优缺点

	速度优化	内存优化
优点	1）LightGBM 采用直方图算法将遍历样本转换为遍历直方图，极大地降低了时间复杂度 2）LightGBM 在训练过程中采用单边梯度算法过滤掉梯度小的样本，减少了大量计算 3）LightGBM 采用了基于 Leaf-wise 算法的增长策略构建树，减少了不必要的计算量 4）LightGBM 采用优化后的特征并行、数据并行方法加速计算。当数据量很大时，还可以采用投票并行的策略 5）LightGBM 对缓存也进行了工程优化，增加了缓存命中率	1）XGBoost 使用预排序后需要记录特征值及其对应样本的统计值的索引，而 LightGBM 使用直方图算法将特征值变为 bin 值，且不需要记录特征到样本的索引，将空间复杂度从 O(2＊＃data）降低为 O(＃bin)，极大地减少了内存消耗 2）LightGBM 采用了直方图算法将存储特征值变为了存储 bin 值，降低了内存消耗 3）LightGBM 在训练过程中采用互斥特征捆绑算法，减少了特征数，降低了内存消耗
缺点	1）可能会出现比较深的树，导致过拟合。因此，LightGBM 在 Leaf-wise 之上增加了一个最大深度限制，防止过拟合 2）Boosting 簇是迭代算法，每一次迭代都根据上一次迭代的预测结果对样本进行权重调整。所以，随着不断地迭代，训练集误差越来越小，模型的偏置会不断降低，但是对于噪点会比较敏感 3）在寻找最优解时依据的是最优切分变量，没有将最优解是全部特征的综合这一理念考虑进去	

LightGBM 的参数基本和 XGBoost 类似。

LightGBM 中的 n_estimators 参数表示 Boosting 的迭代次数，默认设置为 100。一般根据数据集和特征数据选择 100～1000 之间的数。更保守的做法是，设置一个较大的值配合 early_stopping_round 来让模型根据性能自动选择最好的迭代次数。选择比较大的迭代次数，会在训练集中获得比较好的性能，但容易过拟合，造成测试集的性能下降。

LightGBM 适合大型数据集，比起 XGBoost，其效果持平，速度更快，多了很多处理大数据的工程优化功能。所以，LightGBM 的出现打破了 XGBoost 在树模型的垄断应用，被众多企业所运用。它的调参过程和 XGBoost 类似，此处不做赘述。

5.5 全局优化调参

我们已经知道，一个模型的超参数是很多的，但是关键参数就那么几个，适当地简单调参可以得到一个不错的基线结果。**但是，如果想得到模型的最优效果，就需要进行大规模搜索调参，**本节就介绍两个常用的大规模参数搜索方法。

5.5.1 网格搜索

网格搜索（Grid Search）是最原始也是最暴力的搜索方法，但是得到的结果却是当前最优的结果。网格搜索是工程师目前最常用的也是最熟悉的调参方法。在数据集不大且参数不是特别多的情况下（参数组合不过50），推荐试用网格搜索。

网格搜索其实就是直接对所有参数进行暴力枚举，然后让模型“跑”完所有参数，最后选择最优结果的参数。很明显，如果只有一台MAC，参数值又多，那么参数的搜索规模是十分巨大的，时间复杂度极高。

尽管网格搜索有着时间复杂度的问题，但是为了追求最优的结果，有些工程师想出了分布式调参方法。该方法的主要思路是，用Spark给集群中的每台机器部署模型，然后导入训练集和测试集（当然，训练集和测试集的规模不能太大）进行训练，每台机器都均匀分配调参参数组合。最后，主机器收集每台机器产生的参数和参数对应的结果并进行排序，选择出最优的参数。可能有些读者会问，如果不能用全部的数据集训练，那么怎么会得到最好的效果呢？其实，这是在没有办法的情况下采取的最优解在算力和速度足够的情况下，我们当然可以这么做，但是在实际情况下肯定是达不到的，所以我们只需要进行样本采样，在采样的数据集情况下得到一个相对最优的解，然后将该参数应用到大规模数据情况训练即可。

5.5.2 贝叶斯调参

为了克服网格搜索的时间复杂度问题，算法工程师提出了贝叶斯优化算法去解决调参时间复杂度太大的问题。

假设优化的函数为 $f(x)$，如果计算量太大，那么就可以采用近似函数代替原函数去求解最优解。贝叶斯优化中的近似函数采用了高斯过程作为近似函数。其原理为，假设优化函数的先验分布（Prior Distribution）为高斯分布，在进行小部分实验后得到当前的分布，然后根据贝叶斯定理得到这个函数的后验概率分布。得到后验概率分布后，需要构建一个获取（Acquisition）函数，用于指导下一次的实验点，然后进行试验，得到数据后更新近似函数的后验分布，反复进行。

贝叶斯调参的伪代码如下。

1）对于 $t=1,2,3,\cdots$。

2）通过优化高斯过程中的获取函数找到最优 x_t，$x_t=\text{argmax}_x u(x\mid D_{1:t-1})$。

3）采样目标函数为 $y_t=f(x_t)+\epsilon_t$。

4）融合数据 $D_{1:t}=\{D_{1:t-1},(x_t;y_t)\}$，更新高斯过程。

通俗点来说，我们可以先取 n 个数据点 x_t（可以是参数组合中的 n 个），通过高斯过程回归（假设超参数间符合联合高斯分布）计算前面 n 个点的后验概率分布，得到每一个超参数在每一个取值点的期望均值和方差。其中，均值代表这个点最终的期望效果，**均值越大，表示模型的最终指标越大；方差表示这个点的效果不确定性，方差越大，表示这个点存在最大值的概率越大，非常值得去探索**。

获取函数是整个贝叶斯优化的核心，直接决定了优化的效果，而实现获取函数的方法也有多种。

1. 提升概率

均值代表期望的最终结果，当然是越大越好，但我们不能每次都挑选均值最大的，因为有的点的方差很大，也可能存在全局最优解，所以选择均值大的点称为开发（Exploitation），选择方差大的点称为探索（Exploration），这就是著名的 EE 算法。所以，提升概率（Probability of Improvement，PI）的公式如下：

$$x_{t+1}=\operatorname{argmax}(\alpha_{\mathrm{PI}}(x))=\operatorname{argmax}(P(f(x)\geqslant f(x^{+})+\varepsilon))$$

其中：

- P(•) 表示概率。
- ε 为偏置数。
- $x^{+}=\operatorname{argmax}_{x_i\in x_{1:t}}f(x_t)$，$x_i$ 是第 i 步查找的位置点。

$f(x)\geqslant f(x^{+})$ 代表着新采样的函数值更优的概率要大，也就是均值最大，但是考虑到探索，所以加了一个偏置数 ε 去指导模型进行更多的探索。

一般来说，按照资源情况去设置开发，算力充足的情况下可以多进行探索。

2. 提升期望

PI 只是考虑了提升的概率，没有考虑提升的程度。提升期望（Expected of Improvement，EI）的做法就是找到使当前最大 $f(x^{+})$ 带来最大期望的提升。

在获取函数中，第 $t+1$ 个点为：

$$x_{t+1}=\operatorname{argmin}_x E(\|h_{t+1}(x)-f(x^{*})\|)$$

其中：

- h_{t+1} 是 $t+1$ 时间点的近似函数后验均值。
- x^{*} 是 $f()$ 取最大值的位置。

上式可以简化为：

$$x_{t+1}=\operatorname{argmin}_x E(\max(0,h_{t+1}(x)-f(x^{*})))$$

因为 GP 为近似函数，所以公式可进一步变化为：

$$\mathrm{EI}(x)=[((u(x)-f(x^{+})-\varepsilon))\Phi(Z)+\sigma(x)\phi(Z)\ \text{if}\ \sigma(x)>0\text{else}0]$$

$$Z=\frac{u_t(x)-f(x^{+})-\varepsilon}{\sigma_t(x)}$$

- $\Phi()$ 为 CDF。
- $\phi()$ 为 pdf。
- ε 为偏置数。

3. 置信上界

在上文中，我们都从近似函数的后验中抽取一个函数进行采样并优化。因为近似函数为高斯过程，参数有均值也有方差，所以可以构造一个置信上界（Upper Confidence Bounder，UCB）。

$$\mathrm{UCB}(x)=u(x)+k\sigma(x)$$

这样的上界同时考虑了预测值的大小和不确定性，高斯过程在观测数据的位置时不确定性（方差）小，在未探索区域的不确定大。

下面举一个例子来讲解贝叶斯优化的过程，假设有 3 个初始样本，经过高斯过程以后形成了预测曲线，如图 5-1 所示。

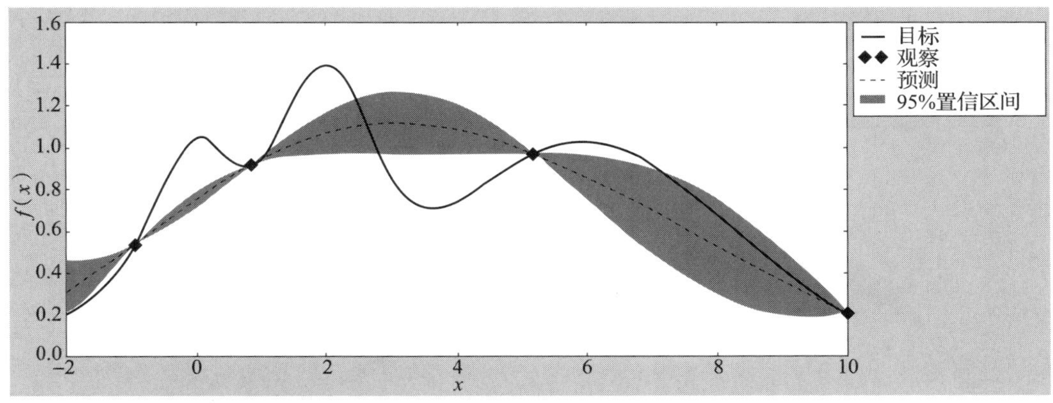

图 5-1 贝叶斯调参例图（1）

很明显，当前最优点在左中侧，如图 5-2 所示，此时就选择该点作为新的实验点来训练模型，并且得到这个模型在超参数组合下的效果指标。

有了新的指标，贝叶斯优化模型的样本从 3 个变成了 4 个，如图 5-3 所示，这样就可以重新计算超参数之间的后验概率分布和获取函数。

贝叶斯优化调参比较合适参数大、数据集大且算力资源不太足的业务模型。尽管贝叶斯优化得到的结果可能并不是全局最优解，但是**面对大规模的参数组合时，也可以以最小的代价得到一个不错的结果**。

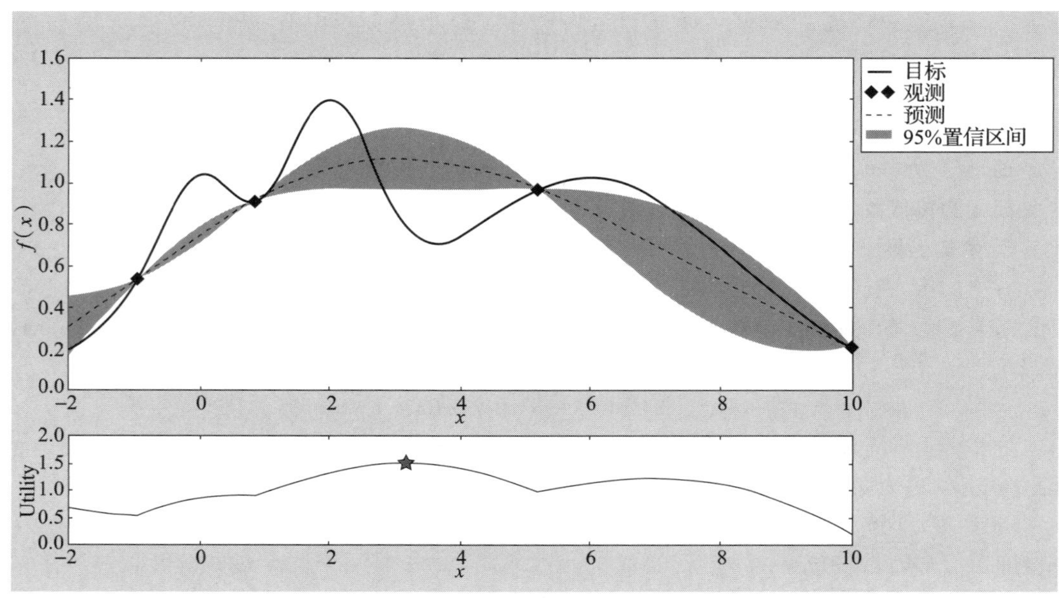

图 5-2 贝叶斯调参例图（2）

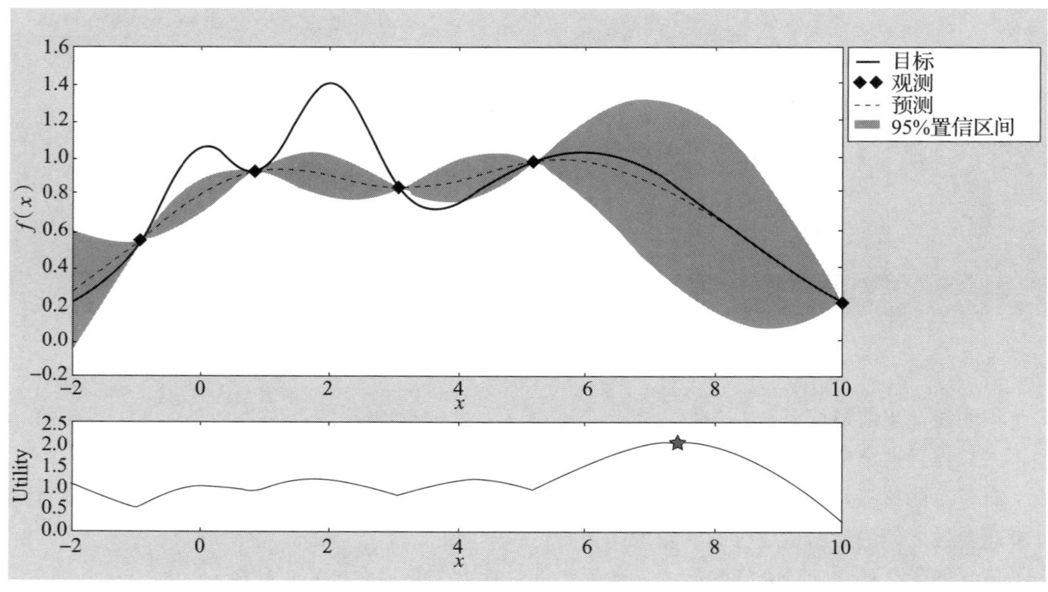

图 5-3 贝叶斯调参例图（3）

5.6 利用集成学习提高推荐效果

集成学习是将多个模型融为一体的方法，一般是多个弱模型集成一个强模型，这样既可以提高模型的精度，也可以提高模型的泛化性。**集成学习针对的是在有足够计算资源的情况下，尽可能追求精度效果的业务。**本节主要介绍几种集成学习的方法。

1. 参数赋值法

参数赋值法就是为每个模型的打分赋予一个权重，然后相加。模型的预估能力越强，分配的权重就越大。

参数赋值法因为集成了多个模型效果，所以从精度上来说是有提高的，但是提高通常是有限的，不过该方法比较适合新旧模型的替换。例如，如果某个新精排的 AUC 效果比旧模型好，但是上线以后的效果却差于旧模型，这往往不是模型的原因，而是因为数据还不适应新模型的分布，可以先用参数复制法给旧模型大点的权重，给新模型小点的权重，随着新模型的效果慢慢变好，逐渐调大新模型的权重，直到整个新模型替代旧模型。

此外，参数赋值法还适合多目标且业务性比较重的场景，如比较适合运营根据业务情况实时调整各目标参数的权重。

2. 线性回归法

参数赋值法太过粗暴、简单，为了进一步提高精度，线性回归法被提出。其原理是将多个模型的打分拼凑在一起，通过 lr 模型输出最终结果。

3. Stacking

Stacking 是集成学习的一种，它本身还是多个模型的集成，其充分利用了交叉验证的特性，将多个模型的预测结果作为特征，然后用一个模型去预测最后的结果。

Stacking 的具体实施步骤如下：

- 首先如图 5-4 所示，先用模型 1 进行交叉验证，每次交叉都取训练集的 1/5 作为验证集，训练完毕后对验证集部分进行预测，同时对测试集部分进行预测。

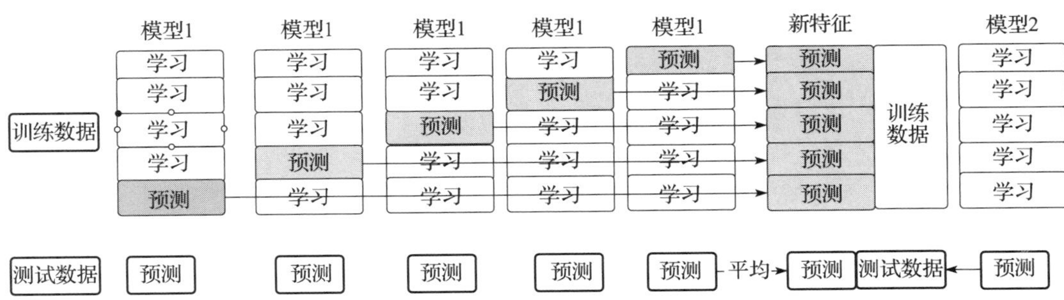

图 5-4　Stacking 流程图

- 因为有 5 次交叉且每次交叉后的验证集都不一样，所以会产生 5 个验证集预测结果和 5 个测试集预测结果。因为 5 个验证集的结果拼在一起就是完整的训练集结果，所以将它们拼在一起当作新训练集的一个特征。同时，将 5 次测试集的结果进行平均，将得到的结果作为新测试集的一个新特征。
- 对需要集成的基础模型重复以上步骤。举一个例子，假设有 3 个基础模型，那么新训练集的特征个数就是 3 个，特征来自每一个模型交叉验证过程中验证集的预测值。同样的，新测试集的特征树也是 3 个，新测试集的特征来自每一个模型经过一轮交叉验证后对测试集的预测结果的平均值。
- 最后用一个模型在新的训练集上训练，在新的测试集上去预测结果。

一般来说，基础模型的强弱选择的占比可以是 2∶1，即两个强模型（如 XGB 或者 LightGBM）和一个弱模型（LR）的比例，这样既保证了精度，也可以防止过拟合。

Stacking 在目前的大规模数据业务场景的应用不多，它比较适合小规模数据集的场景，采用的基础模型以机器学习模型为主，不适合神经网络的场景。在以机器学习模型为主的业务场景中，Stacking 的效果是明显优于单个机器学习模型的。

CHAPTER6

第 6 章

神经网络模型调参

在目前的推荐系统中，随着业务的迅速增长，数据的量越积越多，数据的特征也会越来越复杂，机器学习模型（如 XGBoost 等）的效果就略显颓势。在这种情况下，神经网络模型以强大的数据拟合能力在树模型之后迅速占领整个推荐业务市场。

神经网络模型的效果较好，在很多场景中，无论是线下的 AUC 指标还是线上的 CTR 指标都是高于机器学习模型的。但是一直以来神经网络因为其不可解释性而被诟病。神经网络难以被解释，就意味着在不同的业务场景中它的效果是很难被发挥到最大的。即使将一个业务效果很好的神经网络模型的结构和参数照搬到另一个场景中，效果也会大打折扣。此外，神经网络模型的训练时间复杂度是远高于 XGBoost 等机器学习模型的，而且神经网络模型面临的基本是大数据集，所以类似于网格搜索的调参法就不太适用于神经网络了。

基于以上原因，在为自己的业务设计神经网络结构时，要得到一个比较好的业务效果模型，调参经验就显得非常重要了。本章将介绍针对神经网络的调参经验。

6.1 怎么对 DNN 调参

深度神经网络（Deep Neural Network，DNN）一般指两层以上的神经网络结构。其实，DNN 最原始的状态是 LR（逻辑回归）。它和 LR 的差别在于，LR 是仅为一层的 DNN。另外，DNN 除了最后一层的输出外，其他层都有激活函数对上一层结果进行非线性变化。DNN 是最简单也是最基本的网络结构，后来的很多复杂的神经网络结构都源于 DNN。因此，了解整个 DNN 的网络设计和调参经验，对每一个算法工程师都是很有必要的。

6.1.1 DNN 的深度和宽度调参

在 DNN 的网络设计中，深度代表网络的层数，宽度代表每一层网络输出的神经元数量。深度和宽度对于模型效果的影响都是很关键的，没有明显的优劣之分。

就经验而谈，**DNN 第一层的初始宽度通常不应该超过输入特征的维度**。从宽度看，一般从大到小进行调参，且宽度值最好是 2 的整数次方。比如，特征维度为 1800，那么 DNN 第一层的宽度可以选择 1024。深度调参从 2 开始，以 2 的倍数逐级递增。

这里以一个 3 层的 DNN 为例。DNN 一般分为 3 种设计范式，分别为矩形 DNN 范式、倒三角 DNN 范式和梯形 DNN 范式，如图 6-1 所示。

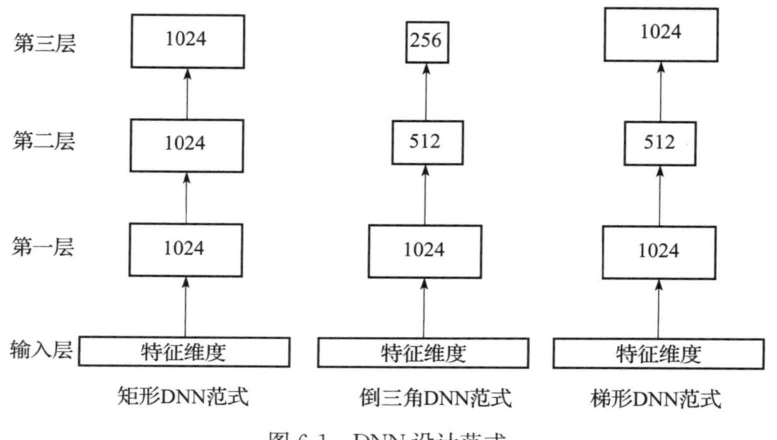

图 6-1　DNN 设计范式

3 种范式没有明显的优劣之分，算法工程师可以根据自己的业务需求进行尝试。不过，一般推荐使用倒三角 DNN 范式的设计。

深度和宽度的调参细节可以参考如下步骤：

1）选定固定的深度（如 3）和一个固定值（如 1024）作为一层宽度。

2）分别尝试按图 6-1 中的 3 种范式进行调参，选出最好的范式。

3）对宽度调参。

4）对深度调参。

此外，调参应遵从过拟合原则，即先让模型过拟合，再裁剪深度或者宽度，让模型达到最优。

6.1.2　DNN 激活函数的选择

DNN 之所以称为 DNN，正是因为激活函数的存在。激活函数是神经网络设计中的重要组成部分，类似于人类大脑中的一个个神经元，它主要决定了哪些信息可以传递，哪些信息不可以传递。不同的激活函数代表了信息传递的程度不同。如果失去了激活函数，DNN 就是一个多层的线性模型，泛化性将不会那么强，模型效果也将大打折扣。因此，本小节将介绍几个常用的激活函数。

1. Sigmoid

Sigmoid 可将上一层的输出值转换到 0～1 的范围内。整个 Sigmoid 的分布如图 6-2 所示，具体函数公式如下：

$$f(x)=\frac{1}{1+e^{-x}}$$

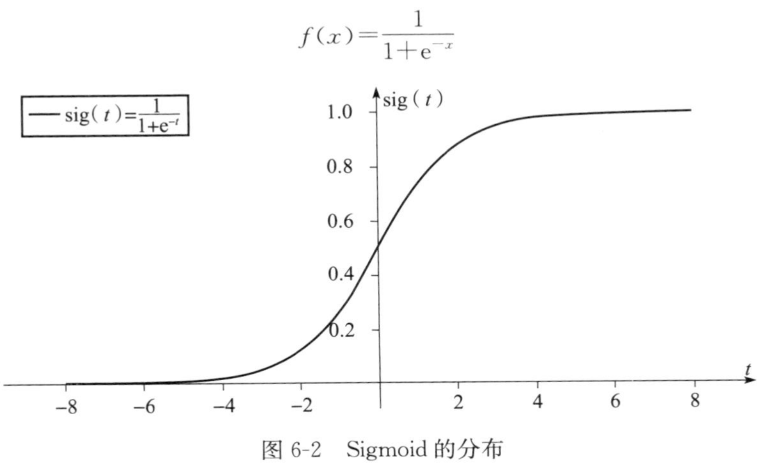

图 6-2　Sigmoid 的分布

Sigmoid 通常是作为二分类任务模型的输出层的激活函数，主要作用就是让输出以概率的形式展现。Sigmoid 在神经网络的中间层作为激活函数的情况不多。

2. Tanh

Tanh 可将上一层的输出值转换到－1～1 的范围内。整个 Tanh 的分布如图 6-3 所示，具体函数公式如下：

$$f(x)=\frac{2}{1+e^{-2x}}-1$$

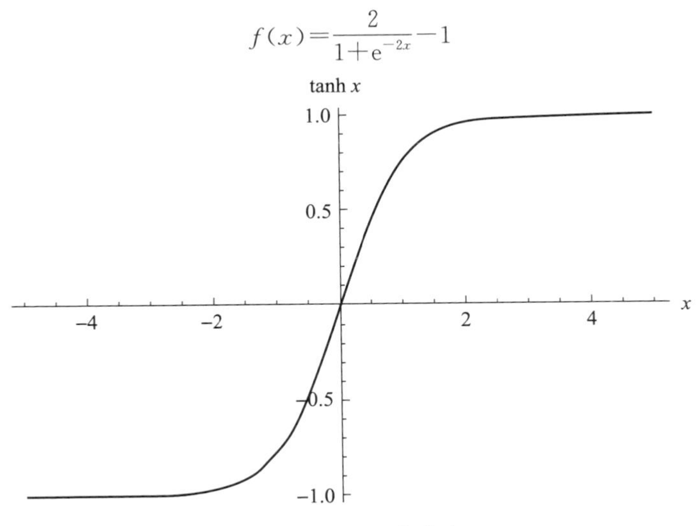

图 6-3　Tanh 的分布

Tanh 相对于 Sigmoid，值域的范围从 0～1 变到了 −1～1，映射的空间大了很多，信息传递性比 Sigmoid 更好。Tanh 被广泛应用在神经网络的中间层作为激活函数，是值得尝试的激活函数之一。

3. ReLU

ReLU 可将上一层的输出值转换到 0～+∞的范围内。整个 ReLU 的分布如图 6-4 所示，具体函数公式如下：

$$f(x)=\begin{cases}\max(x,0), & x\geqslant 0\\ 0, & \text{其他}\end{cases}$$

ReLU 函数是深度学习中较为流行的一种激活函数，不同于 Sigmoid 函数和 Tanh 函数，它不存在梯度饱和问题，而且计算速度快。在推荐领域，很多模型都选择 ReLU 作为 DNN 中间层的激活函数，因为它是性价比最高的激活函数之一。

当然，ReLU 也有以下缺点：

1）当输入为负数时，ReLU 完全失效。在前向传播（又称正向传播）过程中这不是问题，因为有些区域很敏感，有些则不敏感。但是在反向传播过程中，如果输入为负数，则梯度将为零，从而导致模型什么信息都学习不到。这种现象被称为 Dead ReLU 问题。Sigmoid 函数和 Tanh 函数也有相同的问题。

2）ReLU 函数的输出为 0 或正数，这意味着 ReLU 函数不是以 0 为中心的函数。

4. Leaky ReLU

Leaky ReLU 可将上一层的输出值转换到 αx～+∞的范围内，其中的 α 通常取 0.01。整个 Leaky ReLU 的分布如图 6-5 所示，具体函数公式如下：

$$f(x)=\begin{cases}\max(x,0), & x\geqslant 0\\ \alpha x, & \text{其他}\end{cases}$$

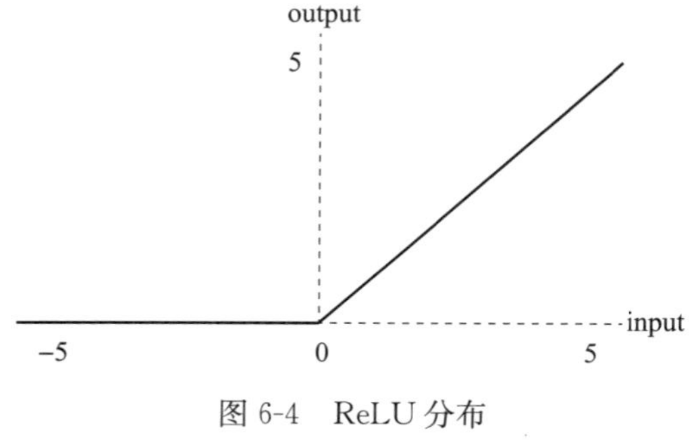

图 6-4 ReLU 分布

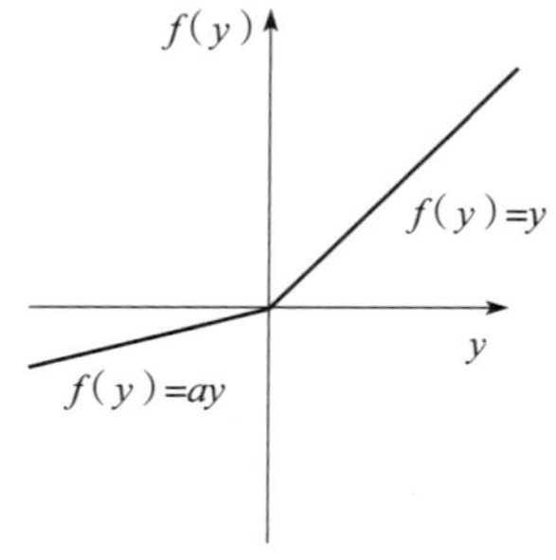

图 6-5 Leaky ReLU 的分布

Leaky ReLU 是一种专门设计用于解决 Dead ReLU 问题的激活函数。它为负梯度增加了一个衰减值 a（通常为 0.01），扩大了 ReLU 的范围，解决了零梯度的问题。理论上，Leaky ReLU 具有 ReLU 的所有优点，而且不会有任何问题，但在实际操作中尚未充分证明 Leaky ReLU 总是比

ReLU 好。一般在 Dead ReLU 出现的情况下，可以采用 Leaky ReLU。

5. ELU

ELU 也是一种专门设计用于解决 Dead ReLU 问题的激活函数，其分布如图 6-6 所示，具体函数公式如下：

$$f(x)=\begin{cases}x, & x>0 \\ a(e^x-1), & \text{其他}\end{cases}$$

ELU 的优点如下：

1）解决了 Dead ReLU 问题。

2）输出结果可正可负。研究表明，以 0 为中心的函数可以加快模型的收敛；很多实验表明，ELU 收敛比 ReLU 快。

3）ELU 并不是分段线性的，所以它可以更好地模拟非线性。

4）负数部分的平稳状态可以提高稳定性和鲁棒性。

在实际应用中，笔者发现 ELU 应用于 DNN 中间层的效果要略优于 ReLU，而且以 ELU 作为激活函数的模型产出的结果分布更加平稳。

6. Mish

Mish 是一种自正则的非单调神经激活函数，平滑的激活函数允许"更好的信息"深入神经网络，从而得到更好的准确性和泛化。其分布如图 6-7 所示，具体函数公式如下：

$$f(x)=x\times\tanh(\ln(1+e^x))$$

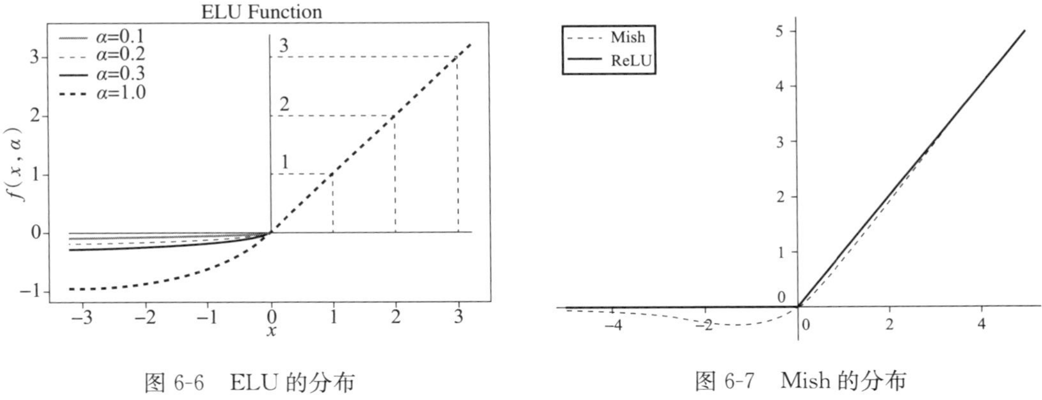

图 6-6　ELU 的分布

图 6-7　Mish 的分布

Mish 在一些特定的场景中比 ReLU 有效果，当不满意 ReLU 效果的时候，是可以尝试使用 Mish 的。此外，Mish 也可以缓解梯度消失和梯度爆炸的问题。

本小节介绍了推荐系统中神经网络模型常用的激活函数，针对不同的业务问题，业界还有很多其他的激活函数。表 6-1 给出了常用激活函数概览。

表 6-1　常用激活函数概览

名字	分布	函数公式
恒等函数	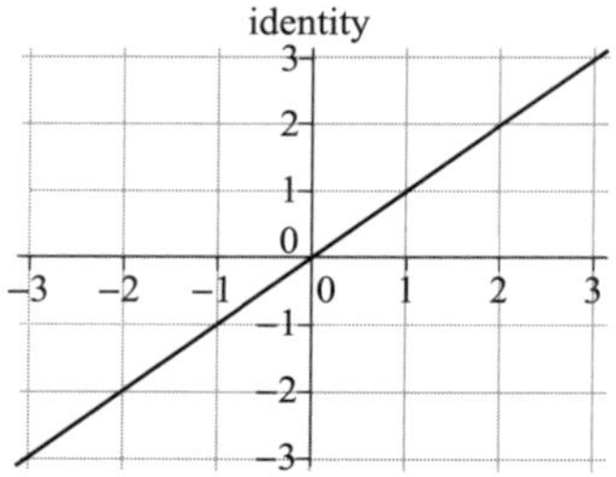	$f(x)=x$
二分函数	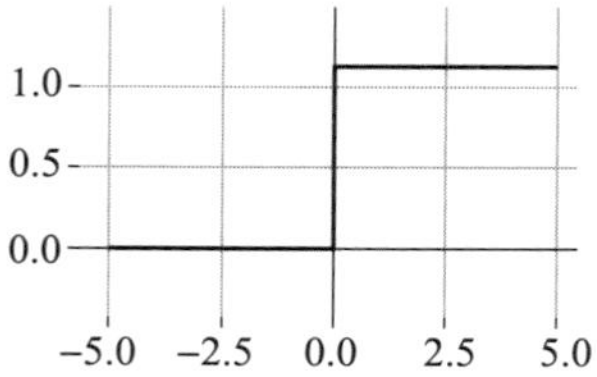	$f(x)=\begin{cases}0, & x<0 \\ 1, & \text{其他}\end{cases}$
Sigmoid	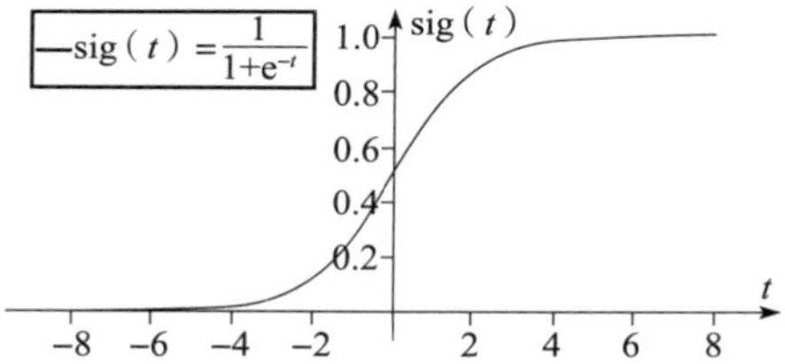	$f(x)=\frac{1}{1+e^{-x}}$
Tanh	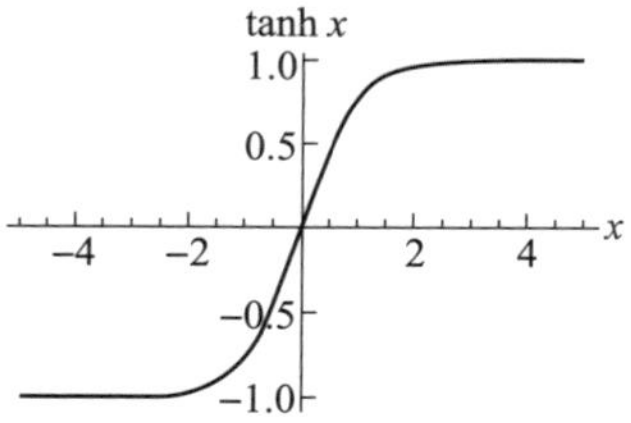	$f(x)=\frac{2}{1+e^{-2x}}-1$
ReLU	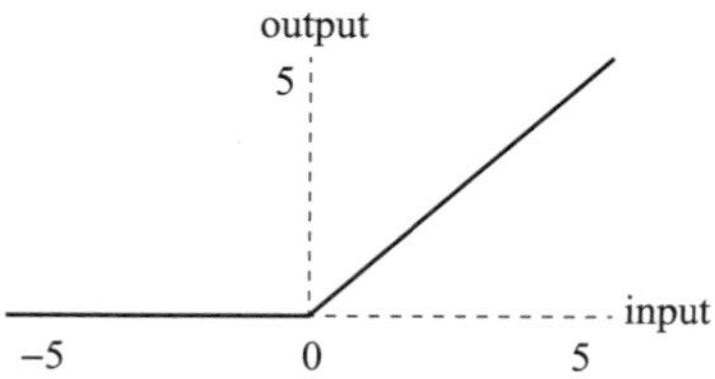	$f(x)=\begin{cases}\max(x,0), & x\geqslant 0 \\ 0, & \text{其他}\end{cases}$

（续）

名字	分布	函数公式
GELU	GELU（approximate='none'）	$f(x)=\frac{1}{2}x\left(1+\mathrm{erf}\left(\frac{x}{\sqrt{2}}\right)\right)$
Softplus	Softplus（beta=1，threshold=20）	$f(x)=\ln(1+\mathrm{e}^{x})$
ELU	ELU（alpha=1.0）	$f(x)=\begin{cases}a(\mathrm{e}^{x}-1), & x\leqslant 0\\ x, & \text{其他}\end{cases}$
SELU	Scaled ELU（SELU）	$f(x)=\lambda\begin{cases}a(\mathrm{e}^{x}-1), & x\leqslant 0\\ x, & \text{其他}\end{cases}$ $\lambda=1.057$，$a=1.67$

（续）

名字	分布	函数公式
Leaky ReLU	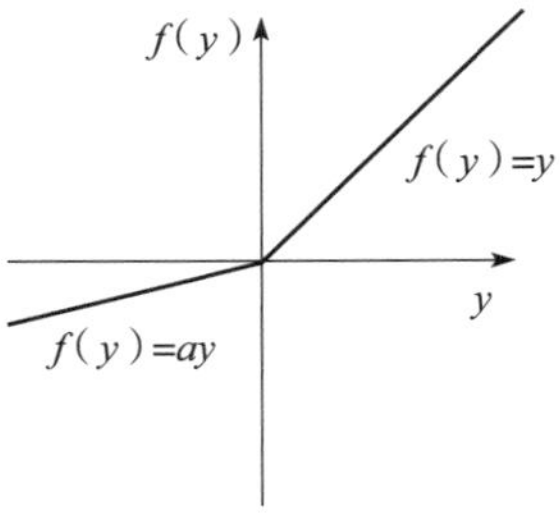 $f(y)$ $f(y)=y$ y $f(y)=ay$	$f(x)=\begin{cases}\max(x,0), & x\geqslant 0\\ ax, & 其他\end{cases}$
PReLU	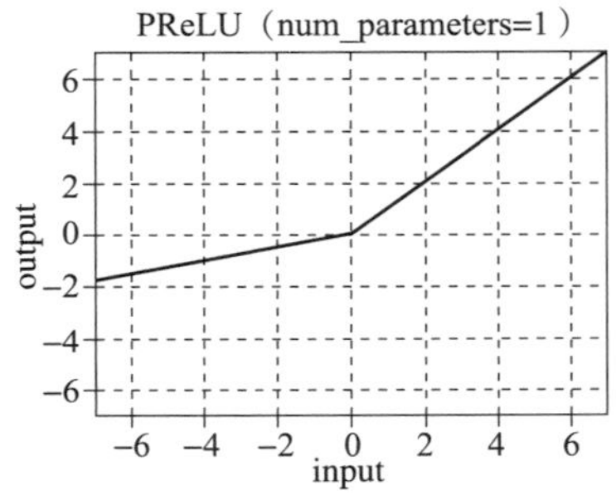 PReLU（num_parameters=1） output input	$f(x)=\begin{cases}\max(x,0), & x\geqslant 0\\ ax, & x<0\end{cases}$
Gaussian	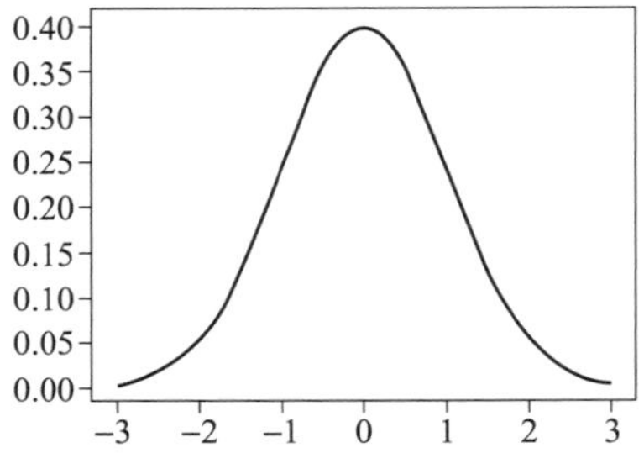	$f(x)=\mathrm{e}^{-x^2}$

6.2　怎么为神经网络选择优化器

神经网络模型学习数据分布的核心是前向传播和反向传播。反向传播就是梯度下降，而优化器决定了梯度下降的方向和尺度。

优化器是在梯度下降的过程中指引各个参数向着最优点优化的控制器，在优化的过程中，它会不断调节下降的大小，直到最优点。在梯度下降过程中，我们最关心的便是确定优化的方向（梯度）和前进的尺度。方向主要是确定优化的方向，**一般通过求导可以求得**，尺度可**决定当前参数更新的程度**。而优化器可以确定优化的方向和面对当前的情况动态地调整尺度。本节将介绍神经网络中的优化器。

1. **随机梯度下降**

标准梯度下降是对整个数据集的样本进行梯度下降。标准梯度下降的优点是优化参数的模型更能产生贴合整体样本的分布结果，缺点是当面对数据量太大的数据集时，整个梯度下降的时间复杂度将会非常高。

随机梯度下降（Stochastic Gradient Descent，SGD）为了解决标准梯度下降时间复杂度的问题，先将样本按照一定数量进行分批（Batch），每个 Batch 的样本数在业界通常被称为 Batch Size。然后，SGD 会对每一个 Batch 随机挑选一个样本进行梯度更新。更新的公式如下：

$$w_{t+1}=w_t-\alpha g_t$$

其中：

- α 为学习率。
- g_t 为 Batch 内随机选择一个样本的梯度。
- w_t 是 t 步的更新参数。
- w_{t+1} 是 $t+1$ 步的更新参数。

SGD 和标准梯度下降相比，看似要更新更多次才能得到最优解，如图 6-8 所示。但是从时间复杂度来说，SGD 是要远优于标准梯度下降的。而且大量实验证明，只要噪声不是特别大，SGD 都能很好地收敛，且速度很快。

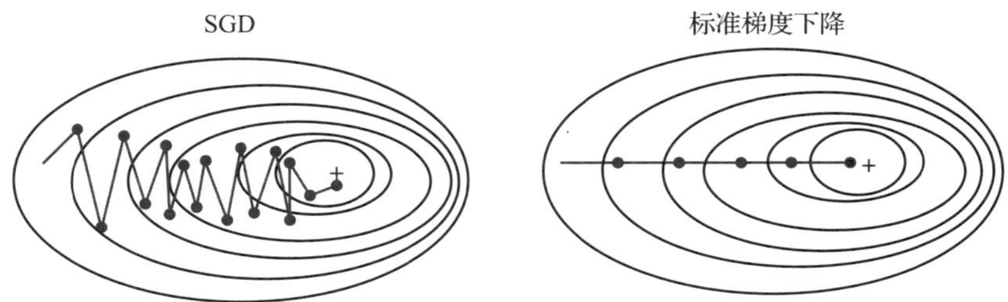

图 6-8 SGD 和标准梯度下降对比图

但是 SGD 也有以下两个缺点：

- SGD 在随机选择梯度时会引入噪声，使得权值更新的方向不一定正确。
- SGD 没能单独解决局部最优解的问题。

2. **动量梯度下降**

为了抑制 SGD 的梯度振荡，动量梯度下降（Stochastic Gradient Descent Momentum，SGD-M）认为在梯度下降过程中可以加入下降惯性的因素。其主要思想是，下降过程中，如果发现是陡坡，那么利用惯性会“跑”得快一些。因此，它在 SGD 的基础上引入了一阶动量，其主要实现公式如下：

$$m_t=\beta_1 m_{t-1}+(1-\beta_1)g_t$$

$$w_{t+1}=w_t-\alpha m_t$$

一阶动量是各个时刻梯度方向的指数移动平均值，也就是说，t 时刻的下降方向由当前点的梯度方向 g_t 以及此前累积的下降方向 m_{t-1} 决定。

一般来说，β_1 的经验值为 0.9（表示最大下降速度 10 倍于 SGD），这意味着下降方向主要是此前累积的下降方向，并略微偏向当前时刻的下降方向。

因为加入了动量因素，所以 **SGD-M 缓解了 SGD 在局部最优点梯度为 0、无法持续更新的问题，以及振荡幅度过大的问题**，但是它并没有完全解决局部沟壑比较深的问题。在动量加持用完后，优化点依然会困在局部最优里来回振荡。

3. AdaGrad 算法

AdaGrad 算法独立地适应所有模型参数的学习率，梯度更新是按照每个参数反比于其所有梯度历史平均值总和的平方根。具有代价函数最大梯度的参数相应地有快速下降的学习率，而具有小梯度的参数在学习率上有相对较小的下降。AdaGrad 的公式如下：

$$V_t=\sum_{i=1}^{t} g_i^2$$

$$w_{t+1}=w_t-\frac{\alpha g_t}{\sqrt{V_t+\epsilon}}$$

其中：

- ❑ α 为学习率，一般取 0.01。
- ❑ g_i 为在第 i 时刻所求参数的梯度。
- ❑ ϵ 是一个取值很小的数（一般为 1×10^{-8}），主要是为了避免分母为 0。

AdaGrad 对于出现比较多的类别数据会给予越来越小的学习率，而对于出现比较少的类别数据会给予较大的学习率。因此，**AdaGrad 适用于数据稀疏（某些用户数据或者物料数据过少）或者分布不平衡的数据集**。

AdaGrad 的缺点是随着迭代次数的增多，学习率会越来越小，最终会趋近于 0。

4. Adam 算法

Adam 算法在 SGD 的基础上增加了二阶动量。这种综合一阶动量和二阶动量的做法可**有效控制学习率的步长和梯度方向，防止梯度振荡和在鞍点静止**。

- ❑ SGD 的一阶动量：

$$m_t=\beta_1 m_{t-1}+(1-\beta_1)g_t$$

- ❑ 加上 AdaDelta 的二阶动量：

$$V_t=\beta_2 V_{t-1}+(1-\beta_2)g_t^2$$

- ❑ Adam 参数更新：

$$\hat{m}_t=\frac{m_t}{1-\beta_1^t},\quad \hat{V}_t=\frac{V_t}{1-\beta_2^t}$$

$$w_{t+1}=w_t-\frac{\alpha\hat{m}_t}{\sqrt{\hat{V}_t}+\epsilon}$$

其中：

- α 是学习率。
- g_t 是当前参数的梯度。
- β_1 为一阶动量值，通常为0.9。
- β_2 为二阶动量值，通常为0.999。
- β_1^t 为 β_1 的 t 次方。
- β_2^t 为 β_2 的 t 次方。
- t 为 t 时刻。

Adam是目前深度学习模型设计中最常用的优化器，**比较适合数据不太稀疏的数据集**。实验证明，Adam的效果是明显优于SGD和SGD-M的。但是，Adam仍然有它的问题：

1）可能不收敛。二阶动量是固定时间窗口内的累积，随着时间窗口的变化，遇到的数据可能发生巨变，使得 V_t 时大时小，而不是单调变化。这就可能在训练后期引起学习率的振荡，导致模型无法收敛。

为了解决这个问题，可以对二阶动量的变化进行控制，以避免上下波动。具体实现公式如下：

$$V_t = \max(\beta_2 V_{t-1} + (1-\beta_2) g_t^2, V_{t-1})$$

以上方法保证了 $\|V_t\| \geqslant \|V_{t-1}\|$，从而使得学习率单调递减。

2）可能错过全局最优解。作为自适应学习率算法中的一种，Adam算法可能会对前期出现的特征过拟合，后期出现的特征很难纠正前期的拟合效果。后期Adam的学习率太低，影响了收敛。

5. AdamW算法

在使用Adam优化器后，在损失函数中加入L2正则是不起作用的。因此，AdamW被提出，用来实现Adam+L2的效果。

如果引入L2正则项，那么在计算梯度的时候会加上对正则项求梯度的结果。本身比较大的一些权重对应的梯度也会比较大，在Adam计算过程中，减去项会除以多个梯度的平方和的平方根，这使得减去项偏小。按常理说，越大的权重，惩罚应该越大，但是在Adam中并不是这样的，分子和分母相互抵消掉了。

AdamW的做法是，每次优化参数 w_t 的时候，对于其梯度加上一个带衰减值的参数值 w_{t-1}。这么做的原因是，L2的正则求完梯度的值为 $\dfrac{\partial \frac{\lambda}{2} w^2}{\partial w} = \lambda w$，那么AdamW的更新公式为：

$$g_t = \Delta L(w_{t-1}) + \lambda w_{t-1}$$

$$m_t = \beta_1 m_{t-1} + (1-\beta_1) g_t$$

$$V_t = \beta_2 V_{t-1} + (1-\beta_2) g_t^2$$

$$\hat{m}_t = \frac{m_t}{1-\beta_1^t}, \quad \hat{V}_t = \frac{V_t}{1-\beta_2^t}$$

$$w_{t+1}=w_t-\alpha\left(\frac{\hat{m}_t}{\sqrt{\hat{V}_t}+\epsilon}\right)+\lambda w_{t-1}$$

AdamW 的主要优点是在 Adam 的基础上加入了 L2 的作用，增加了鲁棒性，减少了过拟合风险，无须再在模型中加入正则化。

表 6-2 所示为常用优化器的说明。

表 6-2 常用优化器的说明

名字	应用场景	优点	缺点
SGD	数据量大的数据集	相比标准梯度下降，SGD 的耗时低很多	1）对噪声敏感 2）可能陷入局部最优
SGD-M	数据量大的数据集	缓解了 SGD 在局部最优点梯度为 0、无法持续更新的问题，以及振荡幅度过大的问题	仍然可能陷入局部最优
AdaGrad	数据量大、数据稀疏或者长尾严重的数据集	对于出现比较多的类别数据会给予越来越小的学习率，而对于出现比较少的类别数据会给予较大的学习率	随着迭代次数的增多，学习率会越来越小，最终会趋近于 0
Adam	数据量大且数据不太稀疏的数据集	有效控制学习率步长和梯度方向，防止梯度振荡和在鞍点静止	可能会对前期出现的特征过拟合，后期出现的特征很难纠正前期的拟合效果
AdamW	和 Adam 类似	增加了鲁棒性，减少了过拟合风险，无须再在模型中加入正则化	仍然可能有局部最优的问题

6.3 怎么为神经网络选择损失函数

损失函数是整个神经网络的优化方向。在业务中，通常损失函数下降，离线指标上升，线上对应指标上升。举个例子，对于二分类，一般选择 LogLoss 作为损失函数，将 AUC 作为离线评价指标，CTR 表示线上指标。通常来说，LogLoss 下降，AUC 上升，CTR 提高。对于模型而言，能够提高线上指标的核心就是损失函数。

由以上可知，为模型选择对应的损失函数是非常重要的。一旦损失函数选择错误，就会出现损失下降但是离线指标和线上指标都不变甚至下降的效果。这一点对于算法工程师的模型优化方向无疑是一个巨大的阻碍。本节就为大家介绍不同场景中使用的损失函数。

1. LogLoss

LogLoss 是针对**分类问题**的损失函数。对于二分类来说，它就是二分类交叉熵（Binary Cross Entropy）；对于多分类而言，它就是 Softmax 交叉熵（Softmax Cross Entropy）。

LogLoss 的标准表达式为：

$$L(Y,P(Y|X))=-\log(P(Y|X))$$

分类问题遵从最大似然估计的理论进行优化，加入 log() 函数是为了方便对最大似然估计进

行求导。损失函数 $L(Y,P(Y|X))$ 表达的是，样本 X 在分类 Y 的情况下使概率 $P(Y|X)$ 达到最大值。因为 log() 函数是单调递增的，所以 $\log(P(Y|X))$ 也会达到最大值，在前面加上负号之后，最大化 $P(Y|X)$ 就等价于最小化 L 了。

2. 二分类交叉熵

当**求解二分类问题**的时候，LogLoss 可以写为：

$$L(Y|X)=\begin{cases}-\log(P(Y|X)), & Y=1\\ -\log(1-P(Y|X)), & Y=0\end{cases}$$

二分类交叉熵的分布如图 6-9 所示。从图 6-9 可以看出，当 $Y=1$ 时，损失函数为 $-\log(P(Y|X))$，$P(Y|X)$ 越大，损失函数越小。最理想的情况下，当 $P(Y|X)=1$ 时，$L(Y|X)=0$。当 $Y=0$ 时，损失函数为 $-\log(1-P(Y|X))$，$P(Y|X)$ 越小，损失函数越小。理想情况下，当 $P(Y|X)=0$ 时，$L(Y|X)=0$。

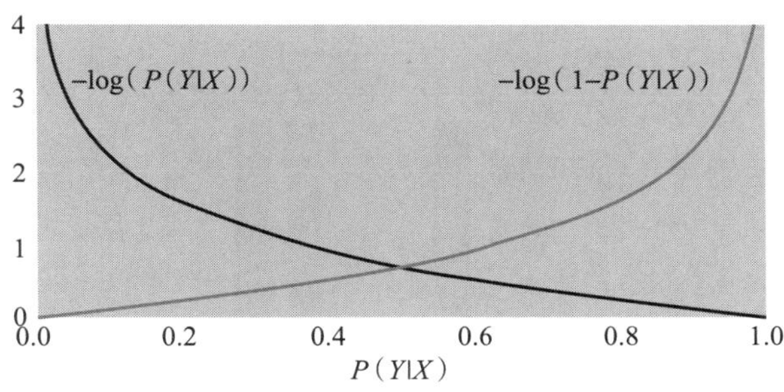

图 6-9　二分类交叉熵的分布

因此，对于二分类问题，损失函数可以写为：

$$L(Y|X)=-[Y\log(P(Y|X))+(1-Y)\log(1-P(Y|X))]$$

二分类交叉熵在推荐领域（如 CTR 预估或者 CVR 预估）已经被广泛应用，是最适合二分类问题的损失函数之一。

3. Softmax 交叉熵

Softmax 交叉熵往往应用于多分类任务的损失函数，它由 Softmax 和交叉熵两部分组成。

（1）max 函数

max 函数是 Softmax 的理论基础。这里对 max 函数做一个简单的概括。

对于优化问题来说，如果函数是凸函数，那么往往通过对其求导数来求解最优解。但是很多时候，函数不一定是可导的，针对此类问题，一般使用一个可导的函数去逼近这个不可导的函数。下面就以 max 函数为例来进行讲解。

当 $x\geqslant 0$ 和 $y\geqslant 0$ 时，定义最大值函数 $\max(x,y)$：

$$\max(x,y)=\frac{1}{2}(|x+y|+|x-y|)$$

很明显这个函数是不可导的，但可以用一个函数去近似表达绝对值函数 $|x|$，将问题从二维降到一维。

此时除去 $x=0$ 这个点，对函数进行分段求导：

$$f'(x)=\begin{cases}1, & x>0\\ -1, & x<0\end{cases}$$

这里引入一个概念，对于单位跃阶函数 $h(x)=\begin{cases}0, & x<0\\ 1, & x\geqslant 0\end{cases}$，可以用连续函数 $H(x)=\lim\limits_{k\to\infty}\frac{1}{2}(1+\tanh(kx))=\lim\limits_{k\to\infty}\frac{1}{1+\mathrm{e}^{-2k}}$ 去逼近 $h(x)$。

对 $H(x)$ 进行求导，可得：

$$f'(x)=2H(x)-1=\frac{2}{1+\mathrm{e}^{-2k}}-1$$

再对其进行积分，可得：

$$f(x)=\frac{2}{k}\ln(1+\mathrm{e}^{kx})-x=\frac{1}{k}[\ln(1+\mathrm{e}^{kx})+\ln(1+\mathrm{e}^{-kx})]=\frac{1}{k}\ln(2+\mathrm{e}^{kx}+\mathrm{e}^{-kx})$$

当 k 足够大的时候，常数 2 可以忽略，所以：

$$f(x)\approx\frac{1}{k}\ln(\mathrm{e}^{kx}+\mathrm{e}^{-kx})$$

因此：

$$|x|=\lim_{k\to+\infty}\frac{1}{k}\ln(\mathrm{e}^{kx}+\mathrm{e}^{-kx})$$

将上式代入 max() 函数：

$$\max(x,y)=\lim_{k\to+\infty}\frac{1}{2k}\ln(\mathrm{e}^{2kx}+\mathrm{e}^{-2kx}+\mathrm{e}^{2ky}+\mathrm{e}^{-2ky})$$

因为 $x\geqslant 0$ 和 $y\geqslant 0$，所以 $\mathrm{e}^{-2kx}\to 0$ 和 $\mathrm{e}^{-2ky}\to 0$，那么：

$$\max(x,y)=\lim_{k\to+\infty}\frac{1}{k}\ln(\mathrm{e}^{kx}+\mathrm{e}^{ky})$$

尽管我们的推导基于 $x\geqslant 0$ 和 $y\geqslant 0$，但是不难发现，当 x,y 中出现负数时，上述公式仍然成立。它甚至可以推广到多个变量的最大值函数：

$$\max(x,y,z,\cdots)=\lim_{k\to+\infty}\frac{1}{k}\ln(\mathrm{e}^{kx}+\mathrm{e}^{ky}+\mathrm{e}^{kz}+\cdots)$$

那么当 $k=1$ 的时候，得到的 max() 函数为：

$$\max(x_1,x_2,\cdots,x_n)\approx\log\left(\sum_{i=1}^{n}\mathrm{e}^{x_i}\right)$$

（2）Softmax

Softmax 并不是 max() 函数的光滑近似，而是 onehot(argmax(x)) 的光滑近似。通常，对于多分类问题，一般会将类别进行 onehot 表达，如类别有 3 类，即 {1,2,3}，那么：

$$1 \to [1,0,0]$$
$$2 \to [0,1,0]$$
$$3 \to [0,0,1]$$

而 Softmax 的作用就是根据特征分别预测每个类别的概率，这里就用到了 max() 函数。

$$P(y_i|X)=\frac{e^{x_i}}{\sum_{i=1}^{N}e^{x_i}}$$

但是这种方式很不稳定，因为它涉及指数计算，很容易造成数值溢出。因此通常要乘以一个衰减系数 C。下式中的 D 一般为 $-\max(x_1,x_2,\cdots,x_n)$。

$$P_j=\frac{Ce^{x_j}}{\sum_{i=1}^{n}Ce^{x_i}}=\frac{e^{x_j+\log(C)}}{\sum_{i=1}^{n}e^{x_i+\log(C)}}=\frac{e^{x_j+D}}{\sum_{i=1}^{n}e^{x_i+D}}$$

即使用了上面的方式，仍然会有数值问题，比如 NaN 值，还可以用以下方式替代：

$$\log(P_j)=\log\left(\frac{e^{x_i}}{\sum_{i=1}^{N}e^{x_i}}\right)=x_i-\log\left(\sum_{i=1}^{N}e^{x_i}\right)$$

（3）Softmax 交叉熵

交叉熵作为 Softmax 的损失函数的时候：

$$H(p,q)=-\sum_{i=1}^{K}y_i\log\overline{y}_i=\log(y_t)=\log\left(\frac{e^{x_t}}{\sum_{j=1}^{K}e^{x_j}}\right)$$

式中，t 为真实标签，$t\in\{1,2,\cdots,K\}$。

这里使用梯度下降来优化损失函数，对特定输入 x_j 求导，那么其导数为：

$$\frac{\partial H(p,q)}{\partial x_j}=-\frac{\partial\sum_{i=1}^{K}y_i\log\overline{y}_i}{\partial x_j}=-\sum_{i=1}^{K}y_i\frac{\partial\log\overline{y}_i}{\partial\overline{y}_i}\frac{\partial\overline{y}_i}{\partial x_j}=-\sum_{i=1}^{K}y_i\frac{1}{\overline{y}_i}\frac{\partial\overline{y}_i}{\partial x_j}$$

将 Softmax 的导数代入得：

$$\frac{\partial H(p,q)}{\partial x_j}=-\left(\frac{y_j}{\overline{y}_j}\cdot\frac{\partial\overline{y}_j}{\partial x_j}+\sum_{i\neq j}\frac{y_i}{\overline{y}_i}\cdot\frac{\partial\overline{y}_i}{\partial x_j}\right)=y_j(\overline{y}_j-1)+\overline{y}_j\sum_{i\neq j}y_i$$

因为 onehot 的原因，$\overline{y}$ 只有一个值的标签为 1，其余为 0，因此式子可以写为：

$$\frac{\partial H(p,q)}{\partial x_j}=\begin{cases}\overline{y}_j-1, & y_j=1\\ \overline{y}_j, & y_j=0\end{cases}=\overline{y}_j-y_j$$

从上式可以看出，Softmax 函数的交叉熵损失的求导结果正好是预测值 $\overline{y}_j$ 和真实标签 y_j 之差。如果 $y_j=1$，那么梯度下降时，x_j 增长；如果 $y_j=0$，x_j 降低。

Softmax 交叉熵适用于大部分的多分类任务，已经在业界被广泛应用。

4. AMSoftmax 交叉熵

AMSoftmax 的主要思想类似于 LDA（Linear Discriminant Analysis，线性判别分析），是一

个缩小类内距离、增大类间距的策略。图 6-10 形象地解释了 Softmax 和 AMSoftmax 的区别。Softmax 能做到的是划分类别间的界线，而 AMSoftmax 可以缩小类内距离、增大类间距，将类的区间缩小到目标区域范围，同时又会产生边界大小的类间距。

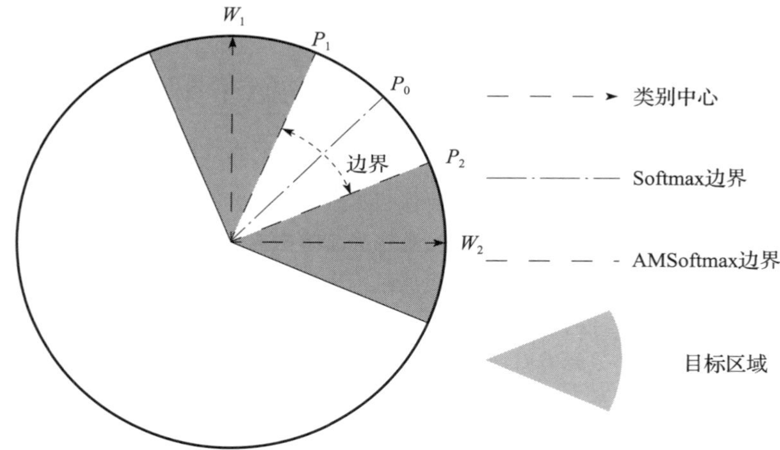

图 6-10 Softmax 和 AMSoftmax 的区别

AMSoftmax 的具体实现公式如下：

$$\mathrm{AMS}(y_j)=\frac{\mathrm{e}^{s(L_2(\boldsymbol{W}_{y_j}^{\mathrm{T}})L_2(x_j)-m)}}{\mathrm{e}^{s(L_2(\boldsymbol{W}_{y_j}^{\mathrm{T}})L_2(x_j)-m)}+\sum_{i,i!=j}^{N}\mathrm{e}^{sL_2(\boldsymbol{W}_{y_i}^{\mathrm{T}})L_2(x_i)}}=\frac{\mathrm{e}^{s(\cos\theta_{y_j}-m)}}{\mathrm{e}^{s(\cos\theta_{y_j}-m)}+\sum_{i,i!=j}^{N}\mathrm{e}^{s\cos\theta_i}}$$

其中：

- $\cos\theta_{y_j}$ 表示计算 x_j 在类别 y_j 的区域。
- $\cos\theta_{y_j}-m$ 表示类别间的区域至少有 m 的间隔，m 的取值需要考虑现实中数据的分布是否有明显的界线。如果界线明确，则可以考虑增大 m 值；如果界线不明确，则需要将 m 减小，因为实际分布的间隔没有那么大。
- $s(\cos\theta_{y_j}-m)$ 表示将 cos 值增加 s 倍，因为 cos 值的区间为 [0,1]，该区间的值过小，则无法有效区分差异性。增大 s 倍后，再代入 Softmax 可以提高分布的差异性，产生明显的“马太效应”，提高收敛速度。

以上参数中，m 和 s 是很重要的两个超参数。不同的 m 和 s 将会对结果产生巨大的影响，需要重点调试。

AMSoftmax 主要适合多分类问题中某几个类别区分度混淆的情况。通过增大类间距和缩小类内距离，AMSoftmax 可以让类别的区分度更明显。

5. Focal 损失

Focal 损失主要用于解决**样本类别不平衡**的问题。它有针对二分类和多分类的两种表现形式。

(1) 二分类

二分类的 Focal 损失的公式如下：

$$L(y_i,\overline{y}_i)=\begin{cases}-\alpha(1-\overline{y}_i)^{\gamma}\log(\overline{y}_i), & y_i=1\\ -(1-\alpha)\overline{y}_i{}^{\gamma}\log(1-\overline{y}_i), & y_i=0\end{cases}$$

通过以上公式可以知道，对于负样本数量明显大于正样本的数据来说，模型会更倾向于数目多的负样本，这时候 $\overline{y}_i{}^{\gamma}$ 会特别小，而 $(1-\overline{y}_i)^{\gamma}$ 就会很大，模型会更关注正样本，而参数 γ 就是调节关注度的超参数。α 的作用是防止由于 $(1-\overline{y}_i)^{\gamma}$ 太大，模型过度关注正样本的参数，即它起的是削弱正样本的作用。在正常的业务中，通用参数一般为 $\alpha=0.25$，$\gamma=2$。但是对于不同比例的数据集，需要进行不同程度的调参。

(2) 多分类

多分类公式如下：

$$L(y_i,\overline{y}_i)=-\alpha_i(1-\overline{y}_i)^{\gamma}\log(\overline{y}_i)$$

多分类的 Focal 损失就比较容易理解了，它与二分类的唯一区别在于 α_i 有多个，**样本较多的类别应该分配一个较大的权重，而样本较少的类别应该分配一个较小的权重**。

6. BPR 损失

BPR 损失的思想很简单，就是尽可能让正样本和负样本的得分之差达到最大，是一种个性化推荐。BPR 的公式如下：

$$L_w=-\sum_{i,j\in S}\log(\text{sigmoid}(s_i-s_j))$$

式中，s_i 为 item i 的打分，s_j 为 item j 的打分。

BPR 损失一般应用于推荐系统的 pairwise 训练模式，常用在召回阶段。

7. 平方差损失

平方差损失主要应用于回归问题，主要用来评估真实值和预估值的差距。其公式如下：

$$L(y_i,\overline{y}_i)=\frac{1}{2m}\sum_{i=1}^{m}(y_i-\hat{y}_i)^2$$

8. 绝对值差损失

绝对值差损失和平方差损失一样，都主要应用于回归问题。它和平方差损失的主要区别在于，平方差指对残差取平方，绝对值差指对残差取绝对值。

$$L(y_i,\overline{y}_i)=\frac{1}{2m}\sum_{i=1}^{m}|y_i-\hat{y}_i|$$

9. KL 散度

KL 散度主要用来描述两个分布之间的距离。给定分布 p 和 q，KL 散度被定义为：

$$\begin{aligned}D_{\mathrm{KL}}(p\|q)&=-\sum_{i=1}^{n}p(x_i)\cdot\log\frac{q(x_i)}{p(x_i)}\\&=-\sum_{i=1}^{n}p(x_i)\cdot\log q(x_i)+\sum_{i=1}^{n}p(x_i)\cdot\log p(x_i)\end{aligned}$$

$$=H(p,q)-H(p)$$

KL 散度可以理解为分布 p 和 q 的交叉熵 $H(p,q)$ 与真实分布 p 的熵 $H(p)$ 的差。最小化 KL 散度，可以令 $H(p,q)$ 与 $H(p)$ 接近，从而使得分布 p 和 q 相似。

$$\begin{aligned}D_{\mathrm{KL}}(p\|q)&=\sum_{i=1}^{N}p(x_i)\cdot\log\frac{p(x_i)}{q(x_i)}\\&=\sum_{i=1}^{N}p(x_i)\cdot(\log p(x_i)-\log q(x_i))\\&=\mathbb{E}_{x\sim p(x)}[\log p(x)-\log q(x)]\end{aligned}$$

通过上式我们可以发现，在最小化 KL 散度时，会迫使分布 p 和 q 对每一个 x 都接近，最终使得分布 p 和 q 相似。

KL 散度主要应用于参数分布的学习任务，在推荐系统中一般作为模型蒸馏的损失函数。

6.4 怎么解决神经网络的拟合问题

神经网络的拟合问题分为两种，分别为欠拟合和过拟合。本节将针对欠拟合和过拟合问题进行讲解。

1. 欠拟合

欠拟合主要是由训练集数据量小和模型参数不足两个原因导致的。解决欠拟合的方法一般如下：

- 直接对模型宽度和深度进行递增调参，一般以 2 倍递增。
- 增加数据集的数据量，增加新特征。
- 利用 SMOTE 等数据生成方式进行数据扩增。

欠拟合的解决其实没有太多操作的空间，优化思路主要是增加样本量、增加特征和提升模型复杂度。

2. 过拟合

过拟合产生的主要原因是模型对训练集样本学习得太好，导致模型对于其他样本集中的样本缺少敏感性。例如，某个学生一直“刷”老师给的试卷，把这些试卷学习得很好，但是某天他突然接到一份不是出自老师题库的试卷，他就完全不会做了。这就是过拟合的典型表现，只学习到了表象，而没有学习到内核。

模型过拟合的典型现象是，模型在训练集上的表现很好，但是在验证集上的效果不好。一般解决过拟合的方式如下：

- L1 和 L2 正则化。
- 对神经元适当增加 Dropout 操作。
- 对各个网络层的输出适当添加 Batch Normalization（批归一化）。
- Batch Size 可以适当增大。

- 增加新特征信息。
- 对于数据量巨大的推荐系统的模型来说，一个 Epoch 就足够了。
- 将学习率调小。

3. 其他训练问题

神经网络的调参一直是一个复杂的问题，除了参数需要调整外，还有一些细节需要注意。

- 神经网络参数初始化时，用 xavier 和 truncated_normal 可以加速收敛。
- 一般特征不要直接全加入模型，最好是一个个地添加特征来进行效果测试，因为有些特征可能导致模型过拟合。
- 如果出现了梯度消失和梯度爆炸的问题，则可以采用把激活函数变为 ReLU、增加 Batch Normalization 层、增加残差网络或者 LSTM 模块、梯度裁剪等方式去解决。
- 当损失值突然变为 NaN 的时候，可以首先检查采用 ReLU 的激活函数层的值是否出现问题，其次查看输出层是否出现了 log(0) 或除以 0 等非法操作。

CHAPTER7

第 7 章 个性化召回层样本选择和模型选择

召回层是整个推荐链路的最底层，其起到的作用是对样本库的所有样本进行初筛。对召回层的性能要求是尽可能地覆盖用户兴趣广度，召回的运算速度要快。此外，召回层又分为个性化召回和非个性化召回。非个性化召回的方式其实并不是特别多，这一点在 2.2 节已经进行了详述，此处不再赘述。但是，个性化召回的实现方式多种多样。本章将详细介绍推荐系统中个性化召回解决方案。

7.1 协同过滤召回

协同过滤在早期是作为精排来使用的，后来随着算力的提升，协同过滤被广泛应用在了召回层。协同过滤系列的算法主要根据用户和物料的共现性去召回物料，探究的是物料和物料、用户和物料、用户和用户间的共现关系。通常来说，在用户的点击行为足够丰富的情况下，协同过滤召回具有很好的个性化。从各大厂的线上效果来看，源于协同过滤的 Swing 召回是比较强势的召回通道之一。

7.1.1 传统协同过滤

传统协同过滤的算法原理是，首先统计大规模用户的**消费习惯**，然后根据目标用户的**日常消费特点**去找询和其相似的用户，接着统计这些用户的消费物料，最后把目标用户物料中没有推荐过的推荐给用户。

消费习惯其实就是用户对于物料的偏好。这种消费习惯可以是显性的，比如对物料的评分；也可以是隐性的，比如点击或者消费时长等。通过建立用户和物料的评分矩阵，我们可以明显看出每个用户对不同物料的兴趣。如表 7-1 所示，横格代表每一个用户，纵格代表物料，矩阵里面的值代表用户对物料的喜欢程度（比如豆瓣对电影的评分为 1～10 分）——这种矩阵被称为**评分矩阵**。

表 7-1 协同过滤示例表

	i_1	i_2	i_3	i_4	i_5
u_1	5		4	1	
u_2		3		3	
u_3		2	4	4	1
u_4	4	4	5		
u_5	2	4		5	2

在大多数推荐场景中，评分矩阵中的值一般是空的，因为相比广大的物料库，用户只会对很少的物料进行评论。事实上，这个评分矩阵是一个稀疏矩阵。

要构建一个可以根据其他用户的喜好自动向用户推荐物品的系统，第一步是找到相似的用户或物品，第二步是预测用户尚未评分的物料的得分。为了实现整个推荐的流程，我们需要回答以下几个问题：

- 如何确定用户之间或者物料之间彼此是相似的？
- 在知道哪些用户相似以后，如何根据相似用户的评分确定用户对某个物料的评分？
- 如何衡量结果评分的准确性？

很明显，前两个问题是没有单一答案的，因为协同过滤的实现有很多种，其中有多种方法可以找到相似的用户或物料，并且有多种方法可以根据相似用户的评分来计算物料的评分。其中比较流行的两种方式就是**欧氏距离**和 Cosine（**余弦**）**距离**。

1. 相似度评价标准

这里给出一个例子阐述基于用户的协同过滤算法的运行机制。

假设有 A、B、C、D 这 4 个用户，对两部电影的评分如表 7-2 所示。

表 7-2 对两部电影的评分

	电影 1	电影 2		电影 1	电影 2
A	1.0	2.0	C	2.5	4.0
B	2.0	4.0	D	4.5	5.0

为了方便观察数据的差异，我们用坐标轴来展示这个数据，如图 7-1 所示。

既然数据被绘在了坐标轴上面，那么我们就可以用**欧氏距离**和 Cosine **距离**衡量标准去评价两个数据间的相似度。

（1）欧氏距离

从图 7-2 可以看出，B 和 C 的相似度肯定是比 B 和 A 的相似度要大的。但是，A 和 D 谁距离 C 更近呢？从距离来说，D 似乎更近一些，但是从排名来看，C 的选择似乎与 A 的选择一致，而不是 D，因为 A 和 C 对第二部电影的喜爱程度几乎是第一部电影的两倍，但 D 对这两部电影的喜欢程度一样。

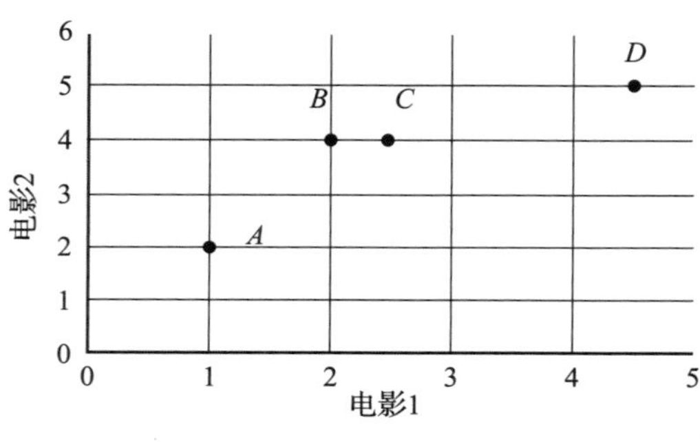

图 7-1　协同过滤示例坐标图

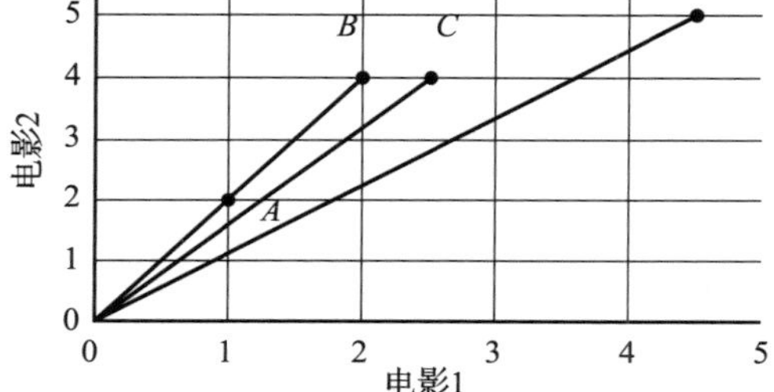

图 7-2　协同过滤示例距离图

欧氏距离可以描述上述用户对于电影的喜爱程度，它的具体公式如下：

$$d(x,y):=\sqrt{(x_1-y_1)^2+(x_2-y_2)^2+\cdots+(x_n-y_n)^2}=\sqrt{\sum_{i=1}^{n}(x_i-y_i)^2}$$

（2）Cosine 距离

Cosine 距离用点与原点的连线和横坐标轴的夹角的 Cosine 值去判断两个用户的喜好程度是否相似。Cosine 的公式如下：

$$d=\frac{\sum_{i=1}^{N}x_iy_i}{\sqrt{\sum_{i}^{N}x_i^2}\sqrt{\sum_{i}^{N}y_i^2}}$$

Cosine 打分可以有效地**防止某些苛刻的用户对电影的评分是整体偏低**的情况。另外，我们也对一个用户评分过的物料采用归一化的形式来将用户对每个物料的评分的量纲拉到一个水平，再对它们求 Cosine 距离，这种距离被称为中心化 Cosine。这种方式通常用于很**多缺失值但是又需要一个公共值去填充的情况**。

2. 基于用户和基于物料的协同过滤

通过相似度，我们可以针对目标用户选出一批相似用户；根据相似用户，我们可以选出一批候选推荐物料，之后就需要对这批候选物料进行打分了。同样的，打分的方式也很多。

例如，我们可以用最喜欢这个物料的 Top5 或者 Top10 用户的打分的均值去代表这个物料的分数，公式如下：

$$R_U=\left(\sum_{u=1}^{n}R_u\right)/n$$

但是，这又带来一个问题，最喜欢备选物料的用户可能并不是和目标用户相似的。为此，我们可以为每一个评分安排一个权重，与目标用户越相似的用户，权重就越大。更改后的公式如下：

$$R_U=\left(\sum_{u=1}^{n}R_u\times S_u\right)/\left(\sum_{u=1}^{n}S_u\right)$$

其中：

- ❑ R_u 为用户 u 对待选物料的评分。
- ❑ S_u 为用户 u 和目标用户的相似度。

这种根据用户给出的评分来找到相似用户的方法，称为基于用户的协同过滤。基于用户的相似度来找到用户推荐的方法称为基于物料的协同过滤。换句话说，基于用户的协同过滤是先找到相似用户，然后从相似的用户消费的物料中选择物料进行推荐。基于物料的协同过滤是先找到用户点击过的物料，然后对每个物料和库里面的物料求相似度，最后选择 Topk 的物料推荐给用户。

基于物料的协同过滤主要适用于用户的数量超过物料数量的情况，比起基于用户的协同过滤，基于物料的协同过滤更快和更稳定。它之所以有效，是因为通常一个物料收到的平均评分不会像用户对不同物料的平均评分那样快速变化。当评分矩阵稀疏时，它也比基于用户的协同过滤的表现更好。

在真实的应用中，协同过滤一般是采用 KNN 的方式进行实现的，首先根据用户和物料的共现关系建立评分矩阵，然后根据用户和物料各自的数量选择是基于用户还是基于物料的协同过滤，从而建立用户和用户或者物料和物料的相似矩阵，最后根据相似矩阵进行推荐。

3. 基于模型的协同过滤

对于评分矩阵来说，其主要包括两个维度，分别为用户的数量和物料的数量。如果该矩阵特别稀疏，那么减少维度可以让算法的表现得到提高，尤其是从时间和空间复杂度的角度来说。**矩阵分解**（Matrix Factorization）可以实现这一功能。

矩阵分解可以看作将大矩阵分解为较小矩阵的乘积。这类似于整数的因式分解，其中 12 可以写为 6×2 或 4×3。在矩阵的情况下，维度为 $m \times n$ 的矩阵 $\mathbf{A}$ 可以简化为 $m \times p$ 和 $p \times n$ 两个矩阵。

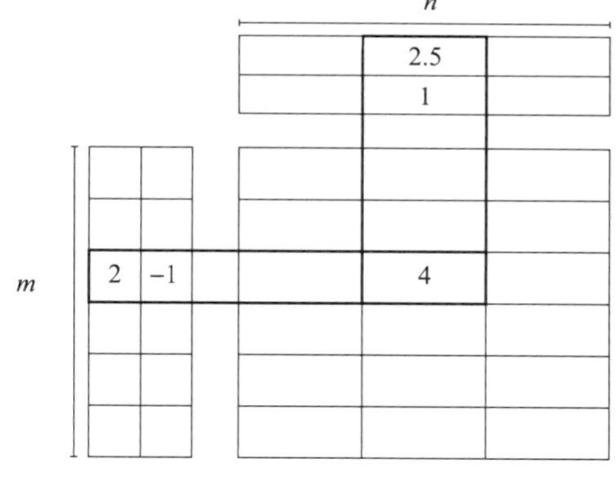

图 7-3　矩阵分解示例

简化后的矩阵实际上分别代表了用户和物料。第一个矩阵中的 m 行代表 m 个用户，p 列表达了用户的特征或特质。具有 n 个物料和 p 个特征的物料矩阵也是如此。图 7-3 所示为将一个矩阵简化为两个矩阵。左边是 m 个用户的用户矩阵，上边是 n 个项目的物料矩阵。其中，分数 4 被分解为用户向量（2,−1）和物料向量（2.5,1）。

用户矩阵中的两列和物料矩阵中的两行称为潜在因子，表示用户或物料的隐藏特征。分解如下：

- ❑ 假设在一个用户向量（u,v）中，u 代表用户对恐怖类型电影的喜爱程度，v 代表用户对浪漫类型电影的喜爱程度。因此，用户向量（2,−1）表示喜欢恐怖电影并给予正面评价但是不喜欢浪漫电影并给予负面评价的用户。

- 假设在一个物料向量（i,j）中，i 表示电影属于恐怖类型的可能，j 表示该电影属于浪漫类型的可能。电影（2.5,1）的恐怖等级为 2.5，浪漫等级为 1。使用矩阵乘法规则将其乘以用户向量，得到 $(2\times2.5)+(-1\times1)=4$。
- 所以，这部电影属于恐怖片，用户本来可以给它打 5 分的，但是稍微加入了爱情片，最终的评分就降到了 4 分。

矩阵因子可以用以上的方式去表达用户和物料的关系，但实际上它们通常比上面给出的解释复杂得多。这样的因子数量可以从一到数百甚至数千等。该因子是模型训练过程中需要优化的内容之一。

潜在因子的维度深深地影响着推荐效果，维度越大，推荐就越个性化，但是维度太大会导致模型过拟合。

矩阵因子就是早期 Embedding 算法的起源，通过为每个用户和物料安排一个唯一的向量来表示（后面都以 Embedding 来代替），通过梯度下降，模型自动学习用户和物料的关系，这种关系统称为共现关系。而在大部分的推荐中，因为缺乏评分标准，在评分矩阵中值通常为 1，而其他未产生物料的商品为 0。如果对这个矩阵采用因式分解，那么用户 Embedding 和物料 Embedding 的乘积就被缩减到了 0～1 之间，这就是所谓的 CTR 预估。

7.1.2　协同过滤的改进

1. Swing

Swing 是淘宝商品推荐的早期召回算法，其主要思想来自协同过滤的思想，只是比起协同过滤单纯的 A-B（用户—物料）关系，Swing 认为 A-B-A（可以是用户—物料—用户，也可以是物料—用户—物料）的关系更加稳固。

Swing 的主要思想是用户 u 和用户 v 都购买过商品 i，则三者会构成一个类似秋千的图，即 Swing。若用户 u 和用户 v 之间除了购买过 i 外，还购买过商品 j，则认为这两件商品是具有某种程度上的相似的。其主要的思想是，**如果大量用户同时喜欢两个物品，且这些用户之间的相关性低，那么这两个物品一定是强关联的。**

相似度计算具体公式如下：

$$\mathrm{sim}(i,j)=\sum_{u\in U_i\cap U_j}\sum_{v\in U_i\cap U_j}\frac{1}{\alpha+|I_u\cap I_v|}$$

其中：

- U_i 为喜欢物品 i 的用户集合。
- U_j 为喜欢物品 j 的用户集合。
- I_u 为用户 u 购买过的物品集合。
- I_v 为用户 v 购买过的物品集合。
- α 为一个平滑项，用于避免分母为零，可以取一个较小的正数，例如 1。

可以看出，物料 i 和物料 j 的相似度主要是通过购买过 i 和 j 的用户的个数来评定的，但是要考虑用户的同质性。两个用户购买的相同商品越少，证明用户的相关性越低，商品 i 和商品 j 产生了两个用户的关联，所以商品 i 和商品 j 强相关，反之亦然。

Swing 和协同过滤的共同点在于，考虑的都是用户和物料的共现性关系。区别在于，Swing 考虑了用户和用户之间的同质性，其不仅希望用户的交集大，而且多样性越大越好。

2. Adamic-Adaring

Adamic-Adaring（AA）算法其实是一个典型的社交网络中判断两点紧密度的算法，用来求两点间共同邻居多少的一个系数表示。

在推荐系统中可以用 AA 算法判断用户间或者物料间的相似度。相似度公式如下：

$$S(i,j)=\sum_{u\in N(i)\cap N(j)}\frac{1}{\log|N(u)|}$$

- $N(i)$ 表示点击过物料 i 的用户点击过的其他物料。
- $N(j)$ 表示点击过物料 j 的用户点击过的其他物料。
- $N(u)$ 表示点击过物料 u 的用户点击过的其他物料。

此算法也是类协同过滤的算法的一种，主要是首先根据用户和物料的共现关系建立用户关系图或者物料关系图，然后根据点和点的共同邻居关系去计算两个点的相似度。Adamic-Adar 认为，如果共同邻居点的关联点很多，则证明该点其实相对不那么重要，反之亦然。这一点与 Swing 相似。

3. 最大边界相关性算法

最大边界相关性（Maximal Marginal Relevance，MMR）算法将排序结果的相关性与多样性综合于下列公式中：

$$\text{MMR}=\text{Arg}\ \max_{D_i\in R/S}[\lambda \text{Sim}_1(D_i,Q)-(1-\lambda)\max_{j\in S}\text{Sim}_2(D_i,D_j)]$$

其中：

- Q：用户的协同过滤的表征，如果采用基于物料的 CF 算法，那么 Q 为用户点击过的物料的隐向量的均值。
- D：推荐结果集合。
- S：推荐中已被选中的集合。
- R/S：推荐中未被选中的集合。
- λ：权重系数，用于调节推荐结果的相关性与多样性。λ 越大，推荐结果越相关；λ 越小，推荐结果的多样性越高。

MMR 算法需要输入推荐商品的相关分数及商品间的相似度矩阵。为简单起见，采用基于物料的协同过滤算法进行 Topk 商品推荐。利用协同过滤算法矩阵分解的物料因子作为商品的向量表征，计算余弦相似度，并将相似度线性映射到［0,1］区间，得到商品相似度矩阵。用户 u 对商品 i 的相关分数计算公式如下：

$$P_{u,i}=\frac{\sum_{\text{all similar items},N}(s_{i,N}\times R_{u,N})}{\sum_{\text{all similar items},N}(|s_{i,N}|)}$$

MMR 的具体计算步骤如下：

1）根据基于物料的协同过滤算法得到物料的隐向量和对于指定用户的 Topk 物料。

2）根据 Cosine 算法得到 Topk 的物料和物料之间的相似度矩阵。

3）计算用户的隐向量，一般取该用户点过的物料的隐向量的均值。

4）使用用户隐向量和物料隐向量去计算用户对物料的相关分数。

5）设定候选推荐集合 S 为空和物料集合 $R=\{\text{item}_1,\text{item}_2,\cdots,\text{item}_k\}$。当 R 不为空的时候，对 k 个物料进行如下迭代：

①选择 item_i，计算 item_i 和用户的分数 s_{user}。

②如果集合 S 中有物料，则选择相似度和 item_i 最大的物料，并计算两者的相似度 s_{item}。S 中无物料，则 $s_{\text{item}}=0$。

③根据公式 $\lambda\times s_{\text{user}}-(1-\lambda)\times s_{\text{item}}$ 计算 MMR 得分。如果 MMR 得分大于之前的 MMR 得分（初始 MMR 得分为 0），则进行更新，且将 item_i 加入 S 集合，然后将 item_i 从 R 中移出。

④重复以上过程，直到 R 为空。

6）从 S 集合中选择 Topk 进行推荐。

在推荐场景下，MMR 给用户推荐相关商品的同时，还应保证推荐结果的多样性，即排序结果存在着相关性与多样性的权衡。

7.1.3　协同过滤优缺点

协同过滤主要是通过用户和物料的交互进行的算法。通过用户和物料之间的交互，协同过滤可以迅速捕捉到用户和用户与物料和物料的关系，进而进行推荐。下面的内容可以判断是否使用协同过滤算法。

- 协同过滤算法并不依赖用户和物料的特征，它非常适合种类繁多的物料的场景。但是对于某些依赖内容的场景（如书籍推荐时可能需要书的出版社、作者等特征），协同过滤就不是那么适合了。
- 协同过滤并不聚焦于通过用户的个人简介为其推荐物品，而是从群体相似出发去探寻一些用户的兴趣。如果不希望推荐系统向刚刚购买过一双运动鞋的人推荐类似的运动鞋，那么应大胆地尝试协同过滤算法。

尽管协同过滤已经被广泛使用，但是仍然有一些主要注意的地方：

- 协同过滤可能会导致一些问题，例如添加到列表中的新物料的冷启动。在有人给它们评分之前，它们不会被推荐。
- 数据稀疏会影响基于用户的协同过滤的质量，也会造成冷启动问题。
- 由于复杂度可能会变得太大，因此扩展数据集是一个挑战。当数据集很大时，基于物料的协同过滤比基于用户的协同过滤更快。
- 通过简单的实现，流行的物料会得到大量曝光，而长尾物料可能会被忽略。

7.2 双塔召回

双塔召回主要起源于 DSSM 模型。它的主要做法是分别用两个 DNN 去解析用户和物料的信息，最后分别产生一个用户 Embedding 和物料 Embedding。在线上推理时，针对每一个用户 Embedding，用全库的物料 Embedding 和用户 Embedding 进行相似度计算，选择出 Topk 物料。之所以选择双塔召回，是因为召回层既需要个性化，又需要很高的计算速度要求。如果选择规则召回，那么速度要求满足了，但是个性化稍显不足。如果采用精排模型去召回，那么个性化满足了，但速度明显不足。双塔召回就是一个速度和个性化的折中召回方式。本节将介绍业界具有代表性的召回模型。

7.2.1 DSSM 模型

DSSM（Deep Structured Semantic Models，深度语义匹配模型）最早出现在微软 2013 年发表的一篇应用于 NLP 领域中的计算语义相似度任务的文章。

如图 7-4 所示，DSSM 分别用 DNN 对物料和用户进行解析，获得物料 Embedding 和用户 Embedding，然后利用通过点击得到的物料和用户的相似度进行召回。依照这种结构，不同的公司可以根据不同的业务建立自己的 DSSM 模型。

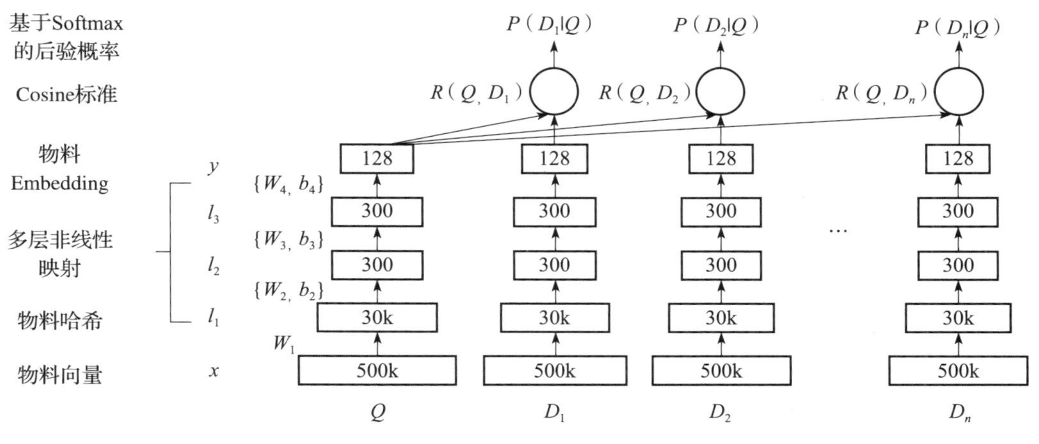

图 7-4 DSSM 模型结构

图 7-4 中，W 指权重，b 指偏置。

DSSM 是最早的双塔模型，它为个性化召回提出了一个框架，区别于早期需要物料 id 和用户 id 的协同过滤模型。DSSM 的泛化性更强。因为它除了 id 特征以外，还可以利用基础特征进行增强泛化。此外，DSSM 产生的两个 Embedding 可以通过 Faiss（一种通用索引检索工具）建立索引，进行快速的检索，满足了上线 QPS 的要求。

DSSM的输入很简单，就是将用户和物料分别通过各自的DNN进行解析，在最后一层产生各自的Embedding。然后，对这个Embedding进行L2正则，再对内积结果除以一个温度超参 T，最后通过Softmax损失进行目标优化。

- L2正则：Embedding进行L2正则化的主要原因是防止某些值太大或者太小而产生极大或者极小值，增强结果的鲁棒性。此外，用了L2正则以后，点积的效果其实等于Cosine相似度，因此L2正则后的Embedding从各种格式的相似度上实现了统一。
- 温度超参：温度超参 T 的作用是L2正则化后，某些值的表达力度可能不够，即个性化表达被L2弱化了，因此它需要适当地增强。通常，温度超参需要精细化地调参才可能表现出很好的效果，一般从0.1开始，二分法调参。
- Softmax：Softmax损失就很好理解了，就是将正样本和负样本的区别拉到最大。
- 样本选择：DSSM的正样本为点击样本，负样本为随机采样。随机采样的原因是，对于召回而言，它面对的样本集是全库的物料，而随机采样正是模拟全库的样本分布。

DSSM开了双塔召回的先河，**既满足了个性化的要求，又具有很强的泛化性，而且速度还很快，是性价比最高的召回模型之一**。在业界，类DSSM的模型已经在召回层得到了广泛的应用。

7.2.2 Youtube召回模型

2016年，Youtube在《用于YouTube推荐的深度神经网络》（*Deep Neural Networks for Youtube Recommendations*）一文中首次介绍了Youtube召回模型在视频业务召回层的工作，其中包括特征的处理、负样本选择方式和损失的处理等。这些建模的经验和思路到今天依旧值得每一个算法工程师借鉴和深思。

1. 特征的处理

Youtube的特征处理主要包括用户特征处理和物料特征处理。

用户侧用的特征解析主要如下：

1）用户看过的视频，首先对视频进行哈希处理或者id化处理，然后进行Embedding化，最后将视频Embedding进行均值池化。

2）用户搜索过的关键词，首先对关键词进行哈希处理或者id化处理，然后进行Embedding化，最后将关键词Embedding进行均值池化。

3）用户的一些基础信息、离散特征直接Embedding化，连续特征归一化处理。

4）将以上特征的Embedding和连续特征拼接为一个大的Embedding，然后通过一个3层的DNN输出一个用户Embedding。

物料侧用的特征解析主要是：仅使用了视频的Embedding，特征处理完以后，用DNN单独对用户信息建模，从而产生Embedding。Youtube召回模型如图7-5所示。

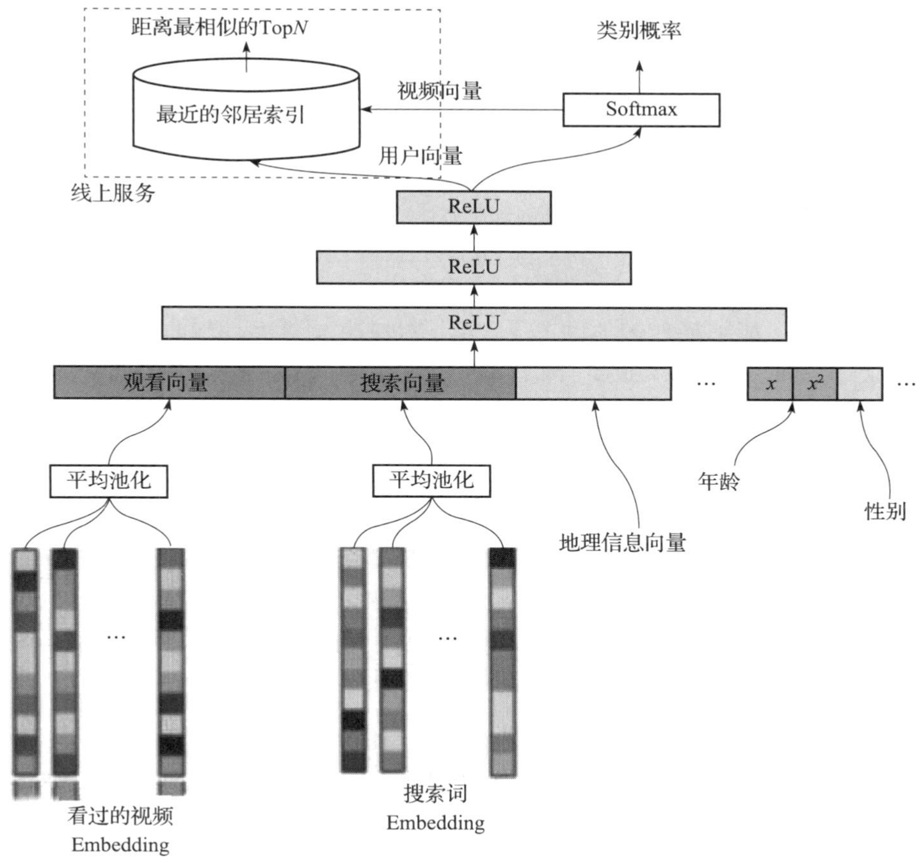

图 7-5 Youtube 召回模型

2. 负样本选择方式

Youtube 召回模型的正样本采用的是用户点击的视频，而负样本是全局随机负采样的样本。**为什么不采用曝光未点击的样本作为负样本呢？**因为在召回阶段，它面对的是整个物料池，很多样本事实上都没有经过曝光。曝光微点击的样本其实就是高质量的样本了，这是因为这些经过曝光的样本都是经过各个链路层过滤之后筛选出来的。曝光未点击的样本对于召回而言有两个缺点：

- 曝光的样本相对于物料池而言太少了。
- 如果选择了曝光微点击的样本，那么相当于模型只学习了更难的样本，而没有学习到简单的样本。

但是事实上，对于召回而言，它并不需要学习太难的样本，因为这是精排的任务，它只需要尽可能地找到可能为正的样本就行了。所以对于召回层而言，更需要相对简单的负样本去训练，

从而让它可以快速地判断出哪些物料是负样本。从分布上来说，随机采样也更贴近召回层的真实线上分布。如果将物料池中用户没有点击过的物料都作为负样本，那么无疑是最贴近线上分布的情况，然而对于动辄百万级别、千万级别甚至上亿级别的物料池，这明显是不现实的。因此，随机负样本事实上是一种对于线上分布的近似模拟。

3. 损失的选择

Youtube 召回模型选择了采样 Softmax 损失（Sampled Softmax Loss）作为损失函数。之所以不选择二元交叉熵损失（Binary Cross Entropy）作为损失函数，是因为对于二分类而言，它只是比较正负样本的差距。即对于正样本而言，只要比负样本高就行了，就算高 0.1 也是高，而且每次的损失计算中，都判断一个样本是正还是负，并没有纵向对比。比如，某个物料是正样本，而且比其他负样本的物料分数高很多。对于 Softmax 损失而言，它是一次性进行多个物料之间的比较。而且，在每一次的损失计算中，都会将正样本和多个负样本进行比较，并且告诉模型正样本与这一批负样本是不同的。因此，相比于二元交叉熵损失训练出来的用户 Embedding 和物料 Embedding，Softmax 损失训练出来的用户 Embedding 和物料 Embedding 的区分度更大。如果选择一个用户 Embedding 为中心，让它和其他用户 Embedding 进行 Cosine 计算来求取相似度，则可以明显地发现：二元交叉熵损失训练出的 Embedding 的相似度分布更加集中，方差很小，而 Softmax 损失训练出的 Embedding 的相似度分布的方差明显更大一些。

如图 7-6 所示，左边的曲线是基于二元交叉熵损失训练出的 Embedding 的相似度分布，而右边是基于采样 Softmax 损失训练出的 Embedding 的相似度分布。

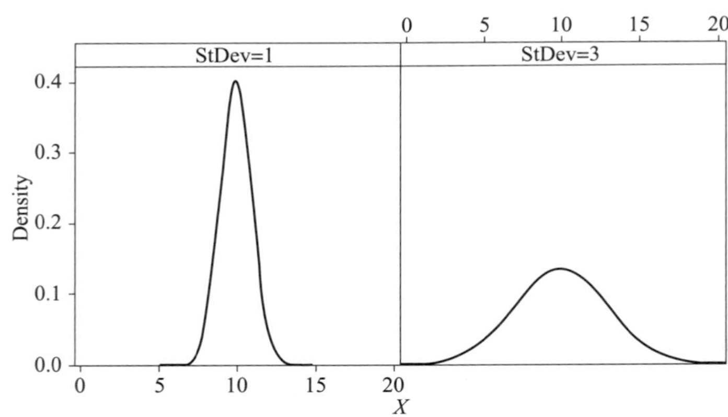

图 7-6 基于二元交叉熵损失训练出的 Embedding 的相似度分布和基于采样 Softmax 损失训练出的 Embedding 的相似度分布

物料侧的 Embedding 分布也会受到同样的影响。因此，相对来说，Softmax 损失训练出的 Embedding 区分度更大。但是，从效果上来说，二元交叉熵损失其实并不比 Softmax 损失差多少，甚至某些场景比 Softmax 损失还好。因此，两者之间的选择需要根据业务场景进行实验和验证。

4. Embedding 预训练

Youtube 召回模型还对物料 Embedding 进行了预训练，它采用了 Word2vec 的方式对用户观看序列和搜索 tag 进行了 CBOW 和 Skip-gram 的训练。这一点增强了物料 id 之间的相关性，并让物料的聚合具有强语义性和泛个性化。

5. 视频时长消偏

在模型的训练阶段，模型采用了**视频年龄特征（=样本提取窗口的最大观测时间－该视频的上传时间）**。这是因为上传的时间越长，就会有更多的时间“发酵”，也就更有机会成为受欢迎的视频。因此，在训练时需要将这一信息考虑在内，否则，其他特征不得不解释由于“上传时间早”而带来的额外的受欢迎性。一个特征承担了本不该其承担的解释任务，容易导致“过拟合”。但是，在线上召回时，将所有候选视频的年龄特征都设置成 0，对新老视频“一视同仁”，有利于召回那些“**虽然上传时间短，但是视频内容与用户更加匹配**”的新视频。对于完成“推新”的要求，这是一个非常好的方法。

7.2.3 Facebook 召回模型

2020 年，Facebook㊀发表了《基于嵌入的检索（EBF）在 Facebook 搜索中的应用》（*Embedding-based Retrieval（EBF）in Facebook Search*）一文，详细地讲述了 Facebook 在搜索任务的整个召回流程。其中，Facebook 对于负样本的筛选方法已经被业界视为经典，值得每一个推荐算法人员细读。

1. 模型处理

EBF 的模型结构是很常规的双塔结构，没有特别的模型结构处理。

EBF 用了成对的合页损失（Pairwise Hinge Loss）：

$$\text{loss}=\max(0,\ \text{margin}-\text{dot}(u,i^{+})+\text{dot}(u,i^{-}))$$

这样的建模方式是 Softmax 损失的简化版，仅比较一对正负样本，并保证正样本和负样本的距离足够大。其中，margin 是一个很重要的超参数，margin 越大，正负样本的区分性就越明显。

2. 样本处理

（1）样本的选择

通过实验，EBF 的作者发现**只取曝光未点击样本作为负样本的效果要远远差于随机采样的样本作为负样本**，原因是负样本偏差：在真实的召回场景中，物料池中的绝大多数样本都是简单的负样本，**随机采样就可以模拟这种分布**。而曝光未点击样本是困难的负样本，只使用困难负样本学习 Embedding，将会使学习到的 Embedding 偏离真实的召回场景。此外，EBF 的作者还尝试将其和点击样本一起作为正样本进行训练，但是，该做法与只用点击样本作为正样本的效果是持平的。

为了进一步探究样本的难易程度对于召回效果的影响，EBF 的作者还尝试使用召回的前 100

㊀ 现已更名为 Meta，这里为 2020 年发表的文章，故依然用旧称。

个样本作为最难的负样本让模型训练，但是，可能是样本太难了，模型反而对一些简单的样本难以区分。因此，EBF 的作者又选择了一些中等难度的样本（**对召回排序为 100～501 的样本进行随机负采样**）作为负样本。这一次，效果得到了明显的提升。因此，对于召回来说，正确地选择负样本是至关重要的，而选择的关键便是线上线下分布一致。

在 EBF 中，难易样本的比例为 1∶100，训练方式为先在困难负样本上训练，然后在简单负样本上训练。实验证明，如果先在简单负样本上训练，再在困难负样本上训练，那么效果会降低。

（2）样本的采样方式

在任何一个推荐系统中，马太效应都是不可避免的，即少数热门物料占据了绝大多数的曝光与点击。因此，**对于正样本来说，点击和曝光越少，反而代表了用户的兴趣**。这是因为热门的物料很多人都会去点击，我们并不知道用户是因为热度还是因为兴趣去点击的这个物料。反之，如果物料不是热门物料，则用户点击大概率是因为兴趣，所以对正样本采样的时候，应该多采样一些非热门物料。**对于负样本来说，用户不点击热门的物料，代表了用户真的对这个物料不感兴趣**，因此对负样本采样的时候，应该多采样一些热门物料。

采样成为正样本的概率：

$$P_{\text{pos}}=\left(\sqrt{\frac{z(w_i)}{0.001}}+1\right)\frac{0.001}{z(w_i)}$$

式中，$z(w_i)$ 是第 i 个物料的曝光或点击占比。

采样成为负样本的概率：

$$P_{\text{neg}}=\frac{n(w_i)^{\alpha}}{\sum_j n(w_j)^{\alpha}}$$

式中，$n(w_i)$ 是第 i 个物料的出现次数，而 α 一般取 0.75。

3. Embedding 的集成

对于召回来讲，困难样本可以提高模型的精准率，简单样本可以提高模型的召回率。因此，可以使用模型集成的方式提高召回模型的效果。集成方式有两种：带权重的拼接（Weighted Concatenation）和级联模型（Cascade Model）。

- 带权重的拼接：将不同模型的输出向量通过设定权重拼接在一起，就是带权重的拼接。实验表明，将一个简单样本训练的模型 Embedding 和一个困难样本训练的模型 Embedding 结合在一起的表现很好。
- 级联模型：将模型串联起来，例如，第一阶段是简单样本训练的召回模型，第二阶段是困难样本训练的召回模型。

上面的两种方式中，困难样本都是使用挖掘方法得到的。然而，使用曝光未点击的数据作为困难负样本，效果没有提升。

4. 全栈优化

新的召回算法上线以后，其效果并没有线下指标的提升那么好，这是因为新的召回算法往往不受精排层的“待见”。精排是在已有召回算法筛选过的数据的基础上训练出来的，日积月累，也强化了某种刻板印象。即只有符合某个老召回路召回的物料，才能得到精排的青睐，才有机会曝光给用户，才能排在容易被用户点击的好位置。新召回路所引入的物料是精排从来没有见过的，因此，曝光给用户的机会就不多。即使曝光了，也会被精排排在靠后的位置，不太容易被用户点击。这就形成了一个恶性循环，新召回路被精排“歧视”，反馈数据“不好看”，从而导致精排更加“歧视”新召回路的物料，新召回路的物料曝光的机会更小，排的位置更差。

EBF 采用了两个方式对这种现象进行缓解：

- Embeddings 特征：将 Emdedding 信息加入后面的排序模型里。EBF 使用了余弦相似度、哈达玛积、原始 Embedding 等多种形式后，发现使用余弦相似度的效果最好。换句话说，就是把召回路的打分加入精排模型。
- 将召回结果交人工审核，发现错误的样本后，增强下一版本的训练样本。这是一种人工寻找困难负样本的方式，对于大部分的推荐业务来说落地不太现实。

通过以上 EBF 的种种实验，我们可以发现曝光未点击样本作为正样本或者作为负样本都不合适，原因可能是，它们经过上一轮召回、粗排、精排的筛选，推荐系统以为用户会“喜欢”它们，而用户的行为表明了对它们的“嫌弃”。曝光未点击样本这样的两面性，使它们既不能成为合格的正样本，也不能成为合格的负样本。另外，通过 EBF，我们也深刻地理解到负样本的选择对于召回层的重要影响。因此，算法工程师在面对自己的召回业务的时候，负样本的选择是需要着重考虑的因素之一。

7.2.4　FM 召回

FM 模型主要是在 LR 的基础上进行特征的交叉组合，只不过这个特征交叉是发生在特征的隐向量之间的，不是人工进行大规模的手动交叉。其模型公式主要由下面两部分组成：

$$\text{firstOrder}=w_0+\sum_{i=1}^{n} x_i w_i$$

$$\text{SecondOrder}=\sum_{i=1}^{n}\sum_{j=i+1}^{n} x_i x_j < \boldsymbol{v}_i, \boldsymbol{v}_j >$$

式中：

- x 为特征值。
- $\boldsymbol{v}$ 为特征对应的隐向量。
- $< \boldsymbol{v}_i, \boldsymbol{v}_j >$ 为隐向量 $\boldsymbol{v}_i$ 和隐向量 $\boldsymbol{v}_j$ 的点积。

很明显，firstOrder 就是 LR，而 SecondOrder 就是特征之间的两两交叉，所以最后的 logit 为：

$$\text{logit}=\text{Sigmoid}\left(w_0+\sum_{i=1}^{n} x_i w_i+\sum_{i=1}^{n-1}\sum_{j=i+1}^{n} x_i x_j < \boldsymbol{v}_i, \boldsymbol{v}_j >\right)$$

FM 最大的优点就是可以**在线性复杂度的情况下实现特征之间的交叉**。下面介绍公式是如何化简的。

$$\sum_{i=1}^{n-1}\sum_{j=i+1}^{n}x_ix_j<\boldsymbol{v}_i,\boldsymbol{v}_j>=\frac{1}{2}\sum_{i=1}^{n}\sum_{j=i+1}^{n}x_ix_j<\boldsymbol{v}_i,\boldsymbol{v}_j>-\frac{1}{2}\sum_{i=1}^{n}<\boldsymbol{v}_i,\boldsymbol{v}_i>x_ix_i$$
$$=\frac{1}{2}\left(\sum_{i=1}^{n}\sum_{j=1}^{n}\sum_{f=1}^{k}\boldsymbol{v}_{i,f}\boldsymbol{v}_{j,f}x_ix_j-\sum_{i=1}^{n}\sum_{f=1}^{k}\boldsymbol{v}_{i,f}\boldsymbol{v}_{i,f}x_ix_i\right)$$
$$=\frac{1}{2}\sum_{f=1}^{k}\left(\left(\sum_{i=1}^{n}\boldsymbol{v}_{i,f}x_i\right)^2-\sum_{i=1}^{n}\boldsymbol{v}_{i,f}^2x_i^2\right)$$

通过以上公式，时间复杂度从 $O(kn^2)$ 降低到了 $O(kn)$，其中，FM 为双塔结构。

熟悉双塔模型召回的读者可能知道，召回是将用户 Embedding 和物料 Embedding 进行训练后缓存起来。当线上召回时，物料的 Embedding 是在离线计算好后利用 Faiss 建立索引，用户 Embedding 是在线生成的，当一个用户 Embedding 访问的时候，会快速检索物料 Embedding，找出最相似的 Topk 物料。这样做的优点是速度特别快，能够满足线上对于速度的要求。

但是，通过对公式的解析可以发现，FM 依然可以实现类似双塔模式的召回，具体如下：

logit ＝∑所有特征的一阶权重＋∑所有特征隐向量两两交叉
＝∑user 特征一阶权重＋∑item 特征一阶权重＋∑user 特征隐向量内部交叉＋∑item 特征隐向量内部交叉＋∑user 隐向量×item 隐向量

当召回的时候，会针对一个用户召回一群物料，所以用户侧的部分可以忽略不计。

logit≃∑item 特征一阶权重＋∑item 特征隐向量内部交叉＋∑user 隐向量×item 隐向量

式中：

- 用户隐向量：就是将所有用户特征 Embedding 相加得到的整体用户 Embedding。
- 物料隐向量：将所有物料特征 Embedding 相加得到物料 Embedding。

当得到用户隐向量和物料隐向量后，就可以进行类似双塔的召回。当然，细心的读者会发现，物料的特征难道被舍弃了吗？当然不是，我们可以将用户 Embedding 和物料 Embedding 都增广一维，得到如下表达：

用户 Embedding＝concat（1,用户隐向量）

物料 Embedding＝concat（∑物料特征一阶权重＋∑物料特征隐向量内部交叉,物料隐向量）

概率＝＜用户 Embedding,物料 Embedding＞

因此，整个 FM 的召回流程如下：

1）离线生成物料 Embedding。针对物料池中的物料，按照公式计算物料 Embedding，然后将所有物料 Embedding“灌”入 Faiss 建立索引。

$$\text{物料 Embedding}=\text{concat}\left(\sum xw+\frac{1}{2}\text{ReduceSum}[(\sum x\boldsymbol{v})^2-\sum(x\boldsymbol{v})^2],\sum x\boldsymbol{v}\right)$$

2）在线生成用户 Embedding。

$$\text{用户 Embedding}=\text{concat}(1,\sum x\boldsymbol{v})$$

3）使用用户 Embedding 到离线建立好的 Faiss 库中检索距离最近的 Topk 物料 Embedding，

作为召回结果返回。

FM 召回是目前双塔召回中**唯一一个具有物料和用户特征交叉特点的模型**。FM 召回的特点是，对用户侧的每个特征和物料侧的每个特征进行了两两交叉，而 DSSM 模型只是在最后一层进行了用户特征和物料特征的交叉。相对而言，**FM 的二阶交叉和一阶 LR 的综合能力并不比 DNN 差**。众所周知，DNN 的拟合能力很多时候是强于 DSSM 的，而 **FM 的 Embedding 形式又可以实现从推理速度上对 DNN 的碾压局势**，可以说是推荐算法领域中速度与力量结合的优秀模型之一。

7.2.5　MIND 模型

在《在天猫上的基于动态路由的多兴趣网络》（*Multi-Interest Network with Dynamic Routing (MIND) for Recommendation at Tmall*）一文中提出了基于用户点击序列的召回模型（MIND 模型，即基于动态路由的多兴趣网络），如图 7-7 所示。它的主要创新点有两个：

- 采用动态路由的机制来挖掘用户的多层次兴趣，丰富对于用户兴趣的表达。其实就是利用胶囊网络的方式先将点集序列进行聚类，然后产生多个用户 Embedding，召回的时候就用多个 Embedding 进行召回。
- 对于不同的用户兴趣，采用标签注意力层（Label-Aware Attention Layer）来归纳兴趣的偏好。

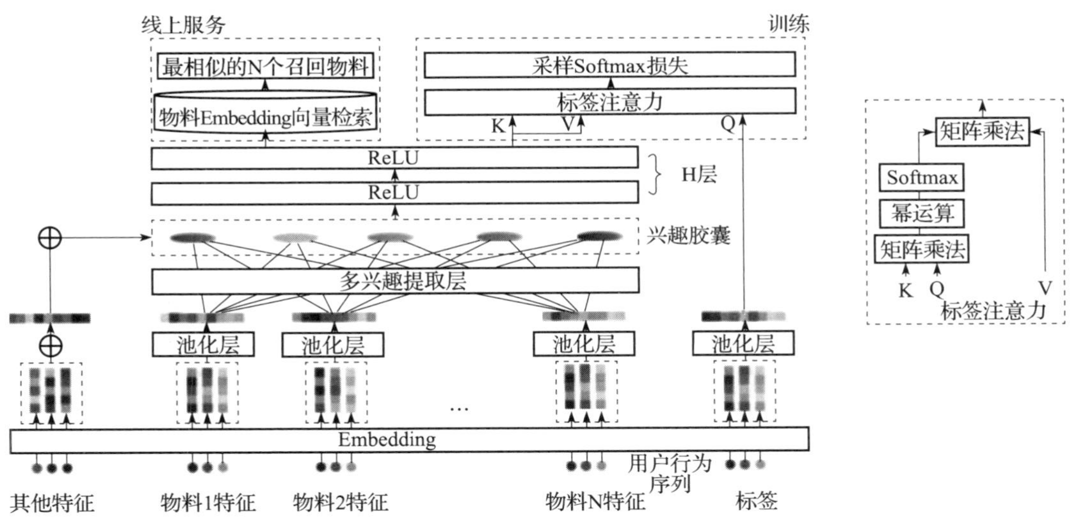

图 7-7　MIND 模型

1. 多兴趣提取层

多兴趣提取层（Multi-Interest Extractor Layer）是 MIND 的核心设计层，其原理如下。

通常来说，相似的商品有相似的 Embedding 表达；所谓的“兴趣”，实际可以看成相似商品的集合。因此，可以用类似聚类的方式来对用户的兴趣分布进行拟合。而多兴趣提取层就可将无监督的聚类过程融合到有监督的分类模型，这个融合方式就是动态路由。

动态路由其实就是胶囊网络的信息传递方式。在胶囊网络中，向量是“向量输入（vector in），向量输出（vector out）”进行传递的，向量的输出可以看成输入的某种聚类结果。因此，对比传统 DSSM 的 Embedding，胶囊网络会产生多个 Embedding，而这多个 Embedding 事实上代表了用户不同的兴趣表达，从而更加丰富了用户的表达，也可以看作集成学习的一种方式。

胶囊网络通过动态路由算法实现了这个聚类的过程。假设有两层胶囊：

- 下层胶囊为：

$$\vec{c_i} \in R^{N_l \times 1}, \quad i \in 1,\cdots,m$$

- 上层胶囊为：

$$\vec{c_j^h} \in R^{N_h \times 1}, \quad i \in 1,\cdots,n$$

信息从下层胶囊传递到上层胶囊的过程如下：

- 计算路由系数 b_{ij}：

$$b_{ij} = (\vec{c_j^h})^{\mathrm{T}} \boldsymbol{S}_{ij} \vec{c_i}$$

式中，$\boldsymbol{S}_{ij} \in R^{N_h \times N_1}$ 是双线性映射矩阵，它的作用是为每个上层胶囊生成不同的映射空间，达到不同属性表达的目的。

- 计算每个下层胶囊的权重 w_{ij}：

$$w_{ij} = \frac{\exp(b_{ij})}{\sum_{k=1}^{m} \exp(b_{ik})}$$

将 w_{ij} 应用于下层胶囊，得到上层胶囊输入 $\vec{z_j^h}$：

$$\vec{z_j^h} = \sum_{i=1}^{m} w_{ij} \boldsymbol{S}_{ij} \vec{c_i^l}$$

加权完后，就应该有激活函数了。胶囊网络中用的激活函数都是 squash()，胶囊向量的方向表示特征，长度表示概率。最后高层的胶囊计算如下：

$$\vec{c_j^h} = \text{squash}(\vec{z_j^h}) = \frac{\|\vec{z_j^h}\|^2}{1+\|\vec{z_j^h}\|^2} \frac{\vec{z_j^h}}{\|\vec{z_j^h}\|}$$

注意，路由系数 b_{ij} 的计算需要用到上层胶囊的输出 $\vec{C_j^h}$，而 $\vec{C_j^h}$ 的计算又需要用到 b_{ij}，因此，b_{ij} 的初始化为 0，然后一步步地进行迭代。

在 MIND 中，上层胶囊是兴趣向量，下层胶囊是交互的物料池化后的向量。这里要注意的是，在传统胶囊网络 b_{ij} 中进行第一次计算是要初始化为 0 的，但是在 MIND 中却不行，因为 MIND 对胶囊网络做了 3 大改造：

- 使用共享的双线性映射矩阵 $\boldsymbol{S}$。原因是，对所有行为向量以及所有生成的兴趣向量使用共享的映射矩阵，可保证生成的兴趣向量处于相同的空间。
- 为了模拟 K-means 的聚类初始化方法，保证生成不同的初始聚类中心，b_{ij}^0 按照高斯分布 $N(0,\sigma^2)$ 随机初始化。

- 动态调节兴趣数量：$K_{u'}=\max(1,\min(K,\log_2(|I_u|)))$。其中，$I_u$ 为用户的点击序列长度。这么做的原因是：用户行为多，那么兴趣中心就多；用户行为少，兴趣中心就少。

整个动态路由的伪代码如图 7-8 所示。

Algorithm 1 B2I Dynamic Routing.

Input: behavior embeddings $\{\vec{e}_i, i\in\mathcal{I}_u\}$, iteration times r, number of interest capsules K

Output: interest capsules $\{\vec{u}_j, j=1,\cdots,K'_u\}$

calculate adaptive number of interest capsules K'_u by (9)

for all behavior capsule i and interest capsule j: initialize $b_{ij}\sim\mathcal{N}(0,\sigma^2)$.

for $k\leftarrow 1, r$ **do**

　for all behavior capsule i: $w_{ij}\leftarrow \mathrm{softmax}(b_{ij})$

　for all interest capsule j: $\vec{z}_j=\sum_{i\in\mathcal{I}_u} w_{ij}S\vec{e}_i$

　for all interest capsule j: $\vec{u}_j\leftarrow \mathrm{squash}(\vec{z}_j)$

　for all behavior capsule i and interest capsule j: $b_{ij}\leftarrow b_{ij}+\vec{u}_j^{\mathrm{T}}S\vec{e}_i$

end for

return $\{\vec{u}_j, j=1,\cdots,K'_u\}$

图 7-8　整个动态路由的伪代码

2. 标签注意力层

该层做的事很简单，即把目标物料的 Embedding 作为 Q，把兴趣向量作为 K 和 V，然后做 Attention 操作，变成一个向量，具体公式如下：

$$\begin{aligned}\vec{v_u}&=\mathrm{Attention}(\vec{e}_i,V_u,V_u)\\&=V_u\mathrm{Softmax}(\mathrm{pow}(V_u^{\mathrm{T}}\vec{e}_i,p))\end{aligned}$$

式中，p 是我们可以调节的一个参数。p 为 0 时，最终向量就是兴趣向量的平均。如果 $p>1$，那么最终向量偏向于与目标向量最接近的向量。p 无穷大，就相当于选择与目标向量最相关的兴趣向量作为最终向量。经过实验发现，p 较大，模型收敛就较快。

3. 模型训练和推理

采用 MIND 模型得到用户兴趣的表征向量和商品的表征向量之后，通过下式可以得到用户对商品的交互概率：

$$\Pr(i\,|\,u)=\Pr(\vec{e_i}\,|\,\vec{v_u})=\frac{\exp(\vec{v_u}^{\mathrm{T}}\vec{e_i})}{\sum_{j\in I}\exp(\vec{v_u}^{\mathrm{T}}\vec{e_j})}$$

得到概率后，采用 LogLoss 对整个网络进行目标优化。考虑到计算开销是非常巨大的，所以考虑采用 Sampled Softmax 技术来训练模型。

在线上使用的时候，通过模型预测可以得到用户的多维表征向量。利用多维表征向量和商品表征向量可以得到 Topk 的商品。为进一步降低计算的复杂度和开销，采用相应的最近邻检索方法可以检索出近似 Topk 的商品。所以，MIND 模型可以看作最原始向量化召回的改进，该模型可以用于线上实时的商品召回。

MIND 模型目前在阿里巴巴的推荐业务已经上线，并取得了不错的效果。在物料库足够大且用户和物料交互足够多的情况下，MIND 模型是一个不错的选择。

7.2.6 ESAM 模型

ESAM（全空间适应模型）模型是阿里提出的，可用迁移学习的方法去解决召回样本的偏差问题。模型首先将所有的物料分为了 Source Domain（源域）和 Target Domain（目标域）。源域由曝光的物料构成，目标域由未曝光的物料组成。

因为只有源域的物料有明确的标签，所以先训练一个基础模型，损失为点对（Point-Wise）的交叉熵（L_s），之后产生用户 Embedding 和物料 Embedding。如图 7-9a 所示，A 域为源域，B 域为目标域、方块，三角形和圆为物料的不同类型（可以对源域的 Embedding 聚类后，再观察各个类型的物料特征，之后对其进行类型定义）。三叉分割线为模型划分器，也就是我们训练的召回模型。如果仅仅以基线模型上线，那么其在目标域上的物料效果将是一塌糊涂。

ESAM 的思路假设源域的物料的特征关系和目标域的物料的特征关系具有一致性。比如，一线城市的房价就是比五线城市的房价贵。将上面的关系映射到 Embedding 的维度，其认为 Embedding 后的关系维度也应该符合关系一致性。那么怎么在 Embedding 维度建立一致性呢？笔者提出了一个名为特征关系同步（Attribute Correlation Alignment）的方法，其步骤如下：

- 在源域取 n 个物料，经过基线模型得到 n 个源物料 Embedding。
- 随机在目标域取 n 个物料，经过基线模型得到 n 个目标物料 Embedding。
- 对 n 个源物料 Embedding 两两求协方差，同时对 n 个目标物料 Embedding 两两求方差，再对其求差值，使两者之间的差值尽可能小，即增加一个 L_{DA} 损失。这就是用同域下不同物料 Embedding 的协方差的大小去模拟特征关系的一致性，即源域和目标域的特征关系一致性用物料 Embedding 的协方差来表示。在符合其假设的情况下，源域和目标域的物料 Embedding 协方差应该是差不多大小的。L_{DA} 损失的公式如下：

$$L_{DA}=\frac{1}{L^2}\sum_{j,k}(h_j^{s\mathrm{T}}h_k^s-h_j^{t\mathrm{T}}h_k^t)^2=\frac{1}{L^2}\|\mathrm{Cov}(D^s)-\mathrm{Cov}(D^t)\|_F^2$$

$$\mathrm{Cov}(D^s)=D^{s\mathrm{T}}D^t$$

$$\mathrm{Cov}(D^t)=D^{t\mathrm{T}}D^t$$

式中：

- $\mathrm{Cov}(D^s)\in R^{L\times L}$ 和 $\mathrm{Cov}(D^t)\in R^{L\times L}$ 代表高阶物料特征的协方差。
- $D^t\in R^{n\times L}$ 为目标域的 n 个物料的 Embedding。
- $D^s\in R^{n\times L}$ 为源域的 n 个物料的 Embedding。

当优化损失为 L_s+L_{DA} 时，模型的抽象图如图 7-9b 所示。从图 7-9b 明显可以看出，当前的模型已经可以将源域和目标域的物料映射到同一量纲下，即 A 域和 B 域接近重合。其次，A 域（即源域）可以将三角形和圆都分开，但是 B 域（即目标域）却分不开，证明模型对目标域的物料不具有区分能力。

通过图 7-9 的可视化证明，不同域的物料 Embedding 的协方差仅是域之间量纲的统一，但是内部的区分性还是不够。假如，只有一对物料 Embedding 之间的协方差在两个域之间相差比较大，其他对的协方差差值都比较小，最终的 L_{DA} 仍然会比较小，但是却足以导致 A 域空心方块、空心三角、空心圆点之间的相对位置与 B 域实心方块、实心三角、实心圆点之间的相对位置截然不同。

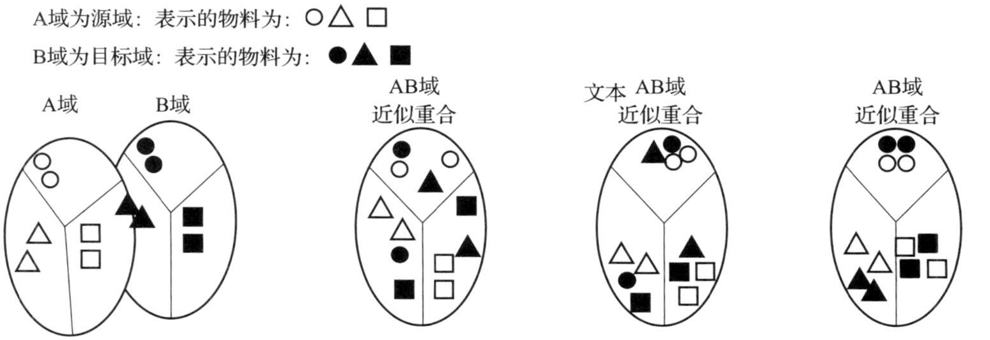

A域为源域：表示的物料为：○△□

B域为目标域：表示的物料为：●▲■

A域　B域　AB域 近似重合　文本 AB域 近似重合　AB域 近似重合

a）L_s　b）L_s+L_{DA}　c）$L_s+L_{DA}+L_{DC}^c$　d）$L_s+L_{DA}+L_{DC}^c+L_{DC}^p$

图 7-9　ESAM 的 4 种损失进化形式

1. 源簇的中心聚类

为了解决上面 L_{DA} 的内部区分性不足的问题，ESAM 的第一个方式是类似 LDA（Linear Discriminant Analysis）的方式，使源域的物料 Embedding“高内聚、低耦合”。目标域通过学习源域也可以形成“高内聚、低耦合”。具体的实现是增加一个新损失 L_{DC}^c。

$$L_{DC}^c=\sum_{j=1}^{n}\max\left(0,\left\|\frac{v_{d_j^s}}{\|d_j^s\|}-c_q^{y_j^s}\right\|_2^2-m_1\right)+\sum_{k=1}^{n_y}\sum_{u=k+1}^{n_y}\max(0,m_2-\|c_q^k-c_q^u\|_2^2)$$

$$c_q^k=\frac{\sum_{j=1}^{n}\left(\delta(y_j^s=Y_k)\cdot\frac{v_{d_j^s}}{\|v_{d_j^s}\|}\right)}{\sum_{j=1}^{n}(\delta(y_j^s=Y_k))}$$

式中：

- n_y 表示物料的类型个数。
- $v_{d_j^s}$ 表示源域的第 j 个物料的 Embedding。
- c_q^k 表示某个源类型的所有物料 Embedding 的平均作为这一类型的物料 Embedding 的中心。
- m_1 和 m_2 表示两个域的边界值。
- $\delta(Y_k)$ 表示属于某个类型。

在 L_{DC}^c 公式中，第一项的目标是同一类型中的物料 Embedding 高内聚；第二项的目标是不同类型的物料 Embedding 低耦合，表现为不同类别的物料 Embedding 的中心要尽可能远。

当优化损失为 $L_s+L_{DA}+L_{DC}^c$ 时，模型的抽象图如图 7-9c 所示，可以发现，目标域靠着模仿源域对各个类别的区分能力明显增加了很多。可惜的是，不像 A 域，B 域的方块、三角、圆并不是按照类别分离的，B 域的方块、三角、圆点混杂在一起。

2. 目标簇的自训练

为了解决目标域不同类型无法区分的问题，ESAM 增加了一个伪 Label 的概念去赋予目标域反馈回传的能力，这样，源域和目标域就实现了形式上的统一。

建立伪 Label 的主要方式是，对于每一个用户，首先得到用户 Embedding，然后对未展现的物料计算物料 Embedding，最后通过用户 Embedding 和物料 Embedding 计算打分，当分数大于某个阈值（论文是 0.4）时，该物料为 1，否则为 0。因此，该方法可以被认为是一个自训练的方法，可提高未展现的物料的辨别能力。然而在早期的训练中，由于源域和目标域的物料的分布不一致性，排序模型并不能正确地预测出目标域的物料，尤其是分数在阈值左右的物料，因此，目标域的物料很容易被识别错误。为了解决这个问题，ESAM 采用了带有约束的交叉熵公式：

$$L_{DC}^{p}=-\frac{\sum_{j=1}^{n}\delta(Sc_{q,d_j^t}<p_1 \mid Sc_{q,d_j^t}>p_2)Sc_{q,d_j^t}\log Sc_{q,d_j^t}}{\sum_{j=1}^{n}\delta(Sc_{q,d_j^t}<p_1 \mid Sc_{q,d_j^t}>p_2)}$$

式中：

- p_1 和 p_2 为上界和下界的阈值，用来筛选置信度高的样本。
- Sc_{q,d_j^t} 是用户 q 和物料 j 的 Embedding 点击求和后的分数。
- $\delta(a|b)=1$ 表示条件 a 或者 b 被满足时才为 1，否则不参加计算。

在公式中之所以采用 $Sc_{q,d_j^t}\log Sc_{q,d_j^t}$ 下降的方式，是因为对于 $-p(x)\log p(x)$ 的梯度下降曲线，$p(x)$ 过高时，梯度快速接近 1，$p(x)$ 过低时，梯度快速趋近 0。其函数图像如图 7-10 所示。

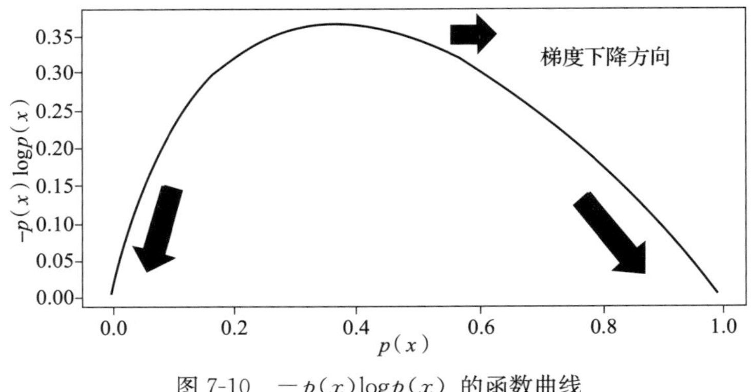

图 7-10　$-p(x)\log p(x)$ 的函数曲线

这么做得方式可以让强者越强，弱者越弱，让模型在目标域的区分性得到极大加强。

当优化损失为 $L_s+L_{DA}+L_{DC}^c+L_{DC}^p$ 时，模型的抽象图如图 7-9d 所示。可以明显发现，B 域和 A 域开始重合，而且两个区域内的样本的类型都被清晰地划分了出来。

至此，ESAM 的整体结构展现完毕，具体的训练流程如图 7-11 所示，图中：

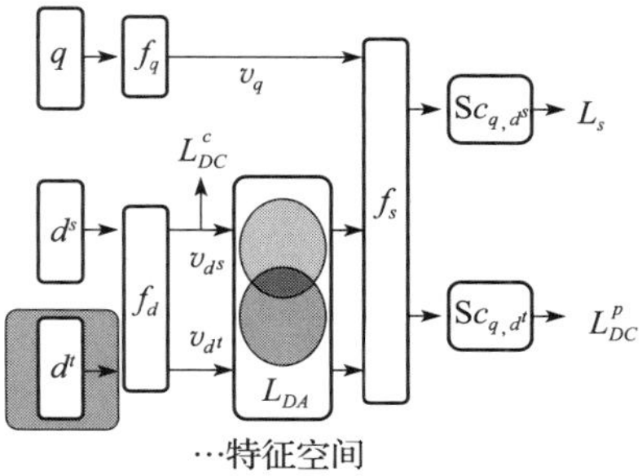

图 7-11　ESAM 训练流程

- q 代表用户特征输入。
- f_d、f_q 分别为物料和用户的映射函数。
- f_s 为相似度计算函数。
- v_{d^s} 代表源域的物料 Embedding。
- v_{d^t} 代表目标域的物料 Embedding。
- v_q 代表用户 Embedding。
- d^s 代表源域的物料特征输入。
- d^t 代表目标域的物料特征输入。
- L_s 是 v_q 和 v_{d^s} 进行点积求和得到 $S_{C_{q,d^s}}$ 后，再与用户的反馈计算出来的损失。
- L_{DA} 主要是特征关系同步的实现，主要作用是让源域的物料 Embedding 维度在一个量纲范围。
- L_{DC}^c 的主要目的是在源域根据用户反馈聚类，使属于同一类反馈的物料 Embedding 实现"高内聚、低耦合"，从而间接实现目标域内物料 Embedding 的"高内聚、低耦合"。
- L_{DC}^p 的主要目的是通过伪 Label 的形式让目标域的物料实现物料 Embedding 的"高内聚、低耦合"。

总的来说，ESAM 其实是一种召回侧的物料的流行度消偏方法。其中，L_s 是主流学习损失，学习源域的物料，让模型有基本的辨别能力。L_{DA} 主要利用特征关系同步方法去实现源域和目标域的物料 Embedding 的量纲一致。这一步想达到的目的不仅是量纲一致，还有整体量纲与在目标域的区分度一致。但是很可惜，特征关系同步方法并没有做到，所以才有了 L_{DC}^c 和 L_{DC}^p。L_{DC}^c 和 L_{DC}^p 都是典型的迁移学习，通过学习源域的特性，将其适当地迁移到目标域，是整个 ESAM 的"灵魂"。

7.3 Word2vec 在召回中的应用

Word2vec 是 NLP 领域常用的预训练模型。它的主要思路是利用一句话中的某个单词去预测上下文及利用上下文去预测某个单词。Word2vec 在 NLP 领域获得了巨大的成功，同时，它的思路也被推荐领域所借鉴。一个经典的假设就是将用户点击过的物料序列认为是 NLP 中的句子，然后用 Word2vec 的方式去训练。

7.3.1 基于 Word2vec 的经典召回模型

1. 统计语言模型

Word2vec 起源于 NLP（自然语言处理），那么说到 NLP，必然就会提到统计语言模型。统计语言模型是用来计算语料库中一个句子被组成的概率模型。换句话说就是，根据一堆词，计算组成一个指定句子的概率。假设 $W=(w_1,w_2,\cdots,w_T)$ 是由 T 个词，从 $w_1,\cdots,w_T$ 按顺序构成的一个句子，则 $w_1,\cdots,w_T$ 的联合概率为：

$$p(W)=p(w_1,w_2,\cdots,w_T)$$

$p(W)$ 被称为语言模型，即用来计算这个句子概率的模型。利用贝叶斯公式，上式可以被链式地分解为：

$$p(W)=p(w_1)p(w_2|w_1)p(w_3|w_1,w_2)\cdots p(w_T|w_1,w_2,\cdots,w_{T-1})$$

式中的条件概率 $p(w_1)$，$p(w_2|w_1)$，…，$p(w_T|w_1,\cdots,w_{T-1})$ 是语言模型的参数。若这些参数已经全部计算出，那么给定一个句子 W，很快就可以计算出相应的概率 $p(W)$ 了。

但是，具体实现起来还是较麻烦。例如，先来看看模型参数的个数。刚才考虑的是一个给定长度为 T 的句子，就需要计算 T 个参数。不妨假设语料库对应词典 D 的大小（即词汇量）为 N，那么如果考虑长度为 T 的任意句子，理论上就有 N^T 种可能，而每种可能都要计算 T 个参数，总共需要计算 TN^T 个参数。当然，这里只是简单估算，并没有考虑重复参数，但这个量级还是有点吓人。此外，这些概率计算好后还得保存下来，因此，存储这些信息也需要很大的内存开销。

2. N-gram 模型

对于 $p(w_k|w_1,\cdots,w_{k-1})$ 来说：

$$p(w_k|w_1,\cdots,w_{k-1})=\frac{p(w_1,\cdots,w_k)}{p(w_1,\cdots,w_{k-1})}$$

根据大数定理，当语料库足够大时，$p(w_k|w_1,\cdots,w_{k-1})$ 可以近似地表示为：

$$p(w_k|w_1,\cdots,w_{k-1})\approx\frac{\text{count}(w_1,\cdots,w_k)}{\text{count}(w_1,\cdots,w_{k-1})}$$

式中：

- ❑ $\text{count}(w_1,\cdots,w_k)$ 表示词串 $w_1,\cdots,w_k$ 在语料中出现的次数。
- ❑ $\text{count}(w_1,\cdots,w_{k-1})$ 表示词串 $w_1,\cdots,w_{k-1}$ 在语料中出现的次数。

可想而知，当 k 很大时，$\text{count}(w_1,\cdots,w_k)$ 和 $\text{count}(w_1,\cdots,w_{k-1})$ 的统计将会很耗时。

N-gram 模型的基本思想就是做了一个 $n-1$ 阶的马尔可夫假设，认为一个词出现的概率只与它前面的 $n-1$ 个词相关，即：

$$p(w_k|w_1,\cdots,w_{k-1})\approx p(w_k|w_{k-n+1},\cdots,w_{k-1})$$

于是，$p(w_k|w_1,\cdots,w_{k-1})$ 就变成了：

$$p(w_k|w_1,\cdots,w_{k-1})\approx\frac{\text{count}(w_{k-n+1},\cdots,w_k)}{\text{count}(w_{k-n+1},\cdots,w_{k-1})}$$

以 $n=2$ 为例，就有：

$$p(w_k|w_1,\cdots,w_{k-1})\approx\frac{\text{count}(w_{k-1},\cdots,w_k)}{\text{count}(w_{k-1})}$$

这样简化不仅使得单个参数的统计变得容易（统计时需要匹配的词串更短）了，也使得参数的总数变少了。

一般来说，n 的选取需要同时考虑计算复杂度和模型效果两个因素。在模型效果方面，理论上是 n 越大，效果越好。但是，考虑到计算复杂度，n 也不宜太大。根据相关实验，当 n 从 1 到 2，再从 2 到 3 时，模型的效果上升显著，而从 3 到 4 时，效果的提升就不显著了。因此，n 一般取 3。

总结起来，N-gram 模型的主要工作是在语料中统计各种词串出现的次数并进行平滑化处理。概率值计算好之后就存储起来，下次需要计算一个句子的概率时，只需找到相关的概率参数，将它们连乘即可。

3. 建模语言模型

对于统计语言模型而言，利用最大似然可把目标函数设为：

$$\prod_{w \in C} p(w \mid \text{Context}(w))$$

式中：

- C 表示语料（Corpus）。
- Context(w) 表示词 w 的上下文，即 w 周边词的集合。

当然，实际应用中常采用最大似然对数，即用 LogLoss 去优化目标：

$$L = \sum_{w \in C} \log p(w \mid \text{Context}(w))$$

从上式可见，概率 $p(w \mid \text{Countext}(w))$ 已被视为关于单个词 w 和周围词 Context(w) 的函数，即：

$$p(w \mid \text{Context}(\omega)) = F(w, \text{Context}(w), \theta)$$

式中，θ 为待学习的参数。

那么，一旦通过梯度下降等优化方法得到最优参数集 θ^*，$F()$ 也就唯一确定了，以后的任何概率 $p(w \mid \text{Countext}(w))$ 都可以通过函数 $F(w, \text{Context}(w), \theta^*)$ 来计算了。与 N-gram 相比，这种方法不需要事先计算并保存所有的概率值，而是通过直接计算来获取，且通过选取合适的模型来得到。因此，这种方式可使得 θ 中参数的个数远小于 N-gram 中模型参数的个数。

很显然，对于这样一种方法，最关键的地方就是函数 F() 的构建了。

4. 词向量

一般的数学模型只接收数值型输入，那么对于单词 w，如何将其进行数值化呢？很明显，onehot 编码是一个很好的方式。

举个最简单的例子，假设输入的单词为 w，而其周边的单词仅有一个，即 w_c，那么求解的概率为 $p(w_c \mid w)$。假设共有 V 个词，单词 w 进行 onehot 编码后的值为 $[x_1, x_2, \cdots, x_v] = [1, 0, \cdots, 0]$。而我们想得到的值 w_c 的 onehot 值为 $[y_1, y_2, \cdots, y_v] = [1, 0, \cdots, 0]$，那么整个 Word2vec 概率模型如图 7-12 所示。

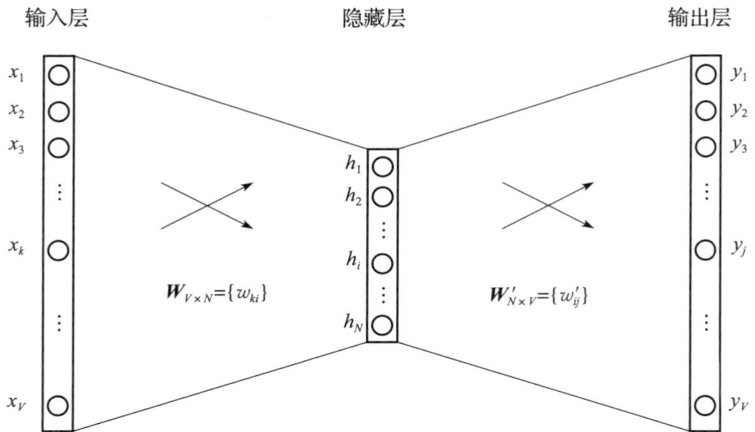

图 7-12 Word2vec 概率模型

当模型训练完后，最后得到的其实是**神经网络的权重**，也就是隐藏层 h。比如现在输入一个单词 w 的 onehot 以后的向量为 $[1,0,0,\cdots,0]$。在输入层到隐含层的权重里，只有对应 1 这个位置的权重被激活，这些权重的个数跟隐藏层节点数是一致的，这些权重组成一个向量 $\boldsymbol{h}$ 来表示 w。而因为每个词语进行 onehot 编码后的向量里面 1 的位置是不同的，所以这个向量 $\boldsymbol{h}$ 就可以用来唯一地表示 w。

这就是著名的 Embedding 的来历，也是 Word2vec 的精髓所在。

5. Word2vec 的网络结构

Word2vec 是轻量级的神经网络，其模型仅包括输入层、隐藏层和输出层，模型框架根据输入和输出的不同，主要包括 CBOW 和 Skip-gram 模型。CBOW 是在知道词 w_t 的上下文 w_{t-2}，w_{t-1}，w_{t+1}，w_{t+2} 的情况下预测当前词 w_t。而 Skip-gram 是在知道了词 w_t 的上下文 w_{t-2}，w_{t-1}，w_{t+1}，w_{t+2} 后预测 w_t，如图 7-13 所示。

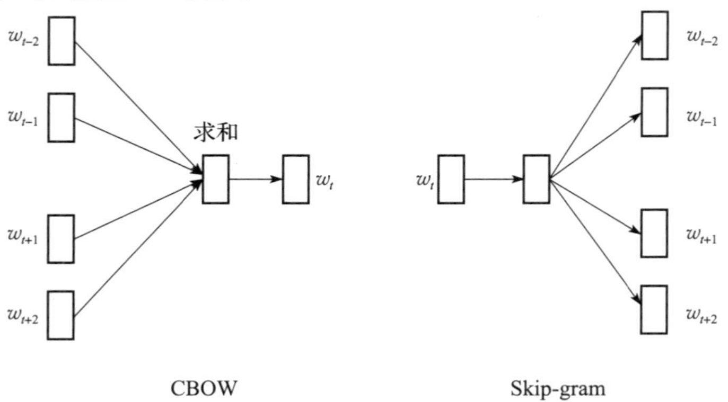

图 7-13 CBOW 和 Skip-gram

6. Word2vec 的损失函数

根据训练方式的不同，Word2vec 的损失函数分为 CBOW 和 Skip-gram 两种形式。

1）CBOW 形式的损失函数，其公式如下：

$$
\begin{aligned}
L &= \max \log p(w \mid \text{Context}(w)) \\
&= \max \log(y_j^*) \\
&= \max \log\left(\frac{\exp(u_j^*)}{\sum \exp(u_k)}\right)
\end{aligned}
$$

式中，u 代表的是输出层的原始结果。

CBOW 模型的具体训练结构如图 7-14 所示。

目标函数可以转换为以下形式：

$$a^{\log a(N)} = N$$

$$\max \log\left(\frac{\exp(u_j^*)}{\sum \exp(u_k)}\right) = \max u_j^* - \log \sum_{k=1}^{V} \exp(u_k)$$

那么最终表达式如下：

$$h = \frac{1}{C} \boldsymbol{W}^{\mathrm{T}}(x_1 + x_2 + \cdots + x_C) = \frac{1}{C}(v_{w1} + v_{w2} + \cdots + v_{wc})$$

$$\text{loss} = -\log(p(w_O) \mid w_{I,1}, \cdots, w_{I,C}) = -\log\left(\frac{\exp(u_j^*)}{\sum \exp(u_k)}\right) = -v_{w_O}^{\prime\mathrm{T}} \times h + \log \sum_{j=1}^{V} \exp(v_{w_j}^{\prime\mathrm{T}} \times h)$$

式中：

- ❑ C 为中心词 w 周围词的个数。
- ❑ $v_{w_j}^{\prime\mathrm{T}}$ 为单词 w_j 在输出层对应的 Embedding。

2）Skip-gram 形式的损失函数。

了解了 CBOW，再介绍 Skip-gram 就很简单了，它的网络结构如图 7-15 所示。其损失函数如下：

$$h = v_{wI}^{\mathrm{T}}$$

$$u_{c,j} = u_j = v_{w_j}^{\prime\mathrm{T}} \times h, \quad c = 1, 2, \cdots, C$$

$$
\begin{aligned}
\text{loss} &= -\log(p(w_{O,1}, w_{O,2}, \cdots, w_{O,c} \mid w_I)) \\
&= -\log \prod_{c=1}^{C} \left(\frac{\exp(u_{c,j_c^*})}{\sum_{j'=1}^{V} \exp(u_{j'})}\right) \\
&= -\sum_{c=1}^{C} u_{j_c^*} + C \times \log \sum_{j'=1}^{V} \exp(u_{j'})
\end{aligned}
$$

式中：

- ❑ C 为中心词 w 周围词的个数。
- ❑ $v_{wj}^{\prime\mathrm{T}}$ 为单词 w_j 在输出层对应的 Embedding。

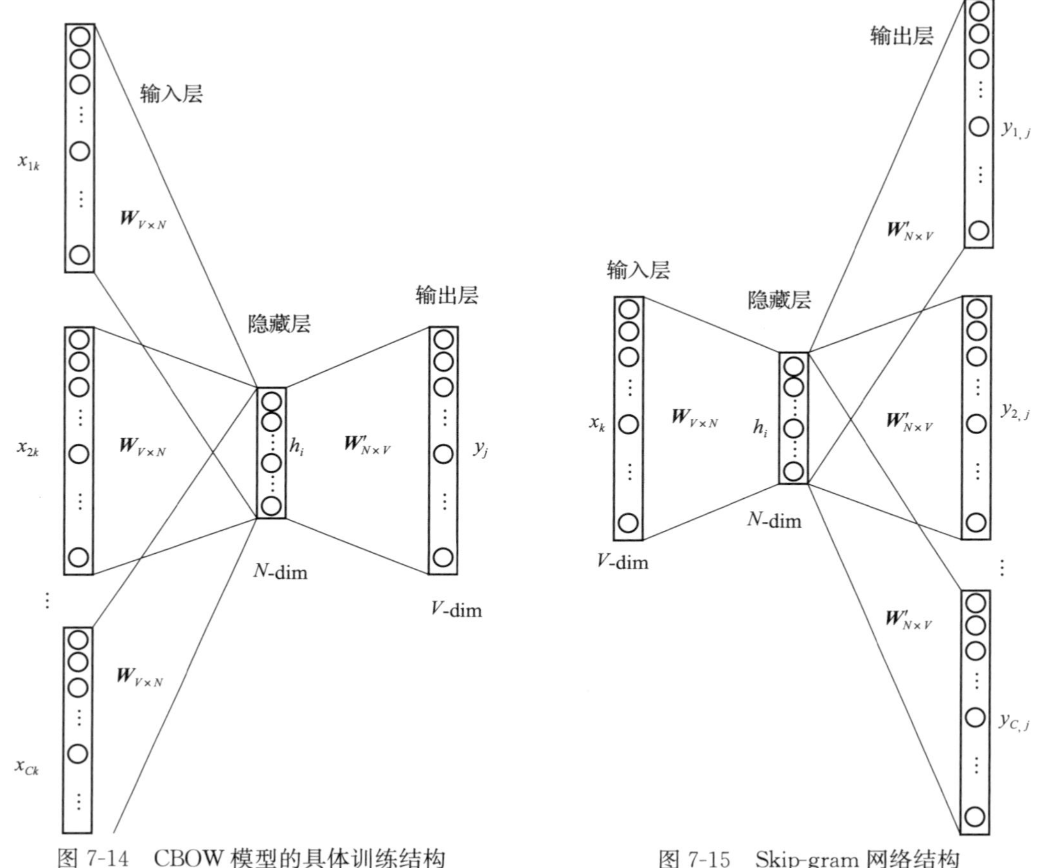

图 7-14　CBOW 模型的具体训练结构

图 7-15　Skip-gram 网络结构

一般，神经网络语言模型在预测的时候，输出的是预测目标词的概率，也就是说，每一次预测都要基于全部的数据集进行计算，这无疑会带来很大的时间开销。不同于其他神经网络，Word2vec 提出两种加快训练速度的方式，一种是层次 Softmax（Hierarchical Softmax），另一种是负采样（Negative Sampling），此处不再介绍。

Word2vec 在推荐中将用户的点击序列视为一个句子，将点击的每个物料视作单词，然后进行 Word2vec 训练（一般采用 Skip-gram 的方式），从而得到每一个物料的 Embedding，再通过物料 Embedding 的相似性去进行对应的召回。这样的思路一般被称为 I2I。同理，用户也可以进行这样的操作，基于用户找用户的方式称为 U2U。此外，还可将用户和物料都放入一个序列中，同时训练用户和物料的共现性，这种方式被称为 I2U。

7.3.2 Airbnb 召回模型

Airbnb 最初针对自己的场景基于 Word2vec 算法设计了一套完整有效的推荐流程。后来国内推荐业务开始尝试将 Word2vec 加入自己的推荐流程中。Airbnb 召回模型中的很多方法至今依然是经典中的经典，其中将业务和模型紧密结合的思路值得我们去认真研究和思考。下面将剖析整个 Airbnb 召回模型的构建过程。

Airbnb 的推荐业务场景主要是搜索推荐和相似房源推荐。其推荐主要面临的难点在于：

- 用户访问非常少，绝大部分用户每年也才旅行 2、3 次。
- 用户每次访问时的偏好都会有所不同。
- 用户几乎不会去同一个地方两次。

1. 相似房源推荐

Airbnb 采用了**物料 Embedding** 的方式对相似房源推荐的问题进行建模，主要利用**用户的物料点击序列**模拟 Word2vec 中 Skip-gram 的训练方式。

Airbnb 将用户过去一个月内的点击物料按照时间顺序进行排列，组成点击会话，并过滤掉其中停留时间小于 30s 的点击物料，以过滤噪声。如果两次点击之间的时间超过 30min，则此会话结束，后面的点击物料重新组合会话。这样可以保证每个点击会话的连续性，会话中的物料应该是相似的。Airbnb 整理出了 8 亿条点击会话来用于训练。

这里的点击会话就是 Word2vec 中的句子，而点击物料就是句子中的每一个单词，那么应用 Skip-gram 的训练如图 7-16 所示。

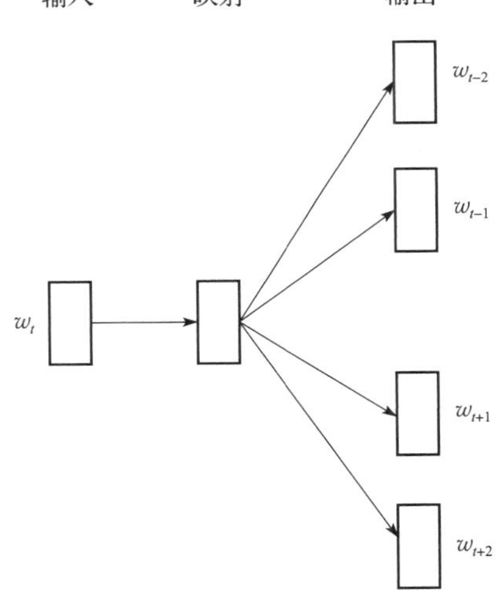

图 7-16　Airbnb 应用 Skip-gram 的训练

因为业务的不同，Airbnb 并没有照搬 Word2vec 的思想，而是进行了一系列的优化。

2. 预订物料的全局处理

点击会话可以分为两类：一类是用户点击，最后预定了短租屋，即点击并转化，称为预订会话；另一类是用户点击后并没有预定，只是上来看看，称为探索会话。

预订会话是一个很强的信号，代表用户很钟意这个物料。通常在预订之前，用户会点击多个相似商品。所以，我们将预订物料作为一个正样本，作为全局信息加入模型训练中。也就是说，无论当前训练中心词周围有没有预订物料，我们都认为预订物料在它的上下文范围中。相应的优化目标就修改为如下形式：

$$\text{loss}=\text{argmax}_\theta\left(\sum_{(l,c)\in D_p}\log\frac{1}{1+\mathrm{e}^{-v_l v_c'}}\right)+\left(\sum_{(l,c)\in D_n}\log\frac{1}{1+\mathrm{e}^{v_l v_c'}}\right)+\log\frac{1}{1+\mathrm{e}^{-v_{l_b}' v_i}}$$

式中：

- D_p 表示预订会话中所有滑动窗口中的中心物料和预订物料的成对集合。
- D_n 表示负采样得到的负样本。

- l_b 表示最终预订物料。

目标非常直观：针对当前的中心物料，我们希望其上下文中的物料（D_p 集合）以及最终预订物料出现的概率尽可能高，希望不是上下文中的物料（D_p 集合）出现的概率尽可能低。具体实现过程如图 7-17 所示。

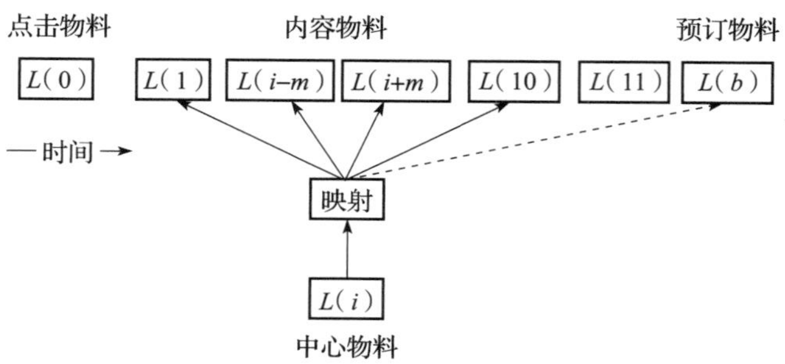

图 7-17　预订清单的 Word2vec 训练实现过程

3. 对于聚集搜索的适应性训练

Airbnb 的用户在搜索时多半是固定在一个地点的，比如用户搜索一个固定的地点“成都”，那么负样本也应该是同一个地点的。**这一点有点类似于在 EFB 中提到的困难负样本的概念。**改进也很简单，在目标函数中加入对同一个地点的负采样负样本，那么损失如下：

$$\text{loss}=\text{argmax}_\theta\left(\sum_{(l,c)\in D_p}\log\frac{1}{1+e^{-v_l v_c'}}\right)+\left(\sum_{(l,c)\in D_n}\log\frac{1}{1+e^{v_l v_c'}}\right)+\log\frac{1}{1+e^{-v_{l_b}' v_i}}+\left(\sum_{(l,m_n)\in D_{m_n}}\log\frac{1}{1+e^{v_{m_n}' v_i}}\right)$$

式中，D_{m_n} 就是同一个地点中采样的负样本。

4. 物料冷启动

对于物料的冷启动问题，Airbnb 给出的解决方案非常简单：找到其方圆 10 英里（1 英里≈1.6093km）之内的 3 个最相似的物料，然后对其物料 Embedding 取平均即可。有些研究提到，利用这一简单的方法，可以解决 98%的物料冷启动问题。

经过上述的训练方式，我们可以得到各个物料的 Embedding。线上推荐的时候，使用用户点击过的物料作为中心物料在物料池中选择 Topk 进行推荐。从图 7-18 可以看出，训练后 Embedding 的效果还是很不错的。

5. 搜索推荐

物料 Embedding 可以被很好地用来发现物料之间的相似性，非常适合用户短期的个性化点击场景，但是这种 Embedding 没法捕捉到用户的长期兴趣。比如，用户几个月前在洛杉矶和纽约预订了房子，现在要在旧金山预订房子，已有的 Embedding 方式没法捕捉到用户的长期偏好。如果将用户预订的物料组成预订序列，采用与对待点击序列相同的方式，则会遇到很多问题：

- 首先，大量用户只预订过一个物料，没法用长度为 1 的物料进行学习。

- 其次，有效地学习物料至少需要其出现5～10次，但很多物料出现的次数不满足。
- 最后，用户的两个连续预订的物料之间可能会有很长的时间间隔（旅游低频）。

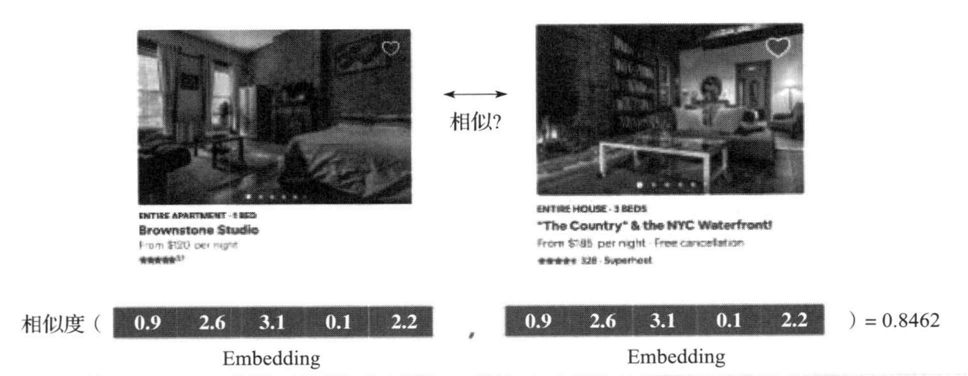

图7-18 Airbnb模型推荐效果展示

为了解决上面的问题，Airbnb的做法是对用户和物料按照规则进行聚合，组成用户_type和物料_type，然后将用户_type和物料_type组合成预订会话进行训练。聚合规则也非常简单，先根据物料属性值进行分箱，然后对箱进行组合，得到typeid，再对typeid进行类Word2vec训练。

比如，一个物料来自US，可以入住2人，有1张床、1个卫生间以及1个浴室，价格为1晚60.8美元，5个评论，5星，100%的新用户通过率（酒店没有拒绝任何用户），那么它所对应的物料type定义为物料_type=US_2人房_1床_1卫生间_价格60.8_5星好评_5评论。在训练的时候对这个type进行id化，并使其参与Embedding训练。

另外，为了解决用户会改变喜好这个问题，我们提出了用户_type这个概念。它的Embedding与物料_type的Embedding是同一向量空间的。举例说明，用户_type是如何表示的：某个用户，来自San Francisco（旧金山，市场位置），macbook（设备类型），English（语言），full profile（完整配置文件），profile guest photo（个人照片文件），83.4% guest 5star rating（顾客5星好评率），3booking in the past（顾客预订次数），52.52 per night（每晚的价格），31.85 price per night per guest（每人的价格），2.33 capacity（容积），8.24 Reviews（评论数），76.1% listing 5 star rating（5星好评列表），那么该用户对应的用户_type定义为用户_type=SF_lg1_dt1_fp1_pp1_nb3_ppn2_ppg3_c2_nr3_l5s3_g5s3。

在生成物料Embedding的训练数据的时候，也要计算最新预订信息所对应的用户_type Embedding。对于第一次预订的用户，它的用户_type信息不应该考虑太多的特征，因为在这之前没有历史数据可以参考。这种方式也可以解决注销用户或过去没有预订记录的用户个性化推荐的冷启动问题。

6. 训练过程

为了学习用户_type和物料_type的Embedding，我们把用户_type合并到预订会话中。集合S_b

由 N 个用户的预订会话 N_b 组成。每一个会话都记为 $S_b=(u_{\text{type1}}i_{\text{type1}},u_{\text{type2}}i_{\text{type2}},\cdots,u_{\text{type}N}i_{\text{type}N})$，表示一个预订事件序列。比如，(用户_type，物料_type）元组按时间排列。注意，这里的每一个会话序列都是由同一个用户 id 产生的。也就是说，同一个用户，他的用户_type 可以随着时间发生改变，这也就解决了前面提到的用户兴趣转移的问题。同样地，对于物料_type 来说，同一个物料所对应的物料_type 也可以随着时间发生改变。

用户_type 和物料_type 采用 Skip-gram 模型。这里的中心物料为用户_type(u_t）或者是物料_type(i_t)，具体是用户还是物料取决于滑窗中的中心物料是什么。比如，如果滑窗中的中心物料为用户_type，那么对应的目标函数可以写成：

$$\text{loss}=\text{argmax}_\theta\left(\sum_{(u_t,c)\in D_{\text{book}}}\log\frac{1}{1+\mathrm{e}^{-v_{ut}v'_c}}\right)+\left(\sum_{(u_t,c)\in D_{\text{neg}}}\log\frac{1}{1+\mathrm{e}^{v_{ut}v'_c}}\right)$$

式中：

- ❑ D_{book} 包含用户_type 和物料_type，都来自于用户最近的历史记录。
- ❑ D_{neg} 包含随机采样的用户_type 和物料_type。

同样地，如果中心物料为物料_type，那么对应的目标函数可以写成：

$$\text{loss}=\text{argmax}_\theta\left(\sum_{(l_t,c)\in D_{\text{book}}}\log\frac{1}{1+\mathrm{e}^{-v_{lt}v'_c}}\right)+\left(\sum_{(l_t,c)\in D_{\text{neg}}}\log\frac{1}{1+\mathrm{e}^{v_{lt}v'_c}}\right)$$

其实就是将用户_type 和物料_type 展平，整体序列物料中不再区分用户或者物料，统一被认为是上下文。相当于把用户_type 和物料_type 当成一个字典中的不同单词，按照“用户-物料对+时间”的顺序排列成了句子，然后进行学习。

7. 负样本处理

在房屋预订业务场景中，不能只考虑用户侧的偏好，还需要同时考虑房东侧的偏好，即需要考虑房东的反馈信息。也就是说，要知道房东是接受用户的预订还是拒绝用户的预订。房东拒绝用户预订的原因有：

- ❑ 用户的星级评级很差。
- ❑ 用户信息不全或者为空。
- ❑ 没有设置用户头像等。

那么在推荐的时候，我们需要尽可能地降低用户被房东拒绝的概率。所以应明确地在模型负样本中增加用户之前被拒绝的那部分物料，告诉模型不要给用户推荐这种类型的物料，因为会被房东拒绝。修改之后的训练目标如下：

$$\text{loss}=\text{argmax}_\theta\left(\sum_{(u_t,c)\in D_{\text{book}}}\log\frac{1}{1+\mathrm{e}^{-v_{ut}v'_c}}\right)+\left(\sum_{(u_t,c)\in D_{\text{neg}}}\log\frac{1}{1+\mathrm{e}^{v_{ut}v'_c}}\right)+\left(\sum_{(u_t,l_t)\in D_{\text{reject}}}\log\frac{1}{1+\mathrm{e}^{v'_{lt}v_{ut}}}\right)$$

式中，D_{reject} 代表该用户之前被拒绝的物料集合。

物料训练目标同理，不再赘述。

注意： 当中心是用户时，其 context 只能是物料，不能是其他用户。物料同理，当中心是物料时，其 context 只能是用户。

利用学习到的所有用户_type 和物料_type 的 Embedding 表示，基于 Cosine 相似度计算当前用户_type Embedding 和一系列候选物料_type Embedding 的相似度。如图 7-19 所示，对于给定的用户_type，最匹配的物料_type 的对应物料特征为 good reviews、large。而那些没有满足用户喜好的物料_type 对应的相似度非常低，物料_type 对应的特点为 cheaper、bad reviews。可以看出，区分度还是非常明显的。

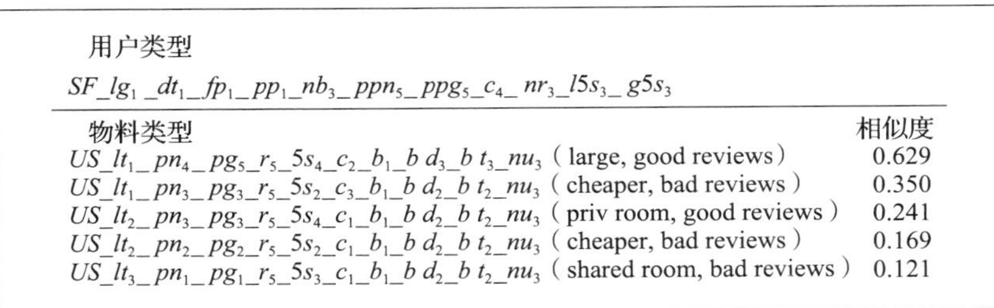

图 7-19　用户_type 和物料_type 的相似度

8. 其他训练技巧

(1) 无监督训练和有监督训练

Airbnb 尝试了有监督学习的经典思路，即类似 DSSM 的 I2U 方式，但是效果不好。里面的结论显示，有监督训练的 Embedding 比较容易过拟合。Airbnb 的解释是数据太稀疏，有些 Embedding 在训练集中出现的次数太少。

此外，Airbnb 还尝试了阿里的 Entire Space Multi-Task Model（整个空间的多任务模型），即共享底层 Embedding，同时预测是否预订和是否长时间点击。为了减轻点击钩子（即故意设置的“噱头物料”）的影响，对于长时间点击样本，还用“页面停留时长”对样本做了加权。实验结果是大幅增加了用户页面停留时长，而对于预订没有太大的影响。

(2) 增量训练和重训

实验发现，每天都对模型从头开始训练，获得的离线性能比在线增量训练的模型性能更好。对于同一个物料，虽然重新训练会导致，新旧模型得到的 Embedding 向量不一样，但是由于在模型中主要使用 Embedding 向量的 Cosine 相似度，而不是 Embedding 向量本身，所以重新训练并不会产生差异。

(3) 离线模型评估

首先将物料 Embedding 应用于搜索模型中，物料维度为 32，得到了图 7-20 所示的结果。如图 7-20 所示，横坐标为用户预订前物料最新的 17 次点击，纵坐标为预订物料的平均排序，可以看到，对比系统本身的 Search Model，用户点击次数越多越精准，而 Embedding 向量的加入也是非常有效的。

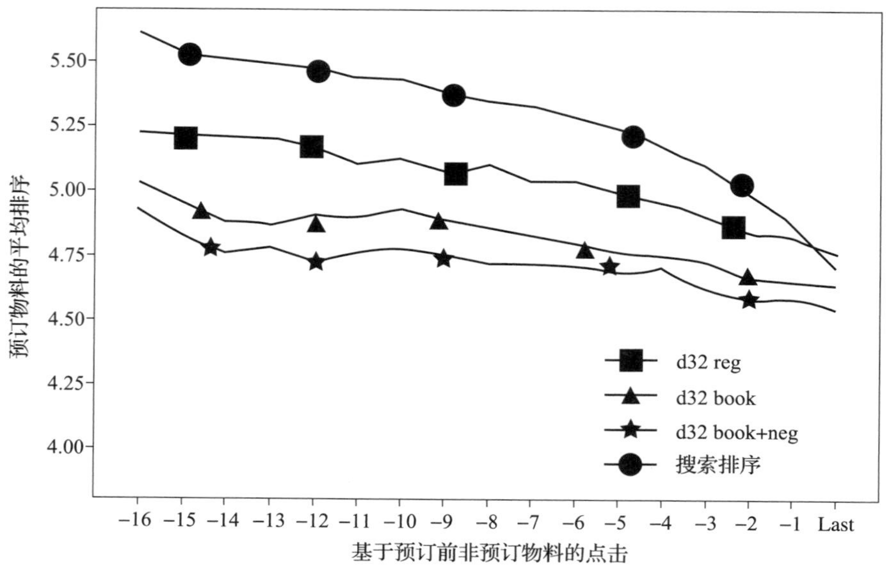

图 7-20 Airbnb 搜索场景模型结果

7.3.3 “随机游走”在召回中的应用

在“Billion-scale Commodity Embedding for E-commerce Recommendation in Alibaba（2018）”（《在阿里巴巴中的十亿级别的商品 Embedding 推荐（2018）》）一文中，提出了基于用户和物料关系图建模的方式。其主要做法是：

- 构建图关系。
- 通过“随机游走”的方式选择关系序列。
- 用 Word2vec 的方式训练不同节点之间的关系。
- 根据节点的 Embedding 进行对应的召回。

1. 基础图 Embedding

基础图（Base Graph，BG）Embedding 是最初的建模思路。如图 7-21 所示，先根据用户的点击序列建立一个有向图，不过这里有一个业务技巧：一个会话的点击序列是 1h 以内的。这是因为，通常在短周期内访问的商品更具有相似性。图建完以后，通过“随机游走”产生随机序列，然后通过 Word2vec 去训练商品的相似性。

随机游走是按照边的概率进行的，具体转移概率计算如下：

$$P(v_j \mid v_i)=\begin{cases}\dfrac{M_{ij}}{\sum\limits_{j\in N_+(v_i)} M_{ij}}, & v_j \in N_+(v_i)\\ 0, & e_{ij} \neq \xi\end{cases}$$

式中：

- ❑ M_{ij} 表示从商品 i 到商品 j 的共现次数。
- ❑ $N_{+}(v_i)$ 表示 v_i 直接邻域。

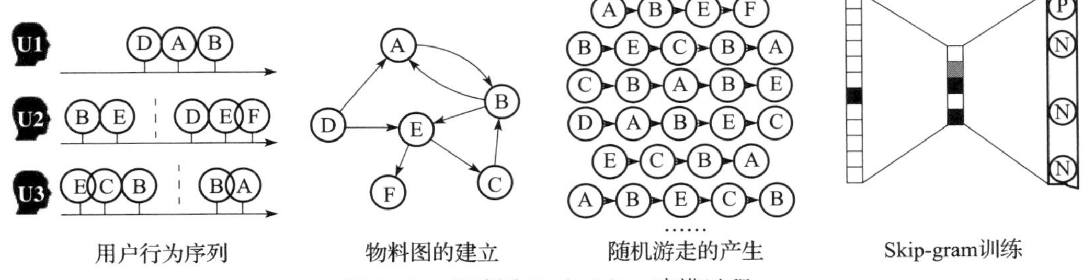

图 7-21 基础图 Embedding 建模过程

2. 带有额外信息的图 Embedding

带有额外信息的图 Embedding（Graph Embedding with Side Information）在基础图 Embedding 的基础上引入了节点的额外信息。

新商品没有用户行为，因此无法根据基础图 Embedding 训练得出向量。为了解决物品的冷启动问题，阿里加上了物品的额外信息（Side Information，SI），如品牌、类别、商店等信息。SI 相似的商品，在向量空间中也应该接近。**这一点类似于 Airbnb 中用户_type 和物品_type 的做法。其优越性在于，不用人为地去硬性进行特征编码，而且不用考虑特征的迁移性，更加灵活。**

在图 7-22 最下面的稀疏特征中，SI_0 表示商品本身的 onehot 特征，$SI_1 \sim SI_n$ 表示 n 个边信息的 onehot 特征，这里的边信息其实就是物料的基础特征。阿里采用了 13 种边信息特征。每个特征都索引到对应的 Embedding 向量，得到第二层的稠密 Embedding，然后对这 $n+1$ 个向量进行平均来表示这个商品。具体公式如下：

$$\boldsymbol{H}_v = \frac{1}{n+1}\sum_{s=0}^{n} \boldsymbol{w}_v^s$$

式中：

- ❑ $\boldsymbol{w}_v^s$ 表示商品 v 的第 s 个边信息向量。
- ❑ $\boldsymbol{H}_v$ 是隐向量。

得到隐向量以后，再进行 Word2vec 的 Skip-gram 训练。

3. 带有额外信息的加强图 Embedding

取平均还是显得太“粗糙”了，因为不同的边信息对于商品的向量可能会有不同的贡献。因此，可以另外学习一个权重矩阵 $\boldsymbol{A} \in R^{|V| \times (n+1)}$，其中 $|V|$ 表示商品集合 V 的数量，A_{ij} 表示第 i 个商品的第 j 个边的信息权重。

$$H_v = \frac{\sum_{j=0}^{n} \mathrm{e}^{a_v^j w_v^j}}{\sum_{j=0}^{n} \mathrm{e}^{a_v^j}}$$

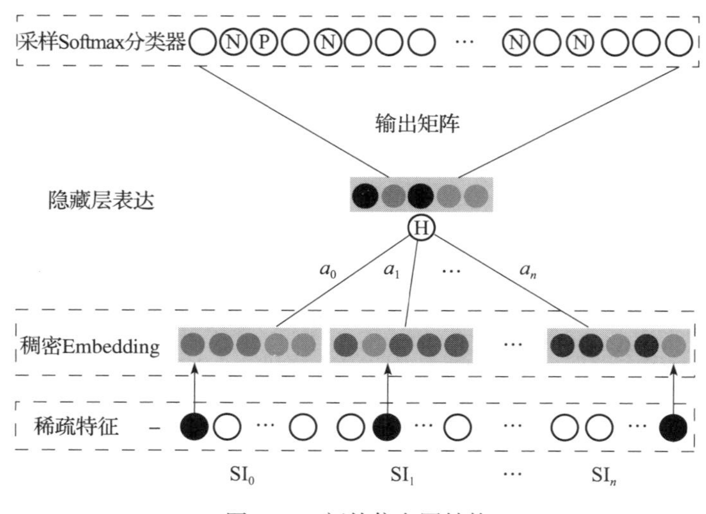

图 7-22　额外信息图结构

图 7-23 所示为各个边信息权重的分布。可以看到，不同的商品，不同的边信息有不同的权重。从特征重要性而言，最重要的还是物料本身的物料边信息，次重要的是品牌这个边信息。

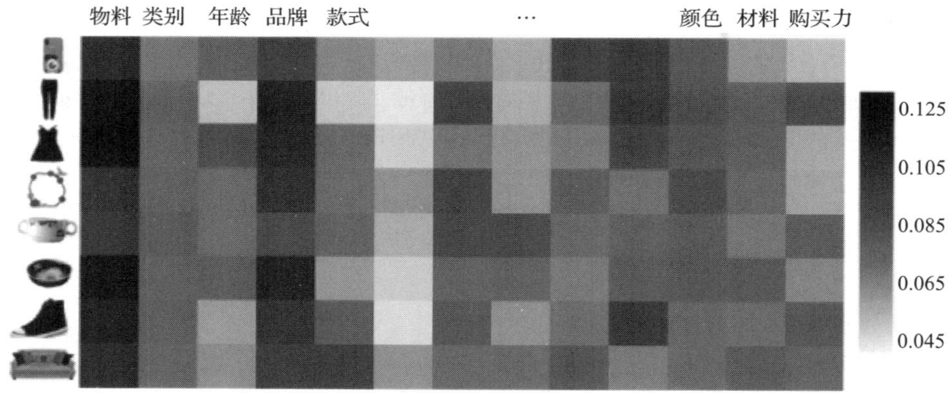

图 7-23　各个边信息权重的分布

关于新商品的冷启动问题，因为尚未学到权重矩阵，因此将边信息向量求平均来作为商品的表示。

4. 会话训练序列的优点

直接用原始的序列，可能存在的问题是，有一些物料出现的频次非常高，有一些物料出现的频次很低，导致部分物料过度训练。而另外一些物料训练不足，训练结果朝着那些热门物料偏移。生成图之后，只保留了物料之间的结构，而丢掉了物料出现的频次信息。在做随机游走的时候，每个节点都要作为起点进行游走并生成序列，因此每个节点都能保证一定数量的出现频次，使得所有物料都能得到有效的训练。

基于 Word2vec 的随机游走主要是为了解决图过大和节点连接紧密的问题。随机游走可以快速缩减训练的难度，同时又可以保留原始的数据分布。一般情况下，在电商或者用户与物料交互较多的业务场景中，如果采用图算法作为业务模型，那么随机游走是用于降低训练样本量爆炸的重要手段。不过，因为图信息更多的是具有探索兴趣的作用，所以该方法更适合召回，而不是精排。

7.4　基于图网络的召回

图网络近年来在召回层得到了广泛的应用。其还是基于协同过滤的思想建立起用户和物料的关系。但是，图网络和协同过滤的区别在于，图网络引入了神经网络去学习用户和物料的关系，比起单纯的协同过滤建模，神经网络的鲁棒性和效果都更好。本节将介绍召回层中经典的图网络召回方法。

7.4.1　Graph Sage

Graph Sage（图形 Sage）提出的初衷是改变图学习中的惯有模式，即直推式（Transductive）学习。直推式学习的主要思想是在固定的图上直接学习每个节点的 Embedding，每次学习都只考虑当前数据。之前的图上的学习算法基本都是这一模式，如 DeepWalk、LINE、GCN 等。

直推式学习模式的局限性非常明显，因为在工业界的大多数业务场景中，图中的结构和节点都不可能是固定的，是会变化的。比如，用户集合会不断出现新用户，用户的关注物料集合也是不断增长的，内容平台上的文章每天都会大量新增。在这样的场景中，直推式学习需要不停地重新训练，为新的节点学习 Embedding。以上原因给图学习在工业界的落地带来了极大的困难。

Graph Sage 提出了图上学习的新模式——归纳（Inductive）学习，即学习在图上生成节点 Embedding 的方法，而不是直接学习节点的 Embedding。Graph Sage 正是以学习聚合节点邻居生成节点 Embedding 的函数的方式将 GCN（Graph Convolution Network）扩展成归纳学习任务。所以，当前节点的 Embedding 并不是节点自己的 Embedding 独有的，而是和周围相邻的节点共同组成 Embedding。

归纳学习的优势在于可以从特殊泛化到一般，对未知节点上的数据也有区分性。这个优势使得它能完美应对工业界的各种图动态变化的场景。

Graph Sage 框架的核心是学习如何聚合节点的邻居特征来生成当前节点的信息。学习到这样一个聚合函数之后，不管图结构和图信息如何变化，Graph Sage 都可以通过当前已知各个节点的特征和邻居关系生成节点的 Embedding。

Graph Sage 框架中包含两个很重要的操作：Sample 采样和 Aggregate 聚合。

Graph Sage 的具体实现的前向传播过程伪代码如图 7-24 所示。其流程仍然是采样与聚合，其中第 1～7 行为采样过程，第 8～16 行为聚合过程。

Algorithm 2：GraphSAGE minibatch forward propagation algorithm

Input：Graph $\mathcal{G}(\mathcal{V},\ \mathcal{E})$；
input features $\{\mathbf{x}_v, \forall v \in \mathcal{B}\}$；
depth K；weight matrices $\mathbf{W}^k$，$\forall k \in \{1,\cdots,K\}$；
non-linearity σ；
differentiable aggregator functions AGGREGATE_k，$\forall k \in \{1,\cdots,K\}$；
neighborhood sampling functions，$\mathcal{N}_k: v \rightarrow 2^{\mathcal{V}}, \forall k \in \{1,\cdots,K\}$
Output：Vector representations $\mathbf{z}_v$ for all $v \in \mathcal{B}$

1 $\mathcal{B}^K \leftarrow \mathcal{B}$;
2 **for** $k=K,\cdots,1$, **do**
3 　$B^{k-1} \leftarrow \mathcal{B}^k$；
4 　**for** $u \in \mathcal{B}^k$ **do**
5 　　$\mathcal{B}^{k-1} \leftarrow \mathcal{B}^{k-1} \cup \mathcal{N}_k(u)$；
6 　**end**
7 **end**
8 $\boldsymbol{h}_u^0 \leftarrow \mathbf{X}_v, \forall v \in \mathcal{B}^0$；
9 **for** $k=1,\cdots,K$ **do**
10 　**for** $u \in \mathcal{B}^k$ **do**
11 　　$\boldsymbol{h}_{\mathcal{N}(u)}^k \leftarrow \text{AGGREGATE}_k(\{\boldsymbol{h}_{u'}^{k-1}, \forall u' \in \mathcal{N}_k(u)\})$；
12 　　$\boldsymbol{h}_u^k \leftarrow \sigma(\mathbf{W}^k \cdot \text{CONCAT}(\boldsymbol{h}_u^{k-1}, \boldsymbol{h}_{\mathcal{N}(u)}^k))$；
13 　　$\boldsymbol{h}_u^k \leftarrow \boldsymbol{h}_u^k / \|\boldsymbol{h}_u^k\|_2$；
14 　**end**
15 **end**
16 $\boldsymbol{z}_u \leftarrow \boldsymbol{h}_u^K, \forall u \in \mathcal{B}$

图 7-24　Graph Sage 的具体实现的前向传播过程伪代码

1. 采样

以图 7-25 为例，假设网络层数 $K=3$，当前只有一个初始样本。初始的时候令集合 B^3 为方形样本，即初始样本。采样是以 B^3 为原点向多跳邻居进行样本采样的。本例是从集合 B^3 采样到集合 B^0 的。集合 B^2 的样本是采样 B^3 的 1 跳邻居加上 B^3 本身，所以集合 B^2 包括图中的五角星节点样本和方块节点样本。类似地，集合 B^1 的样本是采样的集合 B^2 的 1 跳邻居，同时加上 B^2 集合本身，所以集合 B^1 的样本包括图中的圆形节点样本、五角星节点样本和方形节点。同理，集合 B^0 包括图中的三角形节点样本、圆形节点样本、五角星节点样本和方形节点样本。

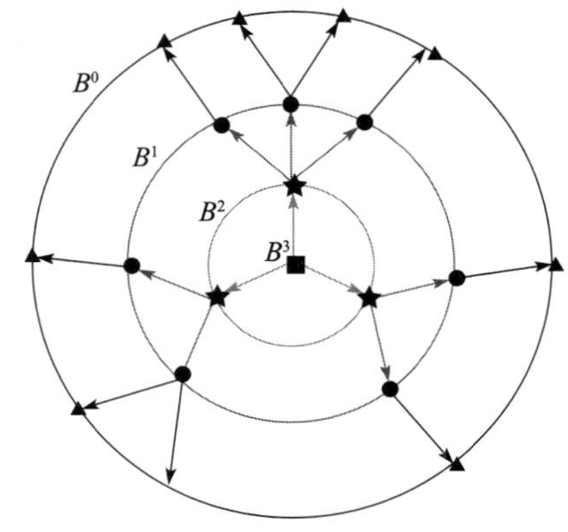

图 7-25　Graph Sage 的节点采样图

在采样的时候，每个节点都只采样它自己的 1 跳邻居，但是由于存在图 7-24 所示的伪代码中第 5 行求并集的操作，所以对于初始的方形节点来说，最终采样到的 B^0 包含了其最多的 3 跳邻居。其次，采样的过程是从 B^3 到 B^0 降序进行的，以方便后续聚合的时候从 B^0 到 B^3 进行。

采样的主要目的有两个：

- 不同节点的邻居数目相差很大，如果不进行采样的话，那么热门节点的数目会非常多，从而导致训练有偏差，而且不同 batch 的样本量大小也相差很大，不方便预估每个 batch 的训练时间。
- 采样之后，每个 batch 训练时都只与当前采样的 B^0 里面的节点有关，网络参数更新时也只需要更新与 B^0 相关的参数，而不需要更新所有参数，从而大幅缩减训练时间。

2. 聚合

聚合操作就是通过聚合邻居的 Embedding 来更新自身的 Embedding。聚合与采样类似，也是分层进行的，只不过方向和采样相反。比如 $k=3$ 时，需要聚合 3 层，每层又需要聚合多次。图 7-26 和图 7-27 所示为 $k=1$、$k=2$ 时的聚合情况。

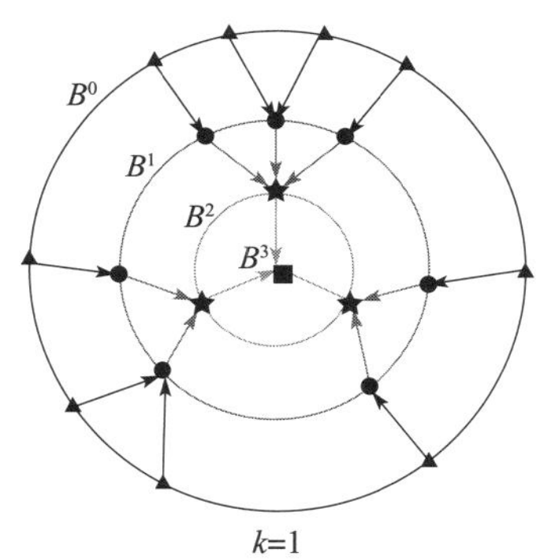

图 7-26　Graph Sage($k=1$) 的聚合情况

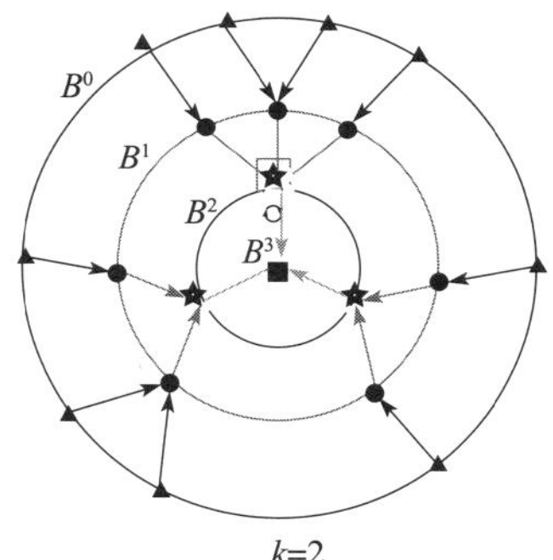

图 7-27　Graph Sage($k=2$) 的聚合情况

以 $k=1$ 为例，此时，所有在 B^1 里的节点都是目标节点，都需要聚合邻居的信息。聚合过程如下：

步骤 1：三角形节点→圆形节点。

步骤 2：圆形节点→五角星节点。

步骤 3：五角星节点→方形节点。

其中，箭头表示聚合方向且所有箭头左边的 Embedding 都是 $h^{k-1=0}$ 的 Embedding，即上一个循环中当前节点的 Embedding。比如，步骤 2 用的圆形节点并不是步骤 1 聚合得到的圆形节点，而是上一个循环得到的圆形节点（上一个循环中，节点 Embedding 为 h^0）。所以，上述 3 次聚合互不影响，可以并行进行。

当所有节点聚合完成之后，箭头右边的节点 Embedding 变成了 $h^{k=1}$ 的 Embedding，作为下一层 $k=2$ 时的左边 Embedding。

当 $k=2$ 时，最外层的三角形节点已经不参与计算了，此时包括如下聚合过程：

步骤 1：圆形节点→五角星节点。

步骤 2：五角星节点→方形节点。

虽然五角星节点还是只聚合其直接邻居圆形节点，但是由于圆形节点在上一轮中聚合了三角形节点，所以圆形节点在这一轮中能够通过三角形节点间接聚合到圆形节点，即五角星节点聚合到了其 2 跳邻居。类似地，方形节点也聚合到了其 2 跳邻居，即圆形节点。

当 $k=3$ 时，圆形节点也已经不参与计算了，此时包括如下聚合过程：五角星节点→方形节点。

根据上面的分析，方形节点能间接聚合到其 3 跳邻居，即最远聚合到图 7-27 所示的三角形节点的信息。

3 层聚合结束之后，最终得到了方形节点的 Embedding。可以看到，当 $k=3$ 时，为了得到方形这一个节点的 Embedding，其最终聚合了 3 层节点的信息。在 Graph Sage 中需要设置采样参数，如 fanouts=[20,10,5]，表示第一层的每个节点采样 20 个邻居，第二层的每个节点采样 10 个邻居，第三层的每个节点采样 5 个邻居。这样，每个节点最终聚合了 20×10×5=1000 个邻居节点的信息。可见，邻居聚合的“威力”很大，只需要少数几层就可以聚合大量的邻居节点。一般来说只需要两层，fanouts=[25，10] 就取得了很好的效果。

图 7-28 就很好地表达了这种采样和聚合的关系。

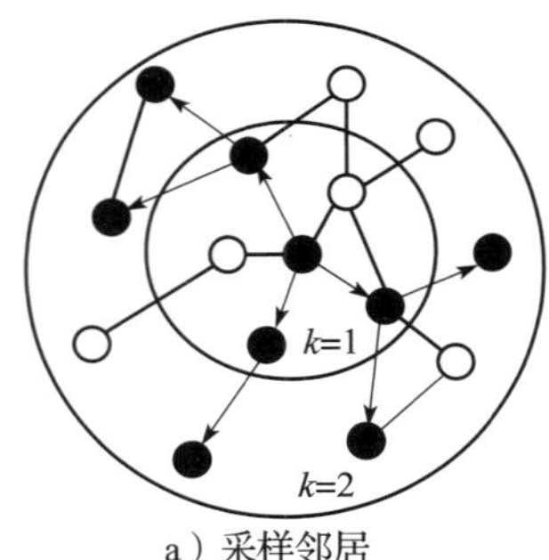

a）采样邻居

b）从邻居聚合节点信息

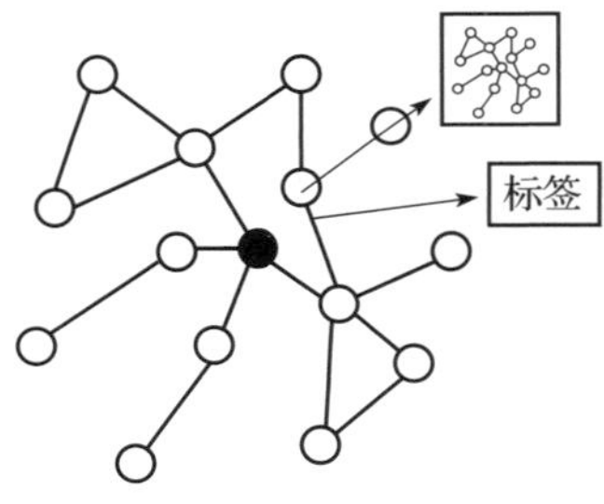

c）从聚合信息预测标签和图内容

图 7-28 采样和聚合的关系

3. 聚合函数的选择

Graph Sage 给出了 4 种聚合函数：

- Mean 聚合（平均聚合）：对当前节点的邻居节点的 Embedding 求平均，作为当前节点的 Embedding。
- Convolutional 聚合（卷积聚合）：GCN Aggregator 变种，取当前节点及其邻居节点的 Embedding 的平均，经过一层全连接后得到当前节点的 Embedding。

$$h_v^k \leftarrow \sigma(W \cdot \mathrm{MEAN}(\{h_v^{k-1}\} \cup \{h_u^{k-1}, \forall u \in \mathcal{N}(v)\}))$$

这个聚合函数和 Graph Sage 中使用的聚合函数的差别在于没有拼接操作，Graph Sage 聚合中的拼接操作可以视为不同层之间的直连操作，对于提升性能大有好处。

- LSTM 聚合（长短期记性聚合）：LSTM 聚合的优势是表达能力强，跟其他聚合函数最大的不同是不具有对称性，即对节点集合的顺序敏感。
- Pooling 聚合（池化聚合）：各个邻居节点的 Embedding 单独经过一个 MLP，在所有的结果 Embedding 中做 element-wise（元素方式）的 max-pooling（最大池化）或是 mean-pooling（平均池化）操作。其公式如下：

$$\text{AGGREGATE}_k^{\text{pool}}=\max(\{\sigma(W_{\text{pool}}h_{u_i}^k+b),\forall u_i\in\mathcal{N}(v)\})$$

实验结果证明：LSTM 聚合和 Pooling 聚合是远好于其他聚合方法的，但 LSTM 的耗时尤其多，因此最优选择是 Pooling 聚合。

同时，在笔者给出的 Graph Sage 实践中，$k=2$，S1×S2⩽500，就可以达到很高的性能，这说明只需要扩展到节点的 2 阶邻居，每次扩展 20～30 个邻居即可。

4. 目标函数

Graph Sage 的损失函数分为两种情况：在有监督的场景下，直接使用交叉熵损失函数；在无监督的场景下，节点特征作为一种静态信息提供给下游应用，此时的损失函数应该让结构上邻近的节点拥有相似的表示，而不相近的节点表示大不相同。无监督场景下的损失函数如下：

$$J_{\mathcal{G}}(z_u)=-\log(\sigma(z_u^{\top}z_v))-Q\cdot\mathbb{E}_{v_n\sim P_n(v)}\log(\sigma(-z_u^{\top}z_{v_n}))$$

式中：

- u 为目标节点。
- v 为正样本。
- v_n 为负样本，负样本通过某种策略采样得到。

总体而言，Graph Sage 和协同过滤一样，比较适合物料和用户基础特征不够多的场景。但是相比协同过滤和 Word2vec 召回，Graph Sage 不仅通过点击及 cate 特征和地区特征等关系去建立更多的关系边，还通过多跳的关系进行信息聚合，从而丰富了图信息，增强了模型召回的泛化性。

7.4.2 PinSage

PinSage 是 Pinterest 公司基于 Graph Sage 实现的召回算法。其主要思想是首先通过 Graph Sage 得到物料的向量表示，然后基于物料 Embedding 做 i2i 的召回。

1. Convolve

PinSage 的算法和 Graph Sage 很相似，但略有不同，大致可分为 Convolve 算法和 minibatch 算法。其中，minibatch 算法的流程和上述 Graph Sage 中 minibatch 算法的流程一致。Convolve 算法的伪代码如图 7-29 所示。

Algorithm 1：Convolve

Input：Current embedding z_u for node u; set of neighbor embeddings $\{z_v \mid v\in\mathcal{N}(u)\}$, set of neighbor weights α; symmetric vector function $\gamma(\cdot)$

Output：New embedding z_u^{NEW} for node u

$\boldsymbol{n}_u\leftarrow\gamma\ (\{\text{ReLU}(\boldsymbol{Q}\boldsymbol{h}_v+\boldsymbol{q})\mid v\in\mathcal{N}(u)\},\alpha)$;

$\boldsymbol{z}_u^{\text{NEW}}\leftarrow\text{ReLU}\ (\mathbf{W}\cdot\text{CONCAT}(\boldsymbol{z}_u,\boldsymbol{n}_u)+\boldsymbol{w})$;

$\boldsymbol{z}_u^{\text{NEW}}\leftarrow\boldsymbol{z}_u^{\text{NEW}}/\|\boldsymbol{z}_u^{\text{NEW}}\|_2$

图 7-29　Convolve 算法的伪代码

Convolve 算法相当于 Graph Sage 算法的聚合阶段过程，是 PinSage 中的单层图卷积算法，实际执行中，可对 k 层邻居的每一层都执行一遍图卷积以得到不同阶邻居的信息。主要操作包括：

- 聚合邻居：所有的邻居节点都经过一层 dense 层，再由聚合器或池化函数 γ（如元素平均、加权和等）将所有邻居节点的信息聚合成一个向量 $\boldsymbol{n}_u$（伪码第一行）。在这里，PinSage 聚合经过一层 dense 层之后的邻居节点 Embedding 时，它基于 random walk 计算出的节点权重做聚合操作（其实就是 GAT）。这一方法导致离线指标提高了 46%。
- 更新当前节点的 Embedding：将目标节点的当前 Embedding 与聚合后的邻居向量 $\boldsymbol{n}_u$ 拼接，再经过一层 dense 层（伪代码第 2 行）。
- 归一化：对目标节点 Embedding 归一化（伪代码第 3 行）。

Convolve 算法和 Graph Sage 的聚合阶段的不同之处在于邻居节点的 Embedding 聚合前经过了一层 dense 层。

因此，整体 minibatch 的训练方式如图 7-30 所示。

```
Algorithm 2: minibatch
Input: Set of nodes M ⊂ V; depth parameter K;
       neighborhood function N: V→2^V
Output: Embeddings z_u, ∀u∈M
/*  在 minibatch 节点中的邻居  */
1  S^(K) ← M;
2  for k=K,…,1 do
3      S^(k-1) ← S^(k);
4      for u∈S^(k) do
5          S^(k-1) ← S^(k-1) ∪ N(u);
6      end
7  end
/*  产生 Embeddings  */
8  h_u^(0) ← x_u, ∀u∈S^(0);
9  for k=1,…,K do
10     for u∈S^(k) do
11         H ← {h_v^(k-1), ∀v∈N(u)};
12         h_u^(k) ← CONVOLVE^(k) (h_v^(k-1), H)
13     end
14 end
15 for u∈M do
16     z_u ← G_2. ReLU(G_1 h_u^(K) + g)
17 end
```

图 7-30　整体 minibatch 的训练方式

总体来说，PinSage 和 Graph Sage 是很相似的，区别在于：

- 对邻居节点的采样中，Graph Sage 表示随机采样，而 PinSage 表示重要采样。
- 聚合框架基本一样，但是，PinSage 的聚合方式采用局部图卷积 convolve 的方式。
- 目标节点与各自邻居聚合之后的 Embedding 并不直接替换目前节点的当前 Embedding，而是经过一层 dense 层后再替换。

2. 目标函数

训练采用了所谓的“非监督学习”，使用了 Margin Hinge Loss（边缘合页损失）。

$$J_{\mathcal{G}}(z_q z_i)=\mathbb{E}_{n_k\sim P_n(q)}\max\{0, z_q\cdot z_{n_k}-z_q\cdot z_i+\Delta\}$$

其中：

- z_q 是 PinSage 得到的 query 物料的 Embedding。
- z_i 是 PinSage 得到的“相关物料”的 Embedding。
- z_{n_k} 是负采样得到“不相关物料”的 Embedding。
- Δ 是超参。

3. 负样本的选择

PinSage 使用了简单采样的方式在每个 minibatch 包含节点的范围之外随机采样 500 个物料作为 minibatch，所有正样本共享负样本集合。但考虑到实际场景中模型需要从 20 亿个物品物料集合中识别出最相似的 1000 个，即要从 200 万个中识别出最相似的 1 个，只使用简单采样会导致模型分辨的粒度过粗，分辨率只到 1/500，因此增加了一种困难（hard）负样本，即对于每个 (q,i) 对的与物品 q 有些相似但与物品 i 不相关的物品集合。

这种样本的生成方式是将图中的节点根据相对节点 q 的个性化 PageRank 分值排序，随机选取排序位置在 2000～5000 的物品作为困难负样本，以此提高模型分辨正负样本的难度。

4. 渐进式训练

如果训练全程都使用困难负样本，则会导致模型收敛速度减半，训练时长加倍，因此 PinSage 采用了一种渐进式训练方法。该方法的第一轮训练只使用简单负样本，以帮助模型参数快速收敛到一个损失比较低的范围。后续训练中逐步加入困难负样本，让模型学会将很相似的物品与一些微相似的物品区分开，方式是第 n 轮训练时给每个物品的负样本集合中增加 $n-1$ 个困难负样本。其实这个实验的结论与 Facebook 的 EFB 的实验结论是相反的，所以，同样的训练方式在不同的业务中可能有不同的效果。

总的来说，PinSage 的整体框架是继承于 Graph Sage 的，但相对于 Graph Sage 做出了以下几点优化，从而让模型可以得到更好的召回效果。

- 采用 convolve 的聚合方式。
- 增加了负样本的优化选择。
- 渐进式训练。

PinSage 已经在 Pinterst 公司得到了全量上线并取得了不错的推荐效果，是值得尝试的图算法之一。

7.4.3 GraphTR

GraphTR（Graph Neural Network for Tag Ranking in Tag-enhanced Video Recommendation，在 Tag 推进的视频推荐中针对 Tag 排序的图神经网络）是微信在 2020 年发布的模型，已经在微信视频场景被应用。该模型主要展现了图算法在**场景迁移＋多任务场景的应用，以及用集成学习的方式**去提高模型的表达能力。但是从模型复杂度来说，这应该是最复杂的图算法模型之一。

1. 微信视频的场景

微信的视频下面通常都有若干个标签（tag），这些 tag 一般来源于人工打标和 NLP 团队打标。标签排序算法会根据不同用户的特征从这些标签池中选择合适的个性化标签展示给用户。当用户点击一个标签时（如点击 Yummy food 标签），会进入对应的标签频道，频道内仅包含与点击的标签相关的视频（如各种美食视频），从而进行沉浸式的连续观看。这就对 tag 的个性化提出了很高的要求，比如对于喜欢篮球的用户，NBA tag 就应该排第一位等。而且这个 tag 除了要吸引用户，还要能够进一步引导用户在标签频道中进行深度阅读。图 7-31 所示为上文的场景。

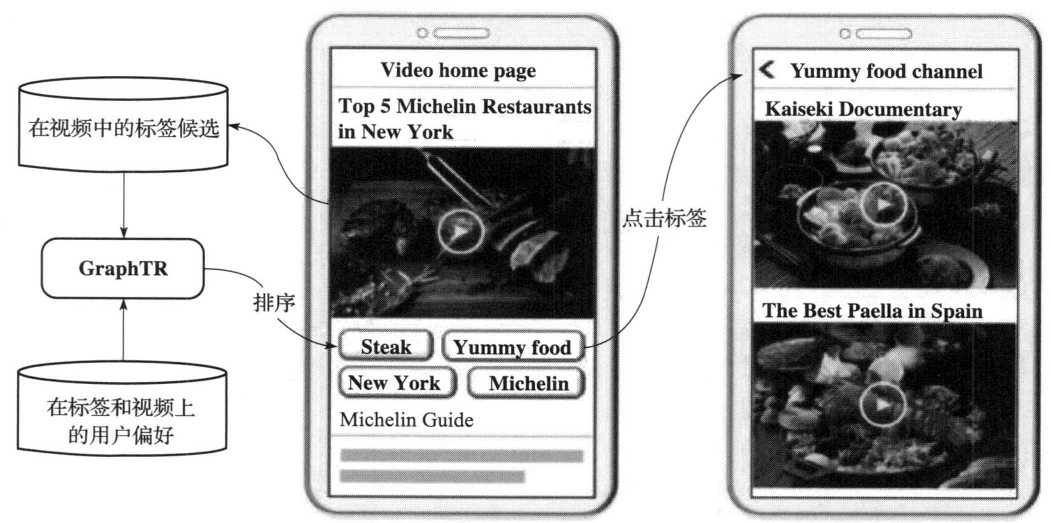

图 7-31 微信视频 tag 场景展现

微信团队在这个场景中面临的问题是用户点击视频的行为次数比较多，但是**用户点击 tag 的行为比较稀疏，训练数据不足**。面对这种数据极度稀疏的情况，微信视频团队决定跨域使用视频的数据，让模型通过用户和视频的交互行为学习到 tag Embedding。

具体的实现如下：

- 将用户、视频、tag（还加上视频的来源媒介）放入一个大的异构图中，这些异质的信息交互连接了用户不同兴趣维度上相近的异质节点。
- 使用一个新的 HFIN 图神经网络模型，融合特征域维度的 Transformer、Graph Sage 和 FM 等模型的集成，得到节点表示。
- 因为视频 Embedding 融合了 tag Embedding，所以在优化目标达成之后，一个优质的副产品就是 tag Embedding。

2. 构建异构图

构建整个异构图（图里面的节点来源只有一种的称为同构图，如只有物料；超过一种的称为同构图）主要包括节点的选择和边的关系选择。

（1）节点的选择

节点的来源主要有用户、视频、tag、媒介（视频来源）这 4 类。因为用户数目太多，而每个用户的行为相对稀疏，所以 GraphTR 将用户按照性别、年龄和地点维度分成 84 000 组，用用户群替代用户，在图中建模。

（2）边的关系选择

边关系主要有 4 类：

- 视频-视频：从用户的视频观看会话行为中构建。

- 用户-视频：某视频被某用户群一周观看超过3次。
- 视频-tag：视频和其携带的tag。
- tag-tag：从tag在视频中的共现信息中构建。

3. **图模型结构**

构建好了节点和边以后，整个图就被构建完毕。微信提出了图7-32所示的HFIN（Heterogeneous Field Interaction Network，异构域交叉神经网络）去训练整个图数据。简单点说，HFIN融合Transformer、Graph Sage和FM特征抽取器，得到每个节点的Embedding表示。其中，域级别的Transformer能够分特征域抓住邻居节点之间的交互信息，Graph Sage进行了直观整体的邻居级特征聚合，而FM则基于邻居聚合后的特征域进行特征交互和聚合。

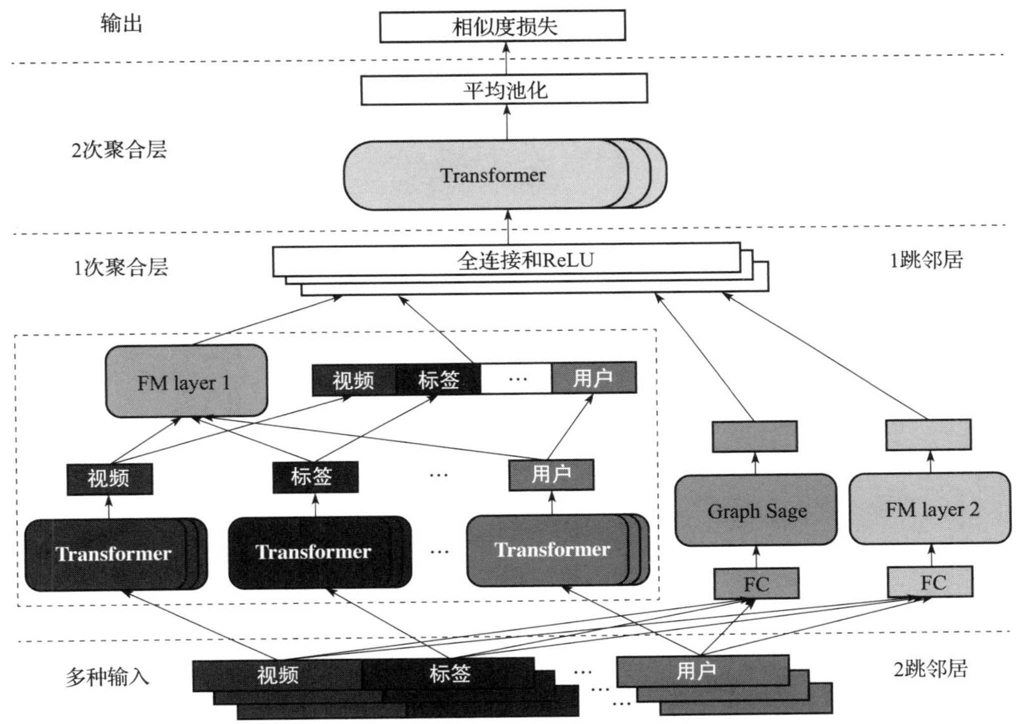

图7-32 HFIN结构

（1）异构特征层

异构特征层（Heterogeneous Feature Layer）是HFIN的最底层，它的作用是做第一次结点特征更新。它的具体运转逻辑是：对于具体节点而言，将同类型的邻接节点的特征进行相加，相加后将不同类型的邻接节点进行拼接，来作为该节点特征的第一次更新。具体实现公式如下：

$$f_k=\mathrm{concat}(\hat{v}_k,\hat{t}_k,\hat{m}_k,\hat{u}_k)$$

$$\hat{v}_k=\mathrm{sum}(v_n)\quad n\in \mathrm{Neighbor}_k$$

$$\hat{t}_k=\text{sum}(t_n) \quad n\in \text{Neighbor}_k$$
$$\hat{m}_k=\text{sum}(m_n) \quad n\in \text{Neighbor}_k$$
$$\hat{u}_k=\text{sum}(u_n) \quad n\in \text{Neighbor}_k$$

式中，v_n、t_n、m_n、u_n 为各个节点的初始特征（这里的节点特征一般指节点对应的 Embedding）。

各个节点通过同构特征层后，所有节点特征得到了第一次更新。而这其实就是 3 跳节点向 2 跳节点的一次聚合。

（2）多域交互层

多域交互层（Multi-field Interaction Layer）是对 2 跳邻居的 Embedding 聚合，然后生成 1 跳邻居的 Embedding。而 HFIN 采用了 Graph Sage、FM、Transformer 这 3 种方式，粒度上从由粗到细，完成聚合。

①Graph Sage 聚合。

Graph Sage 聚合是标准的 GCN 聚合。具体实现公式如下：

$$h_{\text{Graph}}=\text{ReLU}\left(W^G\cdot\left(\sum_{i=1}^{n}f_i+f_s\right)\right)$$

式中：

- ❑ f_s 就是需要聚合的节点自身。
- ❑ f_i 就是需要聚合的节点的 n 个邻居之一。
- ❑ h_{Graph} 是由 Graph Sage 方式聚合得到的 1 跳节点 Embedding。

②FM 聚合。

FM 聚合先对邻居节点中同一类型节点的 Embedding 求平均，然后将 4 种不同类型的特征（视频-视频、视频-用户、视频- tag、tag-tag）进行两两特征交互。

$$h_v'=\text{Ave\_pooling}(F_v)\cdot W_v,\quad F_v=f_{v1},\cdots,f_{v2}$$

$$f_{\text{FM}_2}=\sum_{i=1}^{4}\sum_{j=i+1}^{4}h_i'\odot h_j',\quad h=(h_v',h_u',h_t',h_m')$$

③Transformer 聚合。

Transformer 聚合在 FM 聚合的基础上，先对同一类型节点的节点特征进行 self_attention 操作，得到新的节点特征，然后求平均来得到代表该类型节点的特征值。具体公式如下：

$$\hat{F}=\text{self\_attention}(F_v)$$

$$\hat{h}_v=\text{ave\_pooling}(\hat{F}_v)\cdot W_v$$

$$h_{\text{FM}_1}=\sum_{i=1}^{4}\sum_{j=i+1}^{4}\hat{h}_i\odot\hat{h}_j,\quad h=(\hat{h}_v,\hat{h}_u,\hat{h}_t,\hat{h}_m)$$

$$h_{\text{Trans}}=\text{concat}(h_{\text{FM}_1},\hat{h}_v,\hat{h}_u,\hat{h}_t,\hat{h}_m)$$

最后，将 3 种模型的结果聚合起来。

$$h=\text{concat}(h_{\text{Trans}},h_{\text{Graph}},h_{\text{FM}_2})$$

事实上，3 种不同的模型从不同的粒度对不同类型的邻居节点上的信息进行聚合。Graph

Sage 聚合最粗，不区分域。FM 聚合细致一些，考虑了不同域之间的两两交叉。Transformer 聚合最细，不仅考虑了不同域之间的交叉，还考虑了一个域内部多个特征（异构节点）之间的交叉。

二次聚合层（The Second Aggregation Layer）节点的更新方式与 Transformer 聚合的方式类似，最终节点的 Embedding 为：

$$o=\text{Average\_pooling}(\text{Transformer}(\text{ReLU}(W^F H)))$$

4. 目标函数

模型的训练目标本质上是：图中相邻节点的 Embedding 是相似的，不相邻节点的 Embedding 差距大。损失比较简单，就是 Word2vec 的常规损失，但是优化的节点事实上仅在视频-视频之间，这是因为用户- tag 之间交互的数据太少，其次，图上建模的不是单个用户，而是用户群，一个用户群包含的用户兴趣太复杂，这里用用户-群与视频训练，可能噪声比较大。而因为视频的点击行为比较多，这方面的数据比较丰富，所以优化节点仅在视频之间发生。具体公式如下：

$$J=\sum_{o_i}\sum_{o_k\in N_i}\sum_{o_j\notin N_i}(\log(\sigma(o_i^{\mathrm{T}}o_k))+\log(1-\sigma(o_i^{\mathrm{T}}o_k)))$$

尽管这个训练目标中的 o_i、o_k、o_j 都是视频节点上的 Embedding，但是由于在生成 o_i、o_k、o_j 的过程中也聚合了 tag 的 Embedding，因此待以上目标优化达成后，得到的 tag Embedding 也是最优的。

5. Serving 方式

将这些 tag Emedding 加权平均，得到用户 Embedding，在这个用户 Embedding 中，在当前视频所携带的 tag 的 Embedding 中寻找出距离最近的 Topk 个 tag，作为推荐结果显示在视频的下方。因为这些 tag Embedding 蕴含了丰富的用户－视频行为信息，因此不仅有助于提升用户对 tag 的点击率，也有助于提升进入沉浸式 tag 频道后的观看时长。此外，对于没有点击 tag 的用户而言，也可以使用用户点击的视频 Embedding 进行聚合，再进行 tag 召回。

总的来说，GraphTR 的建图方式更偏向微信的业务，属于业务主导的模型，其中的建图思路值得被借鉴。另外，在模型方面，GraphTR 的模型复杂度明显要高很多，效果是提高了，但是上线的复杂度是很大的。

7.5 基于树网络的召回

7.5.1 TDM 树召回

Tree-based Deep Model（TDM）是基于树的召回模型。不同于双塔召回和图召回，TDM 树召回主要以物料的相似性为原则进行树的建立，然后通过检索树来进行召回。

图 7-33 所示为 TDM 树的模型结构。图 7-33 的右下部分展现的树就是平衡的二叉树（实际模型不需要是二叉的，这里为二叉树是为了方便讲述）。它的叶子节点对应着一个个物料，物料

库中所有的物料都能在叶子节点里找到对应内容。而非叶子节点可以看成表征的一个类别，层级越往上的非叶子节点，表征的类别范围越广。比如从上往下，非叶子节点可以分别为动物-猫科类-加菲猫。鉴于每个物料都可以映射成 Embedding，相应树中的每个节点（包括叶子节点和非叶子节点）也可以映射成 Embedding。其中，叶子节点和对应物料的 Embedding 共享参数。对于每个用户来说，树上节点的正样本是后代叶子节点为正样本的节点，且包括叶子节点。举个例子，喜欢 iPhone 的用户肯定是喜欢手机的，喜欢手机的用户也可以是喜欢电子产品的。这里的 iPhone 就是叶子节点，手机就是叶子节点的上一层节点，电子产品就是更上一层的节点。

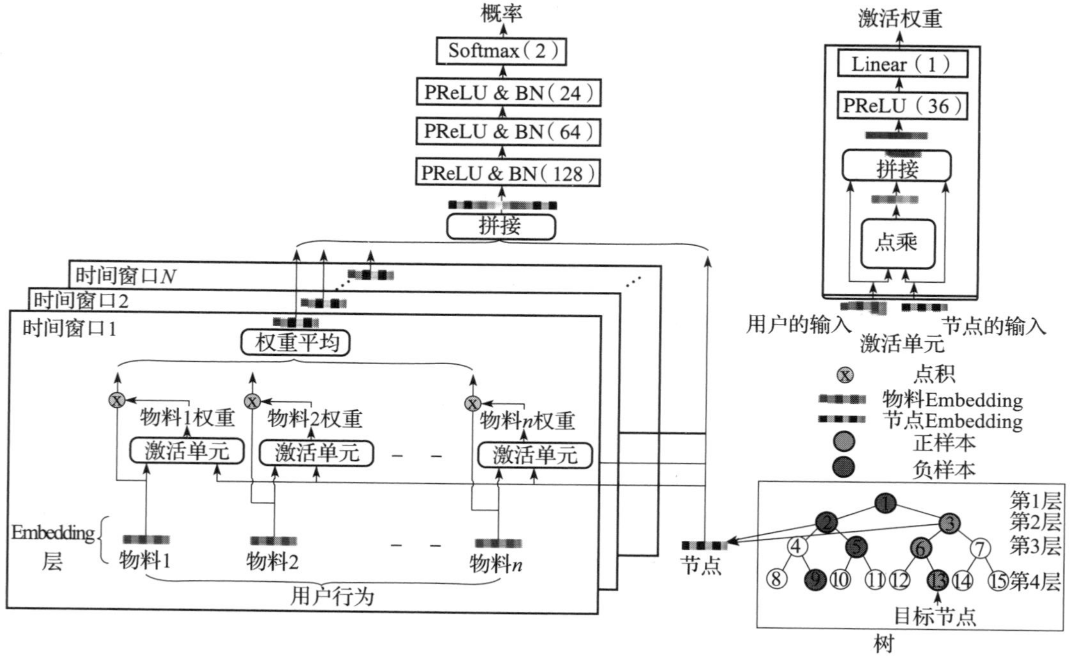

图 7-33　TDM 树的模型结构

图 7-33 的左边部分是一个典型的 DIN 模型，此处不做赘述。不同地方在于，TDM 设置了时间窗口，可把用户的行为序列按时间进行拆封，考虑了不同时期用户的行为演变的轨迹。

1. 树的构建

如果已经有了每个物料对应的 Embedding，就可以用 Embedding 做 Kmeans 聚类。首先，将所有物料聚成两类（进行适当调整，使两个类别包含的物料数差不多），将每个类再聚成两类，这样一层一层地聚类，像极了树结构，递归聚类后就能搭起一棵树。这样搭起的树，节点间的距离越近，对应的 Embedding 间的相似度也越高。但这需要每个物料都已经有了对应的 Embedding。在没有 Embedding 之前，可以利用物料原先就带有的类别信息把类别一样的物料放在一起，再将所有物料排成一排，排定次序后，从中间分开，把物料分成两排，在每排的基础上再从中间分成两排。通过这样类似二分法的方法也能搭起一棵树，这就是树的初始化。有了初始化的树，树中的节点对应的 Embedding 就可以拼接入深度学习模型进行训练，训练收敛后，Embedding 就有了，这时就可以采用之前介绍的方法重新构筑出一棵树接着训练。当然也可以不那么麻烦，直接训练完即可，但重新构筑树再训练，最后的效果通常是更好的。

此外，笔者认为也可以使用上一代召回模型的 Embedding 作为初始化的叶子节点 Embedding，再利用聚类进行树的构建。

2. 模型推理假设

假设已经有了一个训练好的模型，这里要推荐两个物料。如图 7-34 所示先从第一层出发，将第二层中的每个节点对应的 Embedding 分别导入深度模型中，可以分别算出一个概率值。概率值越大，说明对应的用户越喜欢对应的节点代表的类别，选出两个概率值较大的对应的节点。从这两个节点出发，对它们的子节点（在第三层中）再次分别拼接入左边的深度模型中，算出对应的概率值，再选出两个概率值中较大的值对应的节点（这些对应的节点都在第三层中）。如此重复下去，直到最后一层的叶子节点，按照相同的方法选出两个对应概率值中较大的，这就是要推荐给用户的两个物料。可以看出，这种方法就是 Beam Search 搜索。

因为树深是 $O(\ln(|C|))$（$|C|$ 为商品总数），并且在每层查找时均可以剪枝，所以上述查找过程是非常高效的，至多遍历 $2k\log|C|$ 个节点，但需要树结构中的非叶子节点分类器满足以下条件：

$$P^{(j)}(n|u)=\frac{\max_{n_c\in n's\text{在第}j+1\text{层的孩子节点}} P^{(j+1)(n_c|u)}}{\alpha^{(j)}}$$

式中：

- $P^{(j)}(n|u)$ 是用户对树中 j 节点感兴趣的概率。
- $P^{(j+1)}(n_c|u)$ 是用户对树中 j 节点的子节点感兴趣的概率。
- $\alpha^{(j)}$ 层 j 的归一化项，保证该层所有节点的概率加起来等于 1。

树中第 j 层的每个非叶子节点的概率等于其子节点概率的最大值除以正则项 $\alpha^{(j)}$，这样能保证在任何一层查找概率较大的 k 个节点后，其下一层概率较大的 k 个节点均属于上一层这 k 个节点的子节点。而正则项的引入用于调整 $P^{(j)}(n|u)$ 的大小，保证同一层中各节点的概率和为 1。满足这一特性的树结构称为最大堆树（Max-heap Like Tree）。召回过程中，实际并不需要计算出概率真实值，只需要计算出各节点概率的相对大小即可，我们可以使用用户和商品交互这类隐式反馈作为样本，使用一个深度神经网络进行训练，用作各节点的分类器，即全局所有分类器共用一个深度神经网络。

3. 样本构建

为了完成最大堆假设，可以使用**样本设计**。其中，正样本是用户最终确实表示感兴趣的并点击的物料，在树里面就是从对应这个物料的叶子节点开始，从下往上，所有的父节点都是正样本。在树的每一层，都随机抽一个节点（只要不是正样本节点）作为负样本。从图 7-34 中用不同的形状标注了正负样本，三角形节点为负样本，方形节点为正样本。

假设用户 u 和叶子节点 n_d 有交互，那么 n_d 对于用户 u 是一个正样本，有：

$$P^{(m)}(n_d|u)>P^{(m)}(n_t|u)$$

式中：

- ❑ m 表示叶子层级。
- ❑ n_t 表示叶子节点除 n_d 外的其他节点。

上式表达了与用户有交互的节点的概率应大于其他无交互的节点的概率。进一步地，对于任一层级 j，令 $l_j(n_d)$ 表示叶子节点 n_d 在层级 j 的祖先节点，可以推导出：

$$P^{(j)}(l_j(n_d)|u)>P^{(j)}(n_q|u)$$

式中，n_q 是层级 j 中除 $l_j(n_d)$ 外的其他节点，即在层级 j 中，$l_j(n_d)$ 的概率也应大于该层其他节点的概率。

基于上述分析，TDM 使用负样本采样产出每个层级的正负样本。具体来说，与用户 u 有交互的叶子节点及其祖先节点组成用户 u 的正样本，再从每个层级中随机选择其他节点组成用户 u 的负样本。例如，图 7-34 中，对于用户 u，n_{13} 及其祖先节点 n_1、n_3、n_6 是正样本，被标记为方块。而对每层中的其他节点随机选择 n_2、n_5、n_9 作为负样本，被标记为三角。在产出样本后，使用这些样本训练一个深度神经网络，用作各节点的分类器。假设 y_u^+ 和 y_u^- 分别是用户 u 的正负样本集合，那么似然函数为：

$$\prod_u\left(\prod_{n\in y_u^+}P(\hat{y}_u(n)=1|n,u)\prod_{n\in y_u^-}P(\hat{y}_u(n)=0|n,u)\right)$$

式中，$P(\hat{y}_u(n)=1|n,u)$、$P(\hat{y}_u(n)=0|n,u)$ 分别表示给定用户 u 时，对于节点 n 由模型预估出的正（用户感兴趣）负（用户不感兴趣）样本的概率，相对应的对数似然损失函数为：

$$-\sum_u\sum_{n\in y_u^+\cup y_u^-}(y_u(n)\log P(\hat{y}_u(n)=1|n,u)+(1-y_u(n))\log P(\hat{y}_u(n)=0|n,u))$$

式中，$y_u(n)$ 是给定用户 u 时，节点 n 的真实正负样本标识。

TDM 树结构如图 7-34 所示。

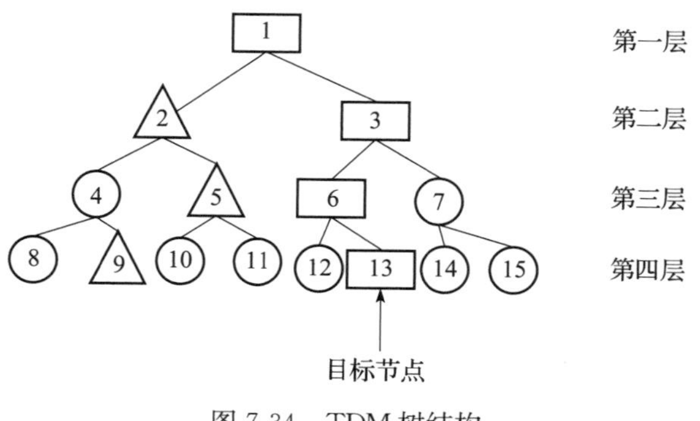

图 7-34 TDM 树结构

TDM 以树模型为框架，以层次聚类为核心，对整个物料进行体系化的建模。该模型在淘宝上线以后，取得了很好的召回效果，让很多高质量的个性物料得到了下发。此外，TDM 树打破了非个性化和双塔召回在召回层的垄断，给业界的算法工程师提供了一个更广阔的建模空间。然而，TDM 建模比较复杂，除了数据和算法能力外，对于整个工程的支持要求也很高，落地成本很大。

7.5.2 DR

DR（Deep Retrieval，深度检索）是“字节跳动”在 2020 年提出的类似于 TDM 树结构的召回模型。不同点在于，TDM 使用树结构，而 DR 使用寻找最优路径的方式。

如图 7-35 所示，DR 中的索引结构是一个的矩阵，总共有 D 层，每层各 K 节点。DR 规定只能从左向右走，因此走 D 步就可以走完这个矩阵，一共有种 K^D 走法。每一种走法，都代表一个簇。而每一种走法就代表着一个物料。每个物料都可以被分配到 J 个路径里，J 是训练时的超参数，比如 $J=3$。**把每个物料映射到 J 个路径的策略是后面训练的关键。**这里设 $K=100, D=3$，假设一个物料表示为 [36,27,20] 的路径，这里的路径表示这个物料被指定给（1,36），（2,27），（3,20）索引。图 7-35a 中，同样形状的箭头组成了一个路径，不同的路径是可以交叉的，也就是可以共享某个索引。

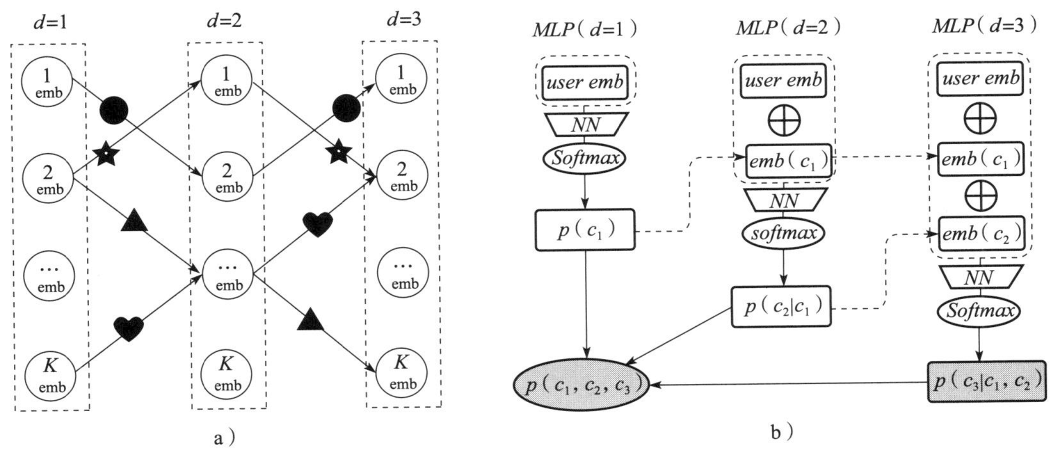

图 7-35 DR 结构图

1. 路径概率计算

DR 有 D 层网络，每一层都是一个 K 维 Softmax 的 MLP，每一层的输入都是原始的用户 Embedding 与前面每一层的输出 Embedding 进行拼接。所有的用户共享中间的网络，线上推理的时候，**输入用户信息（比如用户 id）即可自动找到与其相关的簇，然后把每个簇中的物料当作召回的物料候选。**

2. 线上推理

有了以上的架构，推理的方式就显而易见了。首先使用Beam Search，每一层选 B 个概率最大的路径。然后得到 B 个完整的路径，把 B 个路径包含的物料合并起来作为这个用户的结果。

如果召回完的结果太多，则**还会再排序，可以用Softmax排序，线上实际用的模型是**LR。该排序与普通的算法没什么区别，可以用实际点击做正例，用Sample负例。具体公式如下：

$$Q_{\text{Softmax}}=\sum_{i=1}^{N}\log p_{\text{Softmax}}(y=y_i \mid x_i)$$

式中，Softmax输出的size是 V（所有物料 s 的数量），然后使用Sample Softmax进行优化。整个Beam Search推理代码如图7-36所示。

Input: user x, model parameter θ, beam size B.
Let $C_1=\{c_{1,1},\cdots,c_{1,B}\}$ be top B entries of $\{p(c_1 \mid x,\theta):c_1\in\{1,\cdots,K\}\}$.
for $d=2$ *to* D **do**
  Let $C_d=\{(c_{1,1},\cdots,c_{d,1}),\cdots,(c_{1,B},\cdots,c_{d,B})\}$ be the top B entries of the set of all successors of C_{d-1} defined as follows.
  $p(c_1,\cdots,c_{d-1} \mid x,\ \theta)p(c_d \mid x,c_1,\cdots,c_{d-1},\theta)$, where
   $(c_1,\cdots,\ c_{d-1})\in C_d, c_d\in\{1,\cdots,K\}$.
end
Output: C_D, a set of B paths.
Algorithm 1: Beam search algorithm

图7-36　Beam Search推理代码

3. 训练框架

通过上述的整体框架，我们可以发现以下几个特点：

- DR的输入只用了用户的信息，没有使用物料的信息。
- DR的训练集只有正样本，没有负样本。
- DR不但要学习每一层网络的参数，而且要学习给定用户如何把一个物料映射到某一个Cluster/路径里面（物料到路径的映射 π）。其实，这一步类似于EM算法的E-step和M-step。E-step为固定 $\pi(\cdot)$ 优化模型参数 θ，M-step为固定模型参数 θ 优化 $\pi(\cdot)$。

（1）E-step训练

前文提到，我们不但要学习 D 层MLP的参数，而且要学习如何进行物料到路径的映射。这里首先固定路径的学习，也就是固定 $\pi(\cdot)$，**即假设知道每个物料最后属于哪几条路径。**

给定一个 N 个样本的训练集 $\{(x_i,y_i)\}_{i=1}^{N}$，其中一条路径的最大log似然函数为：

$$Q_{\text{str}}(\theta,\pi)=\sum_{i=1}^{N}\log p(\pi(y_i) \mid x_i,\theta)$$

这里，DR认为将每个物料分类到一个Cluster是不够的，比如巧克力可以是“food”，也可以是“gift”，因此将一个物料映射到 J 个path里面。对于物料 y_i，它的路径表示为 $\{c_{i,1},\cdots,c_{i,J}\}$，多条路径的log似然函数表示为：

$$Q_{\text{str}}(\theta,\pi)=\sum_{i=1}^{N}\log\left(\sum_{j=1}^{J}p(c_{i,j}=\pi_j(y_i)\mid x_i,\theta)\right)$$

属于多条路径的概率是属于每条路径的概率之和。但是直接优化这个目标有一个很严重的问题，如果把所有的物料都映射到同一条路径，那么 DR 模型很容易就可以把这条路径上每个节点的概率都学成 1，这样 Q_{str} 自然就最大化了。但是这样显然没什么作用，因此要加惩罚项，以保证不同的物料尽量分到不同的路径里：

$$Q_{\text{pen}}(\theta,\pi)=Q_{\text{str}}(\theta,\pi)-\alpha\cdot\sum_{c\in[K]^D}f(|c|)$$

式中：

- $|c|$ 代表 c 这条路径里包含的物料的个数。
- α 是惩罚因子。
- $f(|c|)=|c|^4/4$。

结合之前的重排序学习，最后的损失就是 $Q=Q_{\text{pen}}+Q_{\text{Softmax}}$。

不过仔细看的话可以发现，加入惩罚项，函数只会影响 M-step，而 E-step 只优化模型参数，所以 E-step 训练的时候可以忽略这个 $f(|c|)$。

到这里，我们发现，当给定路径的时候，进行网络参数优化的核心是如何确定每个物料分到哪几个路径里面。

（2）M-step 训练

在 M-step 是不会更新参数的，改变的只有物料映射到路径的策略 π。M-step 中比较重要的是理解打分函数（Score Function）：

$$s[v,c]\triangleq\sum_{i:y_i=v}p(c\mid x_i,\theta)$$

式中，$s[v,c]$ 表示物品 v 分配到 c 的累计重要度，使用的是所有目标物品为 v 的样本加和，表示为 $i:y_i=v$。所以 Score 可以理解为物料 v 在 c 上的所有概率和。

这里着重说明一下，假设物料 v 被 3 个用户点击过，即 [$\mathbf{user}_1,\mathbf{user}_2,\mathbf{user}_3$]，那么分别计算 $\mathbf{user}_1$、$\mathbf{user}_2$、$\mathbf{user}_3$ 在路径 c 上的点击率 $\boldsymbol{p}(\boldsymbol{c}\mid\boldsymbol{x}_i,\boldsymbol{\theta})$，然后进行加和，得到 $\boldsymbol{s}[\boldsymbol{v},\boldsymbol{c}],\boldsymbol{p}(\boldsymbol{c}\mid\boldsymbol{x}_i,\boldsymbol{\theta})$ 的计算方法参考路径概率计算。当然不可能把所有的 c 都枚举一遍，因此使用了 Beam Search 挑出来排名前 S 个的路径，然后将其他的路径得分设置为 0。

在得到了所有的 $s[v,c]$ 后，就意味着得到了每个物品 v 的 S 条候选路径，接下来的目标是从 S 条中选出最终的 J 条。之所以在之前的计算中不直接选择 J 条路径出来，是因为之前 $s[v,c]$ 的计算没有考虑惩罚函数。DR 中加入惩罚函数 $f(|c|)$，是为了防止一条路径被分配太多的物品而导致不均衡。

对于每次的训练集合，训练完 E-step 后就可以计算出 s 函数。于是，需要根据 s 函数调整策略 π 来使得 Q 最大。由于 π 没法通过梯度下降优化，因此使用了坐标下降算法，其实就是每次只优化一个物料，其他物料固定。对于每个物料，都要选择 J 条路径来使得 Q 值最大。这里的 Q

理解成 Qpen 就可以了，不需要考虑 Softmax 重排。对于每个物料的 Q 函数：

$$\arg\max_{\{\pi_j(v)\}_{j=1}^J} \sum_{v=1}^{V}\left(N_v \log\left(\sum_{j=1}^{J} s[v,\pi_j(v)]\right)-\log N_v\right)-\alpha\sum_{c\in[K]^D} f(|c|)$$

式中，N_v 就是物料 v 在训练样本里出现的次数。$-\log(N_v)$ 为常数，所以可以直接去掉，最终的优化目标就是：

$$\arg\max_{\{\pi_j(v)\}_{j=1}^J} N_v \log\left(\sum_{j=1}^{J} s[v,\pi_j(v)]\right)-\alpha\sum_{j=1}^{J} f(|\pi_j(v)|)$$

详细的算法伪代码如图 7-37 所示。

```
Input: Score functions log s[v,c]. Number of iterations T.
Initialization: Set |c| = 0 for all paths c.
for t = 1 to T do
    for all items v do
        Initialize the partial sum, sum ← 0.
        for j = 1 to J do
            if t>1 then
                |π_j^(t-1)(v)| ← |π_j^(t-1)(v)| -1. /* 上轮迭代中对新的赋值重置路径尺寸 */
            end
            for all candidate paths c of item v such that c ∉ {π_l^(t)(v)}_{l=1}^{j-1} do
                Compute incremental gain of objective function
                    Δ_s[v,c] = N_v(log(s[v,c]+sum)-log(sum)) -α(f(|c|+1)-f(|c|)).
            end
            π_j^(t)(v) ← arg max_c Δs[v,c].
            sum ← sum+s[v,π_j^(t)(v)] (Update partial sum).
            |π_j^(t)(v)| ← |π_j^(t)(v)| + 1(Update path size).
        end
    end
end
Output: path assignments {π_j^(T)(v)}_{j=1}^J.
        Algorithm 2: Coordinate descent algorithm for penalized path assignment.
```

图 7-37 EM 算法伪代码

对于第 i 步，选择 $c=\pi_i(v)$ 的收益为：

$$N_v\left(\log\left(\sum_{i=1}^{i-1} s[v,\pi_j(v)]+s[v,c]\right)-\log\left(\sum_{i=1}^{i-1} s[v,\pi_j(v)]\right)\right)-\alpha(f(|c|+1)-f(|c|))$$

因此，我们就从 $i=1$ 开始每次贪心地选择增益最大的作为当前路径。经验显示，3～5 次迭代足以保证算法收敛。时间复杂度随物料量 V、路径多样性 J 和候选路径数量 S 呈线性增长。

笔者个人的理解是，在 M-step，对于每一个被点击的物料，利用点击过这个物料的用户的信息去选择路径。这种思想很像一种聚类，用点击过这个物料的用户的信息去聚类表达这个物料，从而选择出对应的 J 条路径。理想情况下，假如点击过物料 i 和物料 j 的用户的重合度很高，那么物料 i 和物料 j 对应的 J 条路径的重合度应该也是很高的。

EM 算法在 DR 的主要思想就是要选的是几条路径（s 函数减去惩罚项）的和最大，所以每次选的时候，都选择加上这条路径后 Q 值变大最多的那一个物料就可以了。这一步要注意，把物料分配到与原来不同的路径以后，路径的物料个数会动态变化的。

DR 的 EM 算法步骤是，首先执行 M-step，对于单个用户来说，先采用坐标下降法，针对单个物料进行迭代，选择优化目标 $\mathrm{argmax}_{\{\pi_j(v)\}_{j=1}^{J}} N_v \log\left(\sum_{j=1}^{J} s[v,\pi_j(v)]\right) - \alpha \sum_{j=1}^{J} f(|\pi_j(v)|)$。然后为每个物料选择好 J 条路径，同时得到策略参数 $\pi(\cdot)$。M-step 的主要思想就是利用用户对物料的路径进行聚类，然后为单个物料选择出 J 条路径。接着，已知每个物料的路径，进行 E-step 操作，让模型可以学习好单个用户对路径的偏好，也是对物料的偏好，直接选择 $Q_{\mathrm{str}}(\theta,\pi) = \sum_{i=1}^{N} \log\left(\sum_{j=1}^{J} p(c_{i,j}=\pi_j(y_i)|x_i,\theta)\right)$ 为目标函数，进行常规的梯度下降，经过 EM 算法的迭代，最终实现整个模型的收敛。

DR 对于一些长尾视频及长尾用户比较友好，在 DR 结构的每个路径中，物料是不可区分的，这允许检索不太受欢迎的物料，只要它们与受欢迎的物料共享一些类似的行为。DR 适合于流训练，而且构建检索结构的时间比 HNSW 要少得多，因为 DR 的 M-step 中不涉及任何用户或项目嵌入的计算。用多线程 CPU 实现处理所有项目大约需要 10min。

CHAPTER 8

第 8 章 精排层的样本选择和模型选择

精排是整个推荐最核心的部分，直接决定了推荐的最终效果。因为经过前面流程（召回、粗排等）的筛选，精排所看到的物料都是已经和用户的兴趣非常相关的物料了。所以，精排的任务只有一个，就是尽可能地提高模型精度，给用户输送最感兴趣的物料。精排模型的迭代已在工业界经过了大量的实验，针对不同的场景有不同的精排建模方式。本章将介绍不同业务场景下的经典精排模型。

8.1 传统 DNN 建模

自从推荐系统进入深度学习时代，DNN 相关的模型就迅速得到大量应用。之前因为数据量不够、算力限制和数据清洗困难等问题，DNN 的效果其实是弱于 XGBoost 模型的。但是，随着大数据时代的到来和算力的提升，DNN 模型在大数据的加持下在很多业务场景的推荐效果是优于 XGBoost 等树模型的。本节将介绍精排模型中 DNN 模型的经典代表——Youtube DNN 和 Wide&Deep。

8.1.1 Youtube DNN 精排模型

这里将介绍 Youtube DNN 的精排模型，它的大体结构如图 8-1 所示。Youtube DNN 的精排是早期灵活运用 DNN 模型的经典案例，它对于**标签变化的技巧**现在被很多算法工程师引为经典。可以说，Youtube DNN 为 DNN 在推荐场景中建模打了一个很好的样板。它的几个建模关键点如下：

1. 特征处理

在 7.2.2 节中介绍了 Youtube 召回模型的特征处理，精排也是一样的，此处不做赘述。

2. 标签的选择

Youtube DNN 为了防止“标题党”的存在，采用了播放时长作为预测目标。这也是预测

“观看/阅读时长”常用的一个方法。不过它并不是通过直接设定一个时长阈值去设定一个二分类任务，而是对点击的**正样本乘上一个时长作为权重，负样本因为没有点击所以权重为 1**。

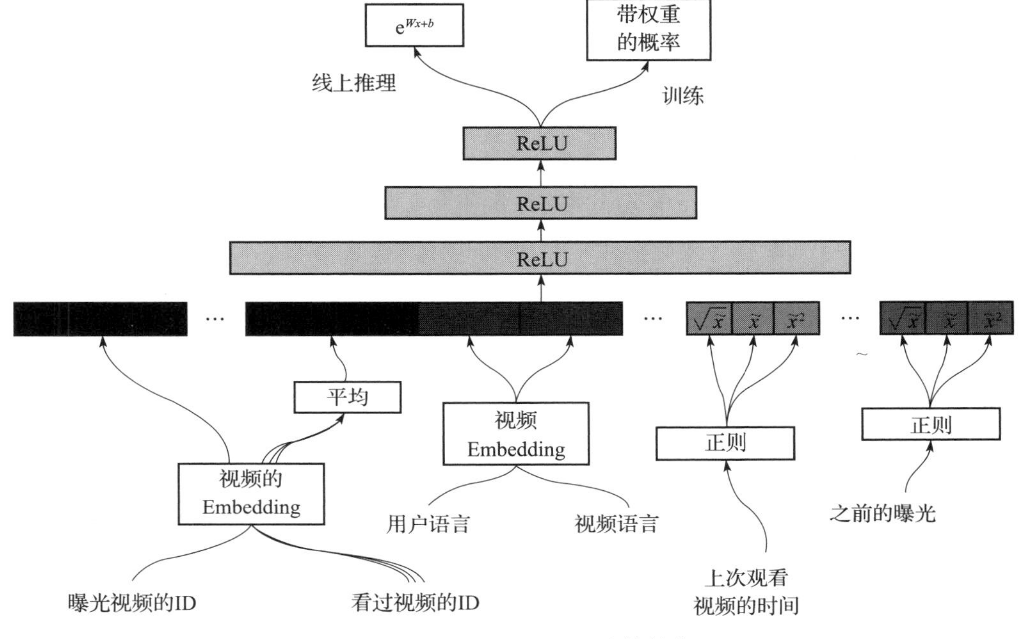

图 8-1　Youtube DNN 的大体结构

这么做的原因如下：逻辑回归中的 $e^{\omega^{T}x+b}$ 为比率（Odds）。如果没有时长的加成，那么正负样本为比率为：

$$\text{Odds}=\frac{N^{+}}{N^{-}}=\frac{N^{+}}{N-k}$$

式中：

- ❑ N^{+}为正样本数。
- ❑ N 为总样本数。
- ❑ N^{-}为负样本数。

那么，加上时长的权重以后比率变为：

$$\text{Odds}=\frac{\sum_{i} T_{i}}{N-k}$$

一般来说，**k 相对 N 来说比较小**，因此上式的 odds$\simeq\frac{\sum_{i} T_{i}}{N}=E(T)$，即期望观看时长。因此，在线上推理阶段，采用 e^{x} 作为激励函数，就是近似地估计期望的观看时长。

注意，这个思路也可以应用于其他场景中。在推荐商品时，对训练样本中的“点击正样本”加权，**权重是该商品的历史成交金额（GMV）**，这有利于将用户喜欢的且高价值的商品排在前面，有助于增加商家的利润。

3. 模型架构

Youtube DNN 精排模型基本和召回模型一样，不同的是精排训练过程中，它的最后一层是一个带权重的 LR 层，而 serving 阶段激励函数用的是 e^x。

4. 损失函数选择

不同于召回，Youtube DNN 采用了 Sigmoid 交叉熵。这是因为进行了物料 Embedding 和用户侧相关特征的模型交叉。一旦涉及特征交叉，做类似 Softmax 的操作就变得异常困难，对样本的存储和训练时长的压力很大，因此一般选择 Sigmoid 交叉熵。

5. 样本选择

精排层选择了曝光未点击的样本。这不仅因为比起召回层，精排层面对的负样本都是有一定难度的，而且还因为精排强调的是精准能力，需要拟合线上分布。

8.1.2 Wide&Deep

Wide&Deep 模型（宽度和深度混合模型，后面简称为 WDL）是首个将特征工程和深度学习结合的模型。2016 年，Google 提出 WDL 模型框架以后，各种衍生模型层出不穷。至今，许多大厂的线上模型都是 WDL 的衍生模型。

WDL 模型分为宽度侧和深度侧两部分。图 8-2 所示为 WDL 模型结构图，宽度侧主要让模型拥有记忆力，一般是 LR 模型或者 FM 模型。深度侧可让模型具有泛化能力。这样，模型就可以在宽度侧利用复杂的人工交叉特征去提高记忆能力，同时在深度侧引入 DNN，让模型具有自动交叉组合的能力，从而提高泛化性。

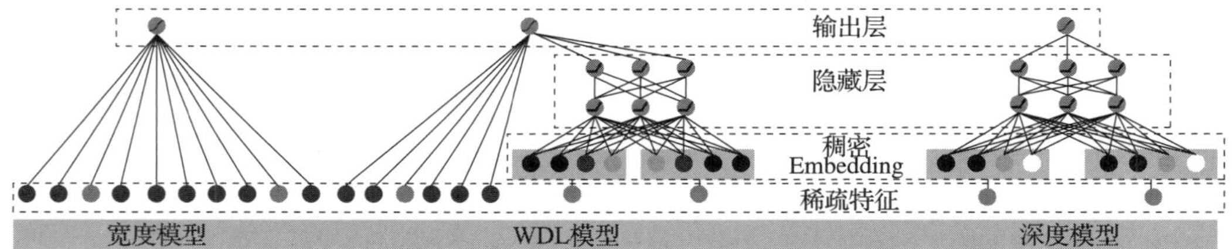

图 8-2　WDL 模型结构图

1. 宽度部分

宽度侧的模型引入了人工特征交叉部分，这部分变化被称为交叉积变换。具体公式如下：

$$y=w^{\mathrm{T}}\boldsymbol{x}+b$$

$$\boldsymbol{\phi}_k(\boldsymbol{x})=\prod_{i=1}^{d}x_i^{c_{ki}},\quad c_{ki}\in\{0,1\}$$

式中：

- ❑ $\boldsymbol{x}$ 是一个 d 维的特征向量。
- ❑ $\phi_k(\boldsymbol{x})$ 表示第 k 个特征交叉变化的特征交叉值。

很多读者可能对于 $\phi_k(\boldsymbol{x})$ 还有一些迷惑。它的意思就是，假设对几个特征进行了人工交叉，比如对于数值特征｛特征 $a=1.0$,特征 $b=2.0$,特征 $c=3.0$｝，对特征 a 和特征 b 进行交叉，那么人工特征 $\boldsymbol{\phi}_{特征_{ab}}(\boldsymbol{x})=1\times2=2.0$。同理，对特征 a、b、c 进行交叉，那么人工特征 $\boldsymbol{\phi}_{特征_{ab}}(\boldsymbol{x})=1\times2\times3=6.0$。当然，对于离散特征的交叉，可以直接进行人工组合，然后进行 onehot 变化。比如离散特征｛特征 A＝科技,特征 B＝有车一族,特征 C＝小说爱好｝，对特征 A 和特征 B 进行交叉，那么人工特征 $\boldsymbol{\phi}_{特征_{AB}}(\boldsymbol{x})$＝科技—有车一族。通常来说，人工特征完全依赖于对业务的理解，并且人工特征不宜过多，选择关键特征进行交叉即可。比如，Google Play 仅选择了两个特征进行人工交叉。

2. 深度部分

深度部分就很简单了，就是一个多层的 DNN，先将特征 Embedding 化，然后通过多层 DNN 输出结果，公式如下：

$$a^{(l+1)}=f(W^{(l)}a^{(l)}+b^{(l)})$$

3. WDL

WDL 可将宽度输出和深度输出组合在一起，表示如下：

$$P(Y=1\mid\boldsymbol{x})=\sigma(\boldsymbol{w}_{\text{wide}}^{\mathrm{T}}[\boldsymbol{x},\boldsymbol{\phi}(\boldsymbol{x})]+\boldsymbol{w}_{\text{deep}}^{\mathrm{T}}a^{(l_f)}+b)$$

对于 WDL 的训练，宽度部分使用 FTRL 优化器（此处不做讲解），深度部分使用 AdaGrad 优化器。宽度部分之所以选择 FTRL 优化器，主要是为了产生稀疏解，这样可以大大压缩宽度部分的模型大小。为了能够达到上线的要求，采用 FTRL 过滤掉那些稀疏特征无疑是非常好的工程经验。而深度侧经过 Embedding 处理后，不存在严重的稀疏特征问题，自然可以选择更适合深度学习训练的 AdaGrad 优化器。

WDL 模型的出现让深度学习在推荐场景中大面积落地。之前的推荐场景中，特征的规模和稀疏的程度都是很大的。特征 onehot 变化以后，特征数量级从百万级别到亿级都有。对于上亿级别的特征维度，每个特征再统一取上千维度的 Embedding，模型参数将瞬间暴涨至万亿级别。很明显，这对于计算能力的要求非常高。而 WDL 模型对于这类高维稀疏特征采用分组 Embedding 的思路，不需要每个 id 特征的 Embedding 大小都上千。高维稀疏特征可以缩小到几十 Embedding 大小，这样整体的参数空间将大幅缩小。

8.2 交叉模型

模型的拟合程度一直和模型特征交叉密切相关。但是，很明显，人工特征交叉会造成特别大的维度灾难。在推荐模型的早期，大规模特征工程是提高推荐精度的关键。但是，随着神经网络的流行，大规模特征工程开始退出，取而代之的是模型侧的特征交叉。本节将介绍各种不同的模型交叉方法。

8.2.1 FM模型家族

1. FM

在7.2.4节介绍了FM召回，事实上，最开始的FM是用于精排模型的，主要是为了解决**稀疏数据下的特征组合**问题。在需要梯度下降的模型中（如LR和DNN），一般会对特征进行离散化（主要将连续特征进行分箱，离散特征不变），从而将所有特征转换为离散型特征。对于离散特征，一般会采用onehot的处理方式。但是，这会衍生一个问题，即**特征稀疏性**。如图8-3所示，有4个样本。当对它们进行onehot编码以后，会得到如图8-4所示结果。

Label	category	topic	city
1	娱乐	33	成都
0	体育	20	上海
0	汽车	24	昆明
1	国内	1	北京

图8-3 离散特征示例

Label	category=娱乐	category=体育	category=汽车	category=国内	topic=33	topic=20	topic=24	topic=1	city=成都	city=上海	city=昆明	city=北京
1	1	0	0	0	1	0	0	0	1	0	0	0
0	0	1	0	0	0	1	0	0	0	1	0	0
0	0	0	1	0	0	0	1	0	0	0	1	0
1	0	0	0	1	0	0	0	1	0	0	0	1

图8-4 离散特征进行onehot编码后的结果

从中可以看出，经过onehot编码以后，数据变得异常稀疏。而且，当类别的种类变得越来越多（比如成百上千种）时，特征维度呈指数级增长，而且大部分值都为0。

此外，经过大量实验发现，特征交叉对于模型的拟合能力有很大的提高。因此，FM模型被提出用来解决稀疏数据下的特征组合问题。

特征交叉一般用多项式模型去表达。在多项式模型中，特征x_i和x_j的交叉采用乘法来表示，即x_ix_j。换句话来说，只有当x_i和x_j都不等于0时，x_ix_j才有意义。这里以二阶多项式模型（即特征只进行两两交叉）为例进行讲解，模型的表达式如下：

$$y(X)=\omega_0+\sum_{i=1}^{n}\omega_ix_i+\sum_{i=1}^{n-1}\sum_{j=i+1}^{n}\omega_{ij}x_ix_j$$

式中：

- ❑ X 代表样本的特征数量。
- ❑ x_i 是第 i 个特征的值。
- ❑ w_0、w_i、w_{ij} 是模型参数。

由上面的公式可以看出，$w_0+\sum_{i=1}^{n} w_i x_i$ 就是普通的 LR 线性组合，$\sum_{i=1}^{n-1}\sum_{j=i+1}^{n} w_{ij}x_i x_j$ 为特征的组合。从模型拟合能力上来看，该多项式模型的拟合能力是大于或等于 LR 的。当交叉项参数全为 0 时，该模型退化为普通的 LR 模型。

从上面的公式可得，交叉特征的参数一共有个$\frac{n\ (n-1)}{2}$，任意两个参数都是独立的。然而，经过 onehot 以后，数据呈极大稀疏性，二阶交叉参数的训练是很困难的。这是因为每个参数 w_{ij} 的训练都需要让 x_i 和 x_j 不为 0，这样模型才可以进行有效的梯度下降。因此，在样本数据稀疏的情况下，满足"x_i 和 x_j 不为 0"的样本将会非常少。训练样本的不足，很容易导致训练参数 w_{ij} 不准确，最终将严重影响模型的预测效果。

为了解决稀疏的问题，根据矩阵分解理论，即任一正定矩阵，只要分解后的隐向量的维度 k 足够大，就存在矩阵 $\boldsymbol{W}$，使得 $\boldsymbol{W}=\boldsymbol{V}\boldsymbol{V}^{\mathrm{T}}$。因此可以将 w_{ij} 转换为 $w_{ij}=<v_i,\ v_j>$。因此，我们从学习 w_{ij} 变为了学习每个特征的隐向量 $\boldsymbol{v}$。然而，**在数据稀疏的情况下，应该选择较小的维度 k，因为没有足够的数据来估计 w_{ij}。限制 k 的大小可以提高模型的泛化能力。**

那么为什么从学习 w_{ij} 变为学习隐向量 $\boldsymbol{v}$ 就可以避免特征稀疏呢？具体而言，$x_h x_i$ 和 $x_i x_j$ 的系数分别为 $w_{h,i}=<v_h,v_i>$和 $w_{i,j}=<v_i,v_j>$。很明显，$w_{h,i}$ 和 $w_{i,j}$ 有共同项。也就是说，所有包含"x_i 的非零交叉特征"（存在某个 $j\neq i$，使得 $x_i x_j\neq 0$）的样本都可以对隐向量 v_i 进行梯度下降。这一点很好地抵消了数据稀疏性造成的影响。在多项式模型中，$w_{h,i}$ 和 $w_{i,j}$ 是相互独立的。而引入隐向量以后，它们不再是相互独立的，因此我们可以在样本稀疏的情况下相对合理地估计 FM 的交叉项参数。

综合以上的原因，最终的 FM 模型的公式如下：

$$\text{firstOrder}=w_0+\sum_{i=1}^{n} x_i w_i$$

$$\text{SecondOrder}=\sum_{i=1}^{n}\sum_{j=i+1}^{n} x_i x_j<v_i,v_j>$$

$$\text{logit}=\text{Sigmoid}\left(w_0+\sum_{i=1}^{n} x_i w_i+\sum_{i=1}^{n-1}\sum_{j=i+1}^{n} x_i x_j<v_i,v_j>\right)$$

式中：

- ❑ $<v_i,v_j>$为隐向量 v_i 和隐向量 v_j 的点积。

2. FFM

FFM 模型引入了特征域（Field）的概念。即对特征进行分类，将一个个特征划分为不同的域。比如，fieldA＝｛网球，足球，篮球｝，fieldB＝｛大众，奔驰，宝马｝，fieldC＝｛飞机，汽车，轮船}。引入了域概念以后，对 FM 的隐向量 $\boldsymbol{v}$ 进一步细化，将域的概念融入进去，其公式如下：

$$y_{\text{ffm}}=w_0+\sum_{i=0}^{n}w_i x_i+\sum_{i=1}^{n}\sum_{j=i+1}^{n}<v_{i,f_j},v_{j,f_i}>x_i x_j$$

式中：

- $<v_{i,f_j},v_{j,f_i}>$为 s 属于域 j 的隐向量 v_{i,f_j} 和属于域隐向量 v_{j,f_i} 的点积。

隐向量 v_{i,f_j} 的长度为 k，域的数量为 f。因此，FFM 的二次参数有 nfk 个，远多于 FM 模型的 nk 个。

从上面的公式可知，FFM 与 FM 的区别在于隐向量由原来的 v_i 变成了 v_{i,f_j}。其代表的意思是每个特征对应的隐向量不再是唯一的 k 维向量，而是有 f 个 k 维向量。当 x_i 特征与 x_j 特征进行交叉时，x_i 特征会从 f 个 v_i 隐向量中选择出与特征 x_j 的域 f_j 对应的隐向量 v_{i,f_j} 进行交叉。同理，x_j 也会选择与 x_i 的域 f_i 对应的隐向量 v_{j,f_i} 进行交叉。

不过，虽然 FFM 增加了域的概念，但是实际上参数也增加了很多。根据参数越多拟合能力越好的理论，FFM 的效果可能一部分也来源于参数的增加。

3. DeepFM 和 DeepFFM

DeepFM 和 DeepFFM 借用了 WDL 的框架，深度侧处理稠密特征，宽度侧引入 FM 或者 FFM 模型，还结合了 DNN 和 FM 双重拟合能力。DeepFM 结构如图 8-5 所示。

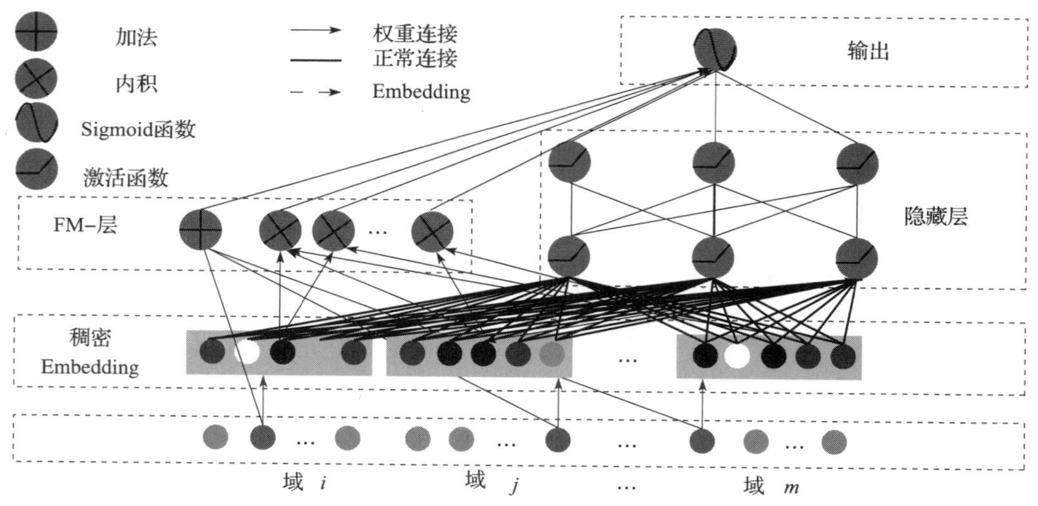

图 8-5　DeepFM 结构

目前，从工业界的角度来说，DeepFM 这种深度学习界的集成学习的形式有很不错的效果，在很多场景中，各方面的指标都优于树模型、单独的 DNN 和单独的 FM 模型。

4. FmFM

FmFM 对 Field 的概念进一步抽象，它提出用一个矩阵 $\boldsymbol{M}_{F_{(i)},F_{(j)}}$ 描述不同 Field 之间的交互，其公式如下：

$$\Phi_{\mathrm{FmFM}}((\boldsymbol{w},\boldsymbol{v}),\boldsymbol{x})=w_0+\sum_{i=1}^{m}x_i w_i+\sum_{i=1}^{m}\sum_{j=i+1}^{m}x_i x_j<v_i \boldsymbol{M}_{F_{(i)},F_{(j)}},\boldsymbol{v}_j>$$

式中，$v_i \in R^k$。

矩阵 $\boldsymbol{M}_{F_{(i)},F_{(j)}}$ 的主要作用就是把特征 i 的 Embedding 空间映射到特征 j 的 Embedding 空间，具体流程如图 8-6 所示。

按照这种转换逻辑，当 $\boldsymbol{M}_{F_{(i)},F_{(j)}}$ 变成单位矩阵后，FmFM 就变成 FM 了。

同理，当 $\boldsymbol{M}_{F_{(i)},F_{(j)}}$ 变为标量 r 乘以单位矩阵（如图 8-7 中的灰色矩阵左图）时，其就表征为每个 Field 的交叉赋予一个权重 r，这种计算方式被称为 FwFM（Field-weighted Factorization-Machine，带权重的域向量机）。当 $\boldsymbol{M}_{F_{(i)},F_{(j)}}$ 变为对角线上每个值不再相同的时候，对每个维度都学一个 d，这种模型被称为 FvFM（Field-vectorized Factorization Machine，带向量的域向量机）。

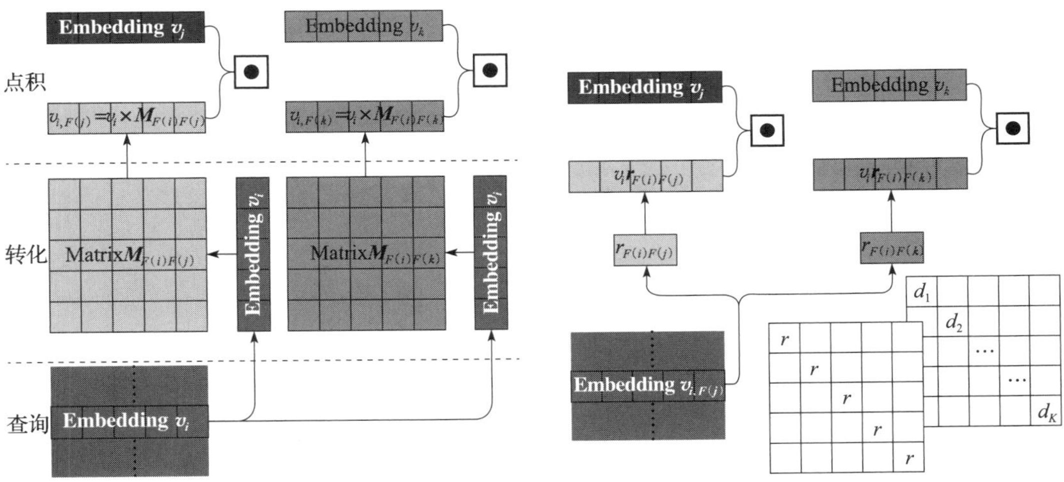

图 8-6　FmFM Embedding 映射流程　　图 8-7　FvFM 和 FwFM Embedding 映射图

表 8-1 所示为 FxFM 系列自由度对比。

表 8-1　FxFM 系列自由度对比

模型	域的交互	自由度	模型	域的交互	自由度
FM	固定值	0	FvFM	向量	2
FwFM	标量	1	FmFM	矩阵	3

此外，FmFM 还可以实现对参数的降维。比如，特征 i、j、k 维度都不同，我们依然可以计算它们之间的特征交叉，FmFM 降维如图 8-8 所示。

对于 FmFM，曾做过一个对比实验，先设定维度为 K，训练一个模型。然后用 PCA 的方式对每一个特征的维度降维，保留 95% 的原始方差，再对降维后的数据进行重训。实验证明，两种方法的效果相差不大，但是参数明显减少。

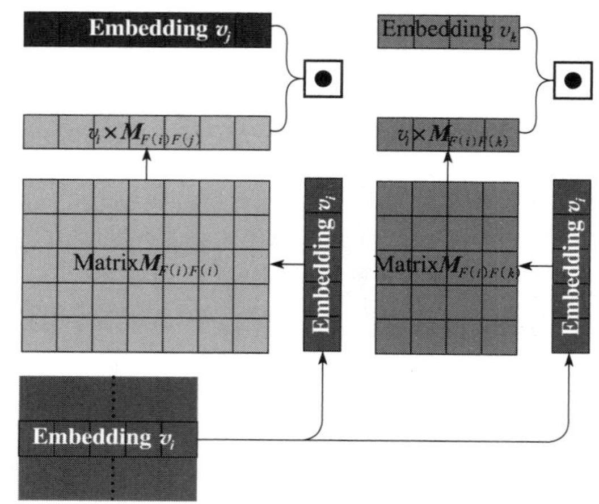

图 8-8　FmFM 降维

8.2.2　DCN 系列模型

1. DCN

DCN 是 Google 提出的学习低维特征交叉和高维非线性特征的深度模型，是 DNN 和特征交叉结合的典型代表模型。在 Google 的业务场景中，DCN 相比 DNN 和 FM，取得了不错的效果。DCN 的模型结构如图 8-9 所示。

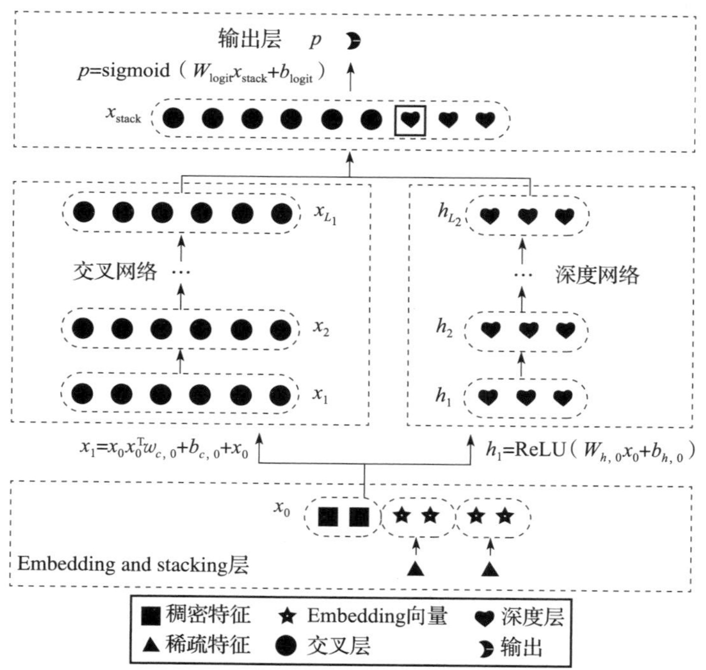

图 8-9　DCN 的模型结构

其结构由如下 4 部分组成。

1）**预埋和堆放（Embedding and stacking）层。**主要是将各个特征转换为 Embedding 的形式，然后拼接起来。

2）**交叉网络层。**交叉网络是 DCN 的核心，其每层的更新公式如下：

$$\boldsymbol{x}_{l+1}=\boldsymbol{x}_0\boldsymbol{x}_l^{\mathrm{T}}\boldsymbol{w}_l+\boldsymbol{b}_l+\boldsymbol{x}_l$$

式中：

- $\boldsymbol{x}_0$，$\boldsymbol{x}_l$，$\boldsymbol{x}_{l+1}\in\mathbb{R}^d$。
- $\boldsymbol{w}_l$，$\boldsymbol{b}_l\in\mathbb{R}^d$。

交叉网络的可视化如图 8-10 所示。

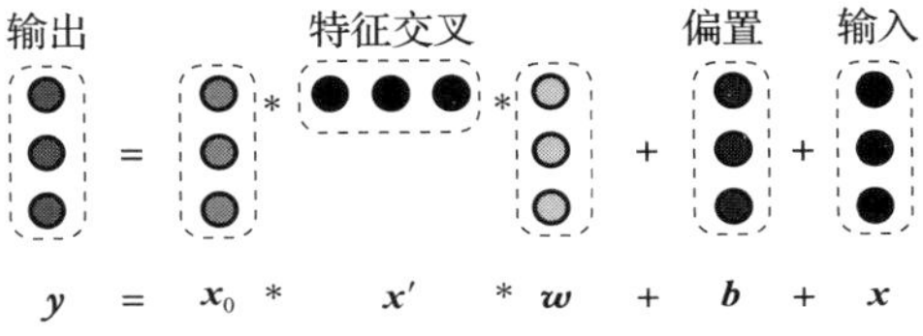

交叉网络计算的优点在于，对 $\boldsymbol{x}_0$ 与 $\boldsymbol{x}_l$ 做向量外积，得到所有元素的交叉组合。层层叠加之后，便可得到任意有界阶的组合特征。当交叉层叠加 l 层时，交叉最高阶可以达到 $l+1$ 阶。下面举例说明这种交叉阶的“晋升”方式。

图 8-10　交叉网络的可视化

令 $\boldsymbol{x}_0=\begin{bmatrix}x_{0,1}\\x_{0,2}\end{bmatrix}$，$\boldsymbol{b}=\begin{bmatrix}0\\0\end{bmatrix}$，

那么：

$$\begin{aligned}\boldsymbol{x}_1&=\boldsymbol{x}_0\boldsymbol{x}_0^{\mathrm{T}}\boldsymbol{W}_0+\boldsymbol{x}_0\\&=\begin{bmatrix}x_{0,1}\\x_{0,2}\end{bmatrix}[x_{0,1}x_{0,2}]\begin{bmatrix}w_{0,1}\\w_{0,2}\end{bmatrix}+\begin{bmatrix}x_{0,1}\\x_{0,2}\end{bmatrix}\\&=\begin{bmatrix}x_{0,1}^2,x_{0,1}x_{0,2}\\x_{0,2}x_{0,1},x_{0,2}^2\end{bmatrix}\begin{bmatrix}w_{0,1}\\w_{0,2}\end{bmatrix}+\begin{bmatrix}x_{0,1}\\x_{0,2}\end{bmatrix}\\&=\begin{bmatrix}w_{0,1}x_{0,1}^2+w_{0,2}x_{0,1}x_{0,2}\\w_{0,1}x_{0,2}x_{0,1}+w_{0,2}x_{0,2}^2\end{bmatrix}+\begin{bmatrix}x_{0,1}\\x_{0,2}\end{bmatrix}\\&=\begin{bmatrix}w_{0,1}x_{0,1}^2+w_{0,2}x_{0,1}x_{0,2}+x_{0,1}\\w_{0,1}x_{0,2}x_{0,1}+w_{0,2}x_{0,2}^2+x_{0,2}\end{bmatrix}\end{aligned}$$

继续计算 x_2，有：

$$\begin{aligned}\boldsymbol{x}_2&=\boldsymbol{x}_0\boldsymbol{x}_1^{\mathrm{T}}\boldsymbol{w}_1+\boldsymbol{x}_1\\&=\begin{bmatrix}x_{0,1}\\x_{0,2}\end{bmatrix}[w_{0,1}x_{0,1}^2+w_{0,2}x_{0,1}x_{0,2}+x_{0,1},w_{0,1}x_{0,2}x_{0,1}+w_{0,2}x_{0,2}^2+x_{0,2}]\begin{bmatrix}w_{1,1}\\w_{1,2}\end{bmatrix}+\\&\quad\begin{bmatrix}w_{0,1}x_{0,1}^2+w_{0,2}x_{0,1}x_{0,2}+x_{0,1}\\w_{0,1}x_{0,2}x_{0,1}+w_{0,2}x_{0,2}^2+x_{0,2}\end{bmatrix}\\&=\begin{bmatrix}w_{0,1}x_{0,1}^3+w_{0,2}x_{0,1}^2x_{0,2}+x_{0,1}^2,w_{0,1}x_{0,2}x_{0,1}^2+w_{0,2}x_{0,2}^2x_{0,1}+x_{0,2}x_{0,1}\\w_{0,1}x_{0,1}^2x_{0,2}+w_{0,2}x_{0,1}x_{0,2}^2+x_{0,1}x_{0,2},w_{0,1}x_{0,2}^2x_{0,1}+w_{0,2}x_{0,2}^3+x_{0,2}^2\end{bmatrix}\begin{bmatrix}w_{1,1}\\w_{1,2}\end{bmatrix}+\end{aligned}$$

$$\begin{bmatrix} w_{0,1}x_{0,1}^2+w_{0,2}x_{0,1}x_{0,2}+x_{0,1} \\ w_{0,1}x_{0,2}x_{0,1}+w_{0,2}x_{0,2}^2+x_{0,2} \end{bmatrix}$$

$$=\begin{bmatrix} w_{0,1}w_{1,1}x_{0,1}^3+w_{0,2}w_{1,1}x_{0,1}^2x_{0,2}+w_{1,1}x_{0,1}^2+w_{0,1}w_{1,2}x_{0,2}x_{0,1}^2+w_{0,2}w_{1,2}x_{0,2}^2x_{0,1}+w_{1,2}x_{0,2}x_{0,1} \\ w_{0,1}w_{1,1}x_{0,1}^2x_{0,2}+w_{0,2}w_{1,1}x_{0,1}x_{0,2}^2+w_{1,1}x_{0,1}x_{0,2}+w_{0,1}w_{1,2}x_{0,2}^2x_{0,1}+w_{0,2}w_{1,2}x_{0,2}^3+w_{1,2}x_{0,2}^2 \end{bmatrix}+$$

$$\begin{bmatrix} w_{0,1}x_{0,1}^2+w_{0,2}x_{0,1}x_{0,2}+x_{0,1} \\ w_{0,1}x_{0,2}x_{0,1}+w_{0,2}x_{0,2}^2+x_{0,2} \end{bmatrix}$$

从上面的例子可知，交叉网络不仅是特征值和特征值的一阶交叉，还涉及了特征值的次方阶级交叉。比如，当交叉网络的层数为 1 时，我们可以得到的最高特征阶是 2，也就是公式中的 $x_{0,1}^3$ 和 $x_{0,2}^3$。同理，当层数为 2 时，最高特征阶是 3，即公式中的 $x_{0,1}^3$ 和 $x_{0,2}^3$。

交叉网络的时间复杂度和空间复杂度均为 $O(dLc)$，这里的 d 为 Embedding 维度，Lc 为交叉网络的层数。该做法很好地避免了特征高维交叉带来的时间复杂度的提高。

3）**深度网络层**：这一层就是一个简单的 DNN 层，主要是学习非线性拟合的能力。

4）**输出层**：本层是模型的输出层，将交叉网络的结果和 DNN 的结果拼接起来，然后通过一个全连接转换输出概率值，具体公式如下：

$$p=\sigma([\boldsymbol{X}_{L_1}^{\mathrm{T}},\boldsymbol{h}_{L_2}^{\mathrm{T}}]\boldsymbol{W}_{\text{logits}})$$

其中：

- $\boldsymbol{X}_{L_1}^{\mathrm{T}}\in\mathbb{R}^d$。
- $\boldsymbol{h}_{L_2}^{\mathrm{T}}\in\mathbb{R}^m$。
- $W_{\text{logits}}\in\mathbb{R}^{d+m}$。
- σ 为 Sigmoid 激活函数。

2. DCNv2

DCNv2 是 DCN 作者在 DCN 的基础上进行的改进。DCN 的作者认为 DCN 的交叉网络对于特征交互信息的表达能力不够。所以 DCNv2 对 DCN 中的交叉网络进行了改造，同时引入 MOE（专家组合）网络结构，以增强不同子空间特征的交叉能力。

DCNv2 的结构分为两种：一种是 stacked 结构，主要就是将交叉网络和 DNN 层串联起来，然后输出结果；另外一种是 Parallel 结构，其类似于 DCN，让交叉网络和 DNN 层并行处理，然后将结果拼接，之后通过全连接层输出结果。DCNv2 结构如图 8-11 所示。这两种结构没有明显的优劣之分，在不同的实验中有不同的效果，需要读者自己去实验。

DCNv2 的交叉网络的公式如下：

$$\boldsymbol{x}_{l+1}=\boldsymbol{x}_0\odot(\boldsymbol{w}_i\boldsymbol{x}_l+\boldsymbol{b}_l)+\boldsymbol{x}_l$$

式中：

- $\boldsymbol{x}_0$，$\boldsymbol{x}_l$，$\boldsymbol{x}_{l+1}\in\mathbb{R}^d$。
- $\boldsymbol{b}_l\in\mathbb{R}^d$。
- $\boldsymbol{w}_i\in\mathbb{R}^{d\times d}$。

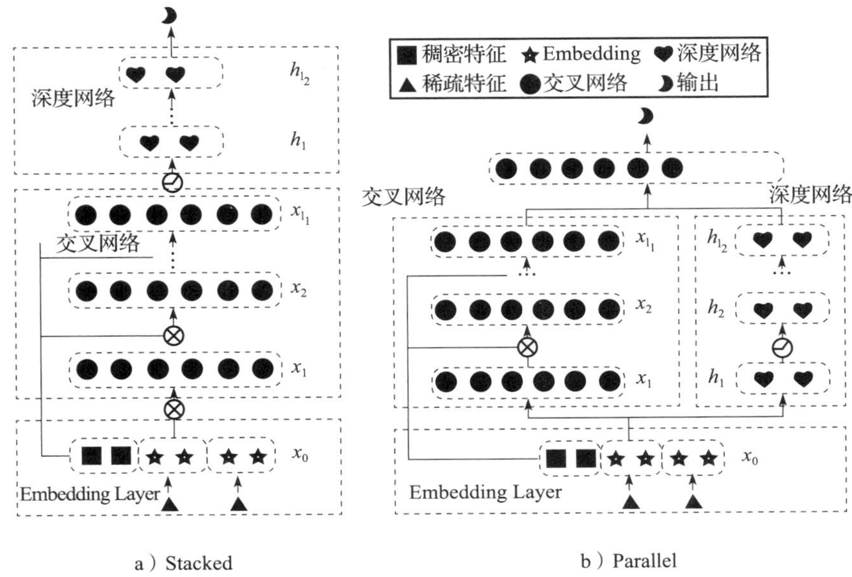

a）Stacked　　b）Parallel

图 8-11　DCNv2 结构

DCNv2 交叉网络的可视化如图 8-12 所示。

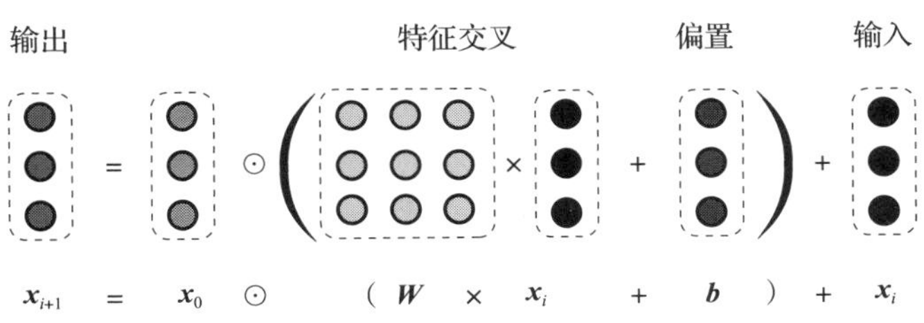

$$x_{i+1} = x_0 \odot (W \times x_i + b) + x_i$$

图 8-12　DCNv2 交叉网络的可视化

DCNv2 采用矩阵分解的方法降低计算成本，将一个稠密的矩阵分解为低秩矩阵，公式变为如下形式：

$$\boldsymbol{x}_{l+1}=\boldsymbol{x}_0 \odot (U_l(\mathbf{V}_l^{\mathrm{T}}\boldsymbol{x}_l)+\boldsymbol{b}_l)+\boldsymbol{x}_l$$

式中，U_l、$\mathbf{V}_l \in \mathbb{R}^{d\times r}$（$r \ll d$）。

此外，为了进一步提高特征交叉能力，DCNv2 还在交叉网络迭代的时候引入了 MOE 结构，如图 8-13 所示。

因此，第 $l+1$ 层的输出向量 $\boldsymbol{x}_{l+1}$ 可以表示为如下形式：

$$\boldsymbol{x}_{i+1}=\sum_{i=1}^{K} G_i(\boldsymbol{x}_l)E_i(\boldsymbol{x}_l)+\boldsymbol{x}_l$$

$$E_i(\boldsymbol{x}_l)=\boldsymbol{x}_0 \odot (U_l^i(\mathbf{V}_l^i\boldsymbol{x}_l)+b_l)$$

$$E_i(\boldsymbol{x}_l)=\boldsymbol{x}_0\odot(U_l^i\cdot g(C_l^i\cdot g(\mathbf{V}_l^{i\mathrm{T}}\boldsymbol{x}_l))+b_l)$$

式中：

- K 是专家网络个数。
- $g()$ 为任意非线性激活函数。

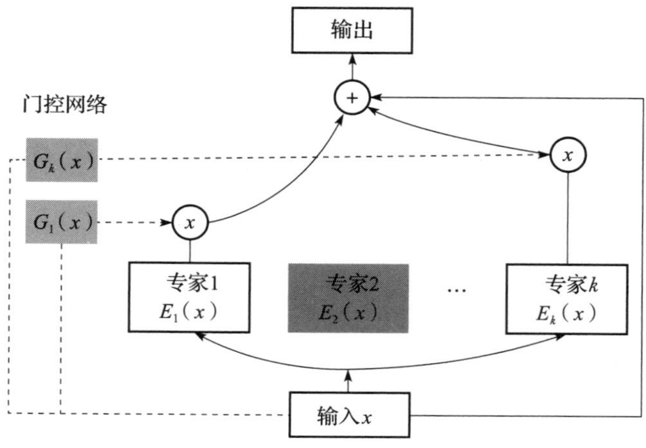

图 8-13　MOE 结构

总的来说，DCNv2 模型通过对交叉网络模块的改进（基于 DCN 模型），进一步提升了交叉网络对于特征信息的有效提取能力。同时，它通过低秩技术的有效应用及对多个专家网络的学习，实现了在计算效率和模型效果上的更好的提升和权衡。

3. XDeepFM

XDeepFM 的结构来源于 WDL，只是在 WDL 的基础上加入了 CIN（Compressed Interaction Network，压缩交互网络）结构，CIN 结构如图 8-14 所示。

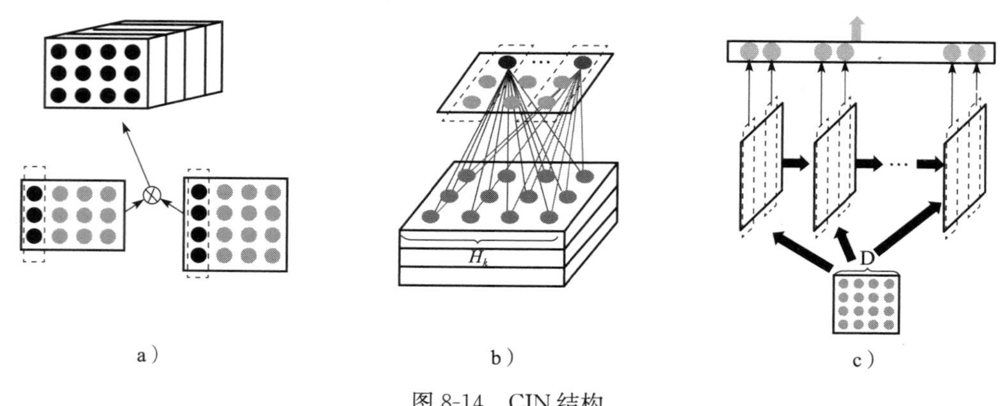

图 8-14　CIN 结构

CIN 结构起源于 DCN 的交叉网络。差别在于，DCN 的交叉网络接在 Embedding 层之后。虽然 DCN 可以显示自动构造高阶特征，但它采用的是 bit-wise（位元素）的方式。例如，类别 A 特征对应的 Embedding 为［a,b,c］，类别 B 特征对应的 Embedding 为［e,f,g］。在交叉网络中，a,b,c,e,f,g 拼接后直接作为输入。这么做有一个缺点，就是它没有域的概念，即模型没法认识到类别 A 的 Embedding（即［a,b,c］）独属于类别 A 本身。然而，FM 提出的域的概念就很好地满足了这个特点。因此，交叉网络的 Embedding 以单个 bit 为最细学习粒度，即 bit-wise，而 FM 以向量为最细学习粒度，即 vector-wise（向量元素）。CIN 的做法就是将 bit-wise 扩展为 vector-wise，让模型意识到域的概念，然后将其引入交叉网络部分。

图 8-14c 为 CIN 层的计算方式，输入为矩阵 $\boldsymbol{X}^0 \in \mathbb{R}^{m\times D}$［$m$ 为特征（也就是域）的个数，D 为特征的维度］，后续类似交叉网络的计算形式，每一层的输入和输出都是 $\boldsymbol{X}^L \in \mathbb{R}^{m\times D}$（$m$ 为每一层自定义的域数）。在得到每一层的结果 $\boldsymbol{X}^L$ 后，每一层只包含某一阶的特征组合，所以将每一层的结果对 D 维度做求和聚合操作。这样，每一层的维度都被降到了 m_i，再将每一层的结果拼接起来，就是 CIN 的结果。后续它将 LR 和 DNN 的结果拼接起来，作为最终的输出。

CIN 的 vector-wise 的特征交叉计算图如图 8-14a 所示，具体过程如下：

1）为 CIN 的每一层交叉定义层间矩阵 $\boldsymbol{C}_i = \mathbb{R}^{H_k\times D}$（$H_k$ 为每一层自定义的 Field 数，D 为 Field 的维度），$\boldsymbol{X}_0 \in \mathbb{R}^{m\times D}$（$m$ 为特征数，D 为特征的维度）为初始输入。

2）每一层矩阵交叉的时候，$\boldsymbol{C}_i$ 和 $\boldsymbol{X}_0$ 做对应 vector-wise 乘法，所以结果 $\boldsymbol{M}_l$ 的维度为 $H_k \times m \times D$。

3）为每一层定义一个权重矩阵 $\boldsymbol{W} \in \mathbb{R}^{H_k\times D}$，将 $\boldsymbol{M}_l$ 和 $\boldsymbol{W}$ 进行矩阵点积求和，其结果为一个 D 维的向量，然后使用 H_{l+1} 个不同的 $\boldsymbol{W}$ 就可以得到最终的输出结果 $\boldsymbol{X}_l \in \mathbb{R}^{H_l \cdot D}$。

4）将 $\boldsymbol{X}_l$ 作为新的输入，重复 1)～3）过程，计算公式为：

$$X^k_{h,*} = \sum_{i=1}^{H_{k-1}} \sum_{j=1}^{m} \boldsymbol{W}^{k,h}_{ij} (X^{k-1}_{i,*} \cdot X^0_{j,*})$$

式中：

- H_{k-1} 为下一层域的个数。
- m 为当前层域的个数。
- $X^{k-1}_{i,*} \in \mathrm{R}^{m\times D}$，表示 $k-1$ 个域矩阵（H_{k-1}, m）中的第 i 个特征，表示特征的每个取值。
- $\boldsymbol{W}^{k,h}_{ij} \in \mathrm{R}^{H_{k-1}\times m}$，是转化权重矩阵。

得到每一层的 X_l 后，对最后一维进行聚合操作，再将其拼接得到 $\boldsymbol{p}^+ = [p^1, p^2, \cdots, p^T]$，其中 T 为层数。最后将 LR 的结果（a）、DNN 的结果（x_{dnn}）综合起来，进行 Sigmoid 后输出结果。

$$\widetilde{\boldsymbol{y}} = \boldsymbol{\sigma}(\boldsymbol{w}^{\mathrm{T}}_{\text{linear}} \boldsymbol{a} + \boldsymbol{w}^{\mathrm{T}}_{\text{dnn}} \boldsymbol{x}^K_{\text{dnn}} + \boldsymbol{w}^{\mathrm{T}}_{\text{can}} \boldsymbol{p}^+ + \boldsymbol{b})$$

总的来说，CIN 层引入了域概念，让模型的鲁棒性进一步得到了提高。但是，CIN 的计算复杂度是很高的，达到了 $O(n^2)$ 的程度，模型的上线压力是很大的。

8.3 偏置问题

在推荐系统中，偏置是非常常见的。比如，用户更倾向于点击第一条推送内容，活跃度更高的用户更容易产生点击。在对精排建模的过程中，如果没有对偏置进行消偏的操作，那么我们得到的推荐反馈效果是被干扰过的，正如“一叶障目，不知深秋”一样。完全消除偏置是不可能做到的。但是，毫无疑问，消除一个偏置对业务会有不同程度的提升。本节将介绍推荐系统中各种类型的偏置和消除各种偏置的方法。

8.3.1 位置偏置

位置偏置主要是指用户会对展现的推荐位产生明显倾向性的选择。比如，如图 8-15 所示，第一个推荐位就是比最后一个推荐位的点击率高。这是因为，用户的浏览顺序是从上到下的，所以第一个就会获得用户更多的注意力。当用户认为这就是他感兴趣的物料的时候，就会停止浏览，或者点击物料进入消费页面。然而，这并不代表用户对排在后面的其他物料不感兴趣。因此，在模型训练的时候，我们就需要消除这种位置带来的偏置。

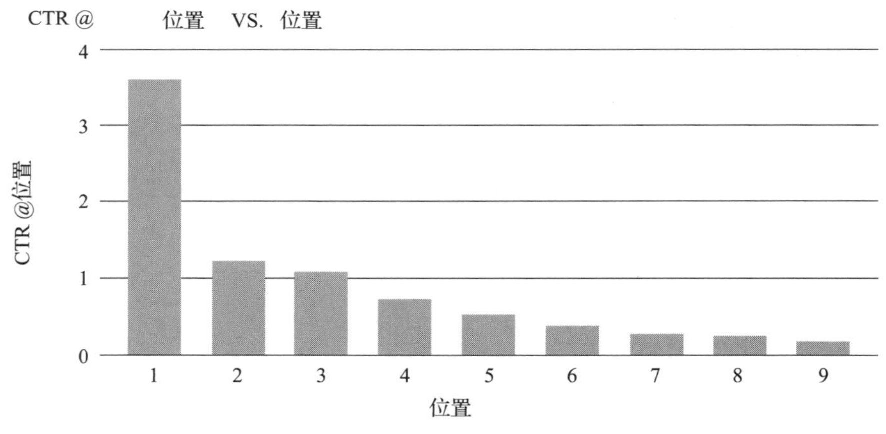

图 8-15 位置和 CTR 的关系

位置偏置的消偏方式主要有以下两种：

- 将位置信息作为特征进行训练，推理的时候，将位置特征统一设为默认值。这种方式基本可以实现在模型侧的位置消偏。
- 类似于 WDL，另外开辟一个浅层网络，单独学习位置信息，将得到的结果和主模型的结果相加后再接 Sigmoid，具体过程如图 8-16 所示。不过，在建模完毕后，在训练过程中，可以适当地考虑对位置特征进行一定百分比（如 10%）的遮掩（mask），防止模型过度依赖位置特征。预测的时候，只输出主模型的分数，将位置网络抛弃。

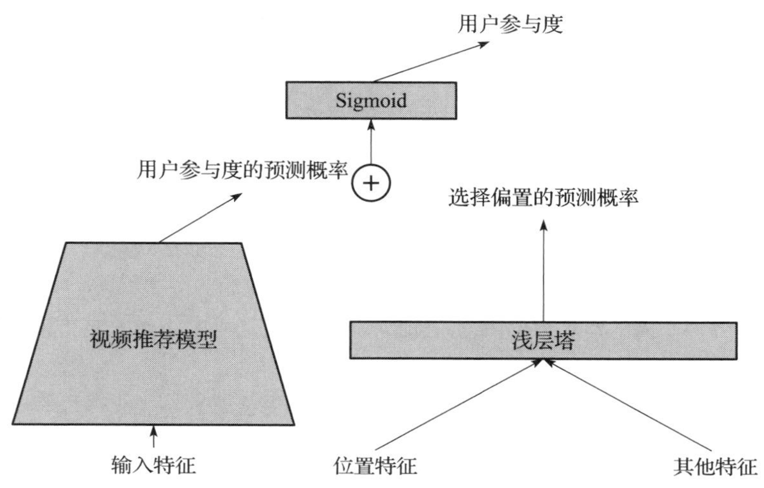

图 8-16　浅层网络偏置的具体过程

有些学者认为广告点击率由两部分组成：用户看到广告的概率和广告被用户看到后点击的概率。转换为如下数学公式：

$$p(y=1|\boldsymbol{x},\text{pos})=p(\text{seen}|\boldsymbol{x},\text{pos})p(y=1|\boldsymbol{x},\text{pos},\text{seen})$$

那么，最终的损失为：

$$L(\theta_{P_s},\theta_{p\text{CTR}})=\frac{1}{N}\sum_{i=1}^{N}l(y_i,b\text{CTR}_i))=\frac{1}{N}\sum_{i=1}^{N}l(y_i,\text{ProbSeen}_i\times p\text{CTR}_i)),$$

式中：

- ProbSeen 为位置信息产生的概率。
- pCTR 为主模型产生的概率。

线上推理的时候不需要 ProbSeen 部分，只需要 pCTR 部分。

PAL 模型如图 8-17 所示。

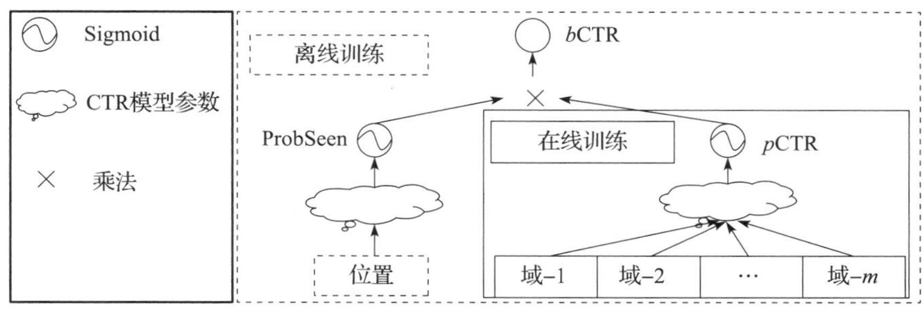

图 8-17　PAL 模型

8.3.2 曝光偏置

曝光偏置是最常见也是最难解决的偏置之一。因为曝光给用户的物料只是一小部分，大部分物料都没有给曝光给用户，但是这些没有曝光的物料并不代表用户不喜欢。

一般来说，解决曝光偏置的方法是**物料冷启动**，当然也可以通过多目标建模去减小曝光偏置的影响，比如 ESMM（全空间多任务）模型。

对于曝光偏置，一个比较好的解决方式是阿里巴巴提出的 ESMM 模型，如图 8-18 所示。它主要通过 CTR 和 CTCVR，利用贝叶斯公式求解 CVR。根据如下公式，我们可以用一个网络对 CTR 建模，用另外一个网络对 CVR 建模，然后将两个结果相乘来求解 CTCVR。在训练的过程中，对 CTR 和 CTCVR 求损失。

$$pCTCVR = pCVR \times pCTR$$

$$p(z=1, y=1 \mid x) = p(y=1 \mid x) \times p(z=1 \mid y=1, x)$$

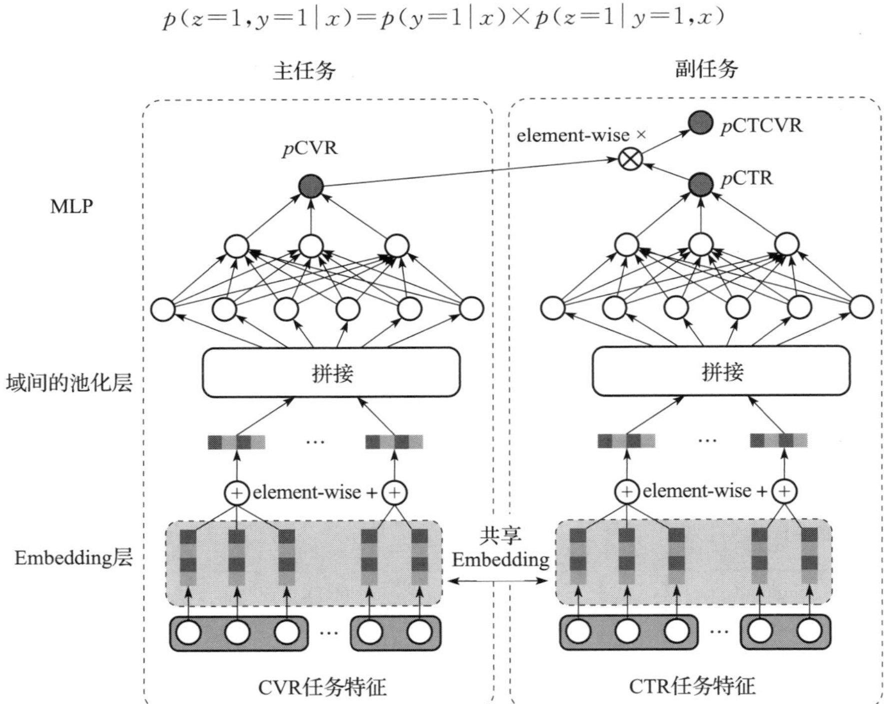

图 8-18 ESMM 模型

ESMM 的主要目标还是求解 CVR，CTR 只是一个辅助任务，不作为预测值。但是 CVR 行为太稀疏了，所以将 CVR 作为一个隐式的变量被学习，显式学习的目标只有 CTCVR 和 CTR，预测的时候采用 CVR 就可以了。综上所述，通过对 CVR 的隐式建模和对 CTR 的辅助建模，曝光偏置的问题就被极大地缓解了。

8.3.3 热门偏置

热门偏置和曝光偏置的理念基本是一样的，主要还是物料的曝光问题。差别在于，热门偏置针对的是热门物料的曝光问题。因为在实际推荐系统中，长尾问题是很常见的，曝光的物料只是一小部分热门物料，大量的非热门物料曝光是很少的。因此，在推荐系统中，需要考虑热门偏置，否则，推荐系统的个性化会变弱，而且推荐生态会变为热门物料得到更多曝光，非热门物料得到越来越少的曝光。

解决热门偏置的方式主要有4种：

- 通过启发式方法补充未观测的交互反馈，将所有未观测的交互看作负样本，并赋予较低权重，或根据用户和物品的活跃程度设置置信度。
- 尽可能地将那些没进入训练集的样本用上，如召回中的随机负例等。
- 对热门样本降权，对冷门样本加权。
- ESAM模型召回。

8.3.4 选择偏置

在有评分反馈的推荐系统中，用户很多时候只对自己特别喜欢或者特别不喜欢的物料进行打分，大量的其他物料其实被用户忽略掉了。如果在模型中加入这个特征，那么模型只会对有过操作的物料比较敏感，对其他物料反响平平。

处理选择偏置的方法主要有两种：

- **倾向评分**（Propensity Score）：这是一种样本加权的消偏思想。核心思想是得到每个样本的推荐打分以后，利用样本打分对样本重新加权，然后重新训练。因此，这种方法对于产生**倾向评分**的模型的精度要求就很高了。比如，直接对广告模型进行IPS操作的效果一般不好，原因是广告除了考虑精排的分数外，还考虑了竞价的因素。因此，对于**倾向评分**，需要考虑多方面的因素。
- **数据插补**（Data Imputation）：直接选择被大量用户忽略的特征进行数据填充。填充方式分为两种，第一种是统计特征填充，第二种是直接模型预测缺失值。但是，数据插补这种方法很依赖填充数据的精准度，否则模型会很不准确。

8.3.5 服从性偏置

很多人其实拥有从众的心理，因此对于物料的打分，大部分的用户具有从众性，比如，某个不喜欢电影的用户在对电影进行评分时，因为不知道哪部电影好，会倾向性地对大家认为好的电影打高分。

服从性偏置其实是很难消除的，缓解方式为：

- 认同大部分人的选择。
- 对用户进行分类，高活用户认同物料的打分，低活用户对于热门物料的反馈不选择认同，只认同低热物料的反馈。

- 不仅仅采用物料的显式反馈，还可以用物料的一些隐式反馈或者其他域的反馈。例如，用户在推荐场景的反馈很少，但是在搜索场景的行为很多，那么可以以搜索场景的反馈为主。

8.3.6 不平等偏置

不平等问题也是偏置问题的一种典型。尤其在基于国籍、性别、年龄、教育程度或财富等属性时，不同的用户群体通常在数据中不平等地表示。在对这些不平等的数据进行训练时，模型很可能学习这些表示性过高的群体，在排名结果中对其进行强化，并可能导致系统性歧视，降低弱势群体的可见度。例如，对收入 5 万的女性群体更可能推荐奢侈品包包，而不是电脑背包。其实，不平等偏置形成的原因大概率是运营的前期规则，这些规则的制定可能遵循了世俗的偏见（例如，去网吧的人都是去打游戏的，成绩好的人都爱读书等），从而让后续模型替代规则时学习到了这些偏见，导致模型的不平等偏置。

解决不平等偏置的方法主要是：

- 排序：对不同人群的训练数据进行重新打标或者重采样，实现训练的平等对待。
- 重排序：根据业务上的公平性要求进行替换和排序。
- 正则化：将公平性的评价准则作为正则来引导模型的优化。
- 对抗学习：基本的想法是在预测模型和对抗模型之间进行 min-max 博弈。
- 因果模型：公平性的主因特征被定义为敏感属性的因果效应，通过在因果图上应用反事实干预来评估。

8.4 模型可解释性

在现今的推荐系统中，深度学习以其明显领先于其他模型推荐效果的优势在各个公司获得了广泛的上线。但是，深度学习一直以来有个明显的诟病，即模型可解释性。例如，LR 可以通过各个特征对应的权重去观察特征重要性，树模型可以通过节点的分裂次数、交叉熵等去观察特征的重要性，但是 DNN 不行，原因是，DNN 进行的是高阶激活函数的交叉，各个连接层是完全黑盒的操作，不具有可解释性。

不可解释性对于模型调参、业务理解、后续优化和 Bug 查询都是一个巨大的阻碍。甚至有些深度学习模型的设计中，先把模型“搞”出效果，再去解释模型为什么有效果。但是很多时候，产生模型效果的原因可能不是作者对应的解释。

8.4.1 FiBiNET

为了解决以上的问题，微博提出了 FiBiNET（Feature Importance and Bilinear Feature Interaction NETwork，特征重要性和双线性特征交互网络）来解决模型可解释性的问题，其中的

senet 结构更是被很多工程师借鉴以用来分析特征重要性。

FiBiNET 的主要框架借鉴了 WDL 框架，如图 8-19 所示。

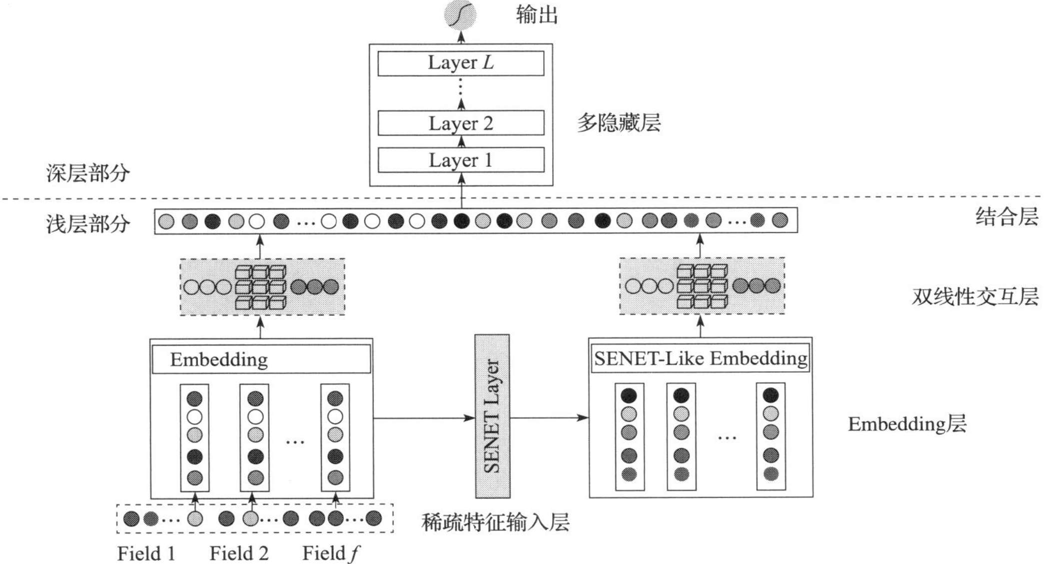

图 8-19　FiBiNET 模型框架

FiBiNET 模型的主要创新点在于：引入 senet 对 Embedding 进行特征重要性加权；提出一种双线性交互的方式代替 DNN 交叉。

1. SENET-Like 层

对于不同的任务来说，特征有不同的重要性，根据 senet 在计算机视觉的成功，本层引入了压缩和提取的网络结构。

如图 8-20 所示，senet 由 3 个部分组成：压缩、提取和权重调节。

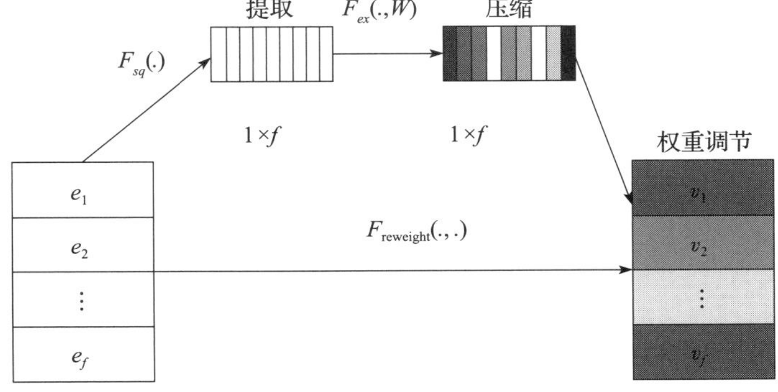

图 8-20　senet 的组成

(1) 压缩

压缩是对当前的特征 Embedding 进行统计的步骤，主要使用聚合的方式把整体 Embedding-$E=[e_1,e_2,\cdots,e_f]$ 变为了 $\boldsymbol{Z}=[z_1,z_2,\cdots,z_f]$，其实就是一种降维方式，将一维的 Embedding 降维成了标量。其中，$\boldsymbol{Z}$ 是由均值聚合的方式得到的。

$$z_i=F_{sq}(e_i)=\frac{1}{k}\sum_{t=1}^{k}e_i^{(t)}$$

(2) 提取

提取是利用压缩得到的统计信息 $\boldsymbol{Z}$ 去学习特征的重要性。这一步主要用了两层神经网络去实现这个目的：一层是降维层，另一层是升维层。公式如下：

$$\boldsymbol{A}=F_{ex}(\boldsymbol{Z})=\sigma_2(W_2\sigma_1(W_1\boldsymbol{Z}))$$

式中：

- ❑ $A\in R^f$，是一个向量，f 是特征的个数。
- ❑ σ_1 和 σ_2 是激活函数。
- ❑ $W_1\in R^{f\times\frac{f}{r}}$，$W_2\in R^{f\times\frac{f}{r}}$，$r$ 是衰减率。

这一层的 **A** 其实是特征的重要度，在神经网络训练中，通过对 **A** 的观察可以看到模型对于特征的学习。通常来说，一开始 **A** 中的值都是差不多的，但是随着训练的加深，各个特征值开始出现增减。重要的特征，其值会逐渐变大；不重要的特征，其值会逐渐变小。

(3) 权重调节

利用提取得到的权重对原来的 Embedding 进行重新赋权，得到新的 Embedding。

$$\boldsymbol{V}=F_{\text{reweight}}(A,E)=[a_1\cdot e_1,\cdots,a_f\cdot e_f]=[v_1,\cdots,v_f]$$

2. 双线性交互层

双线性交互层其实是对于特征交叉的处理。一般的特征交叉主要基于内积和哈达玛积，但是这两种方式都太简单了，因此，本层主要结合内积和哈达玛积并引入一个额外的参数矩阵 **W** 来学习特征交叉。内积、哈达玛积与双线性结构如图 8-21 所示。

这里提出了 3 种交叉方式来得到最终的交叉向量 $\boldsymbol{p}_{ij}$。

(1) 全域类型

全域类型交叉的计算公式如下：

$$\boldsymbol{p}_{ij}=\boldsymbol{v}_i\boldsymbol{W}\odot\boldsymbol{v}_j$$

式中：

- ❑ $\boldsymbol{W}\in R^{k\times k}$。
- ❑ $\boldsymbol{v}_i\in R^k$，$\boldsymbol{v}_j\in R^k$。

W 被所有$<\boldsymbol{v}_h,\boldsymbol{v}_i>$对共享，所以这种交叉方式被称为**“全域类型”**。

(2) 单域类型

单域类型交叉的计算公式如下：

$$\boldsymbol{p}_{ij}=\boldsymbol{v}_i\cdot\boldsymbol{W}_i\odot\boldsymbol{v}_j$$

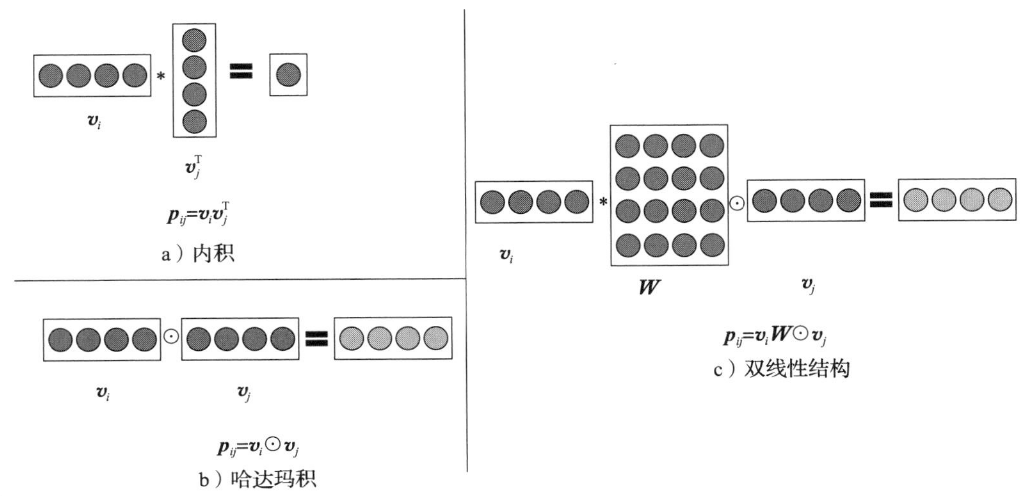

图 8-21　内积、哈达玛积与双线性结构

单域类型和**全域类型**的差别在于，**单域类型**为每个特征都维护了单独的 $\boldsymbol{W}$，不再是共享的模型。所以，整个 $\boldsymbol{W}$ 的参数的维度是 $\boldsymbol{W}\in R^{f\times k\times k}$。

(3) 域交互类型

域交互类型交叉的计算公式如下：

$$\boldsymbol{p}_{ij}=\boldsymbol{v}_i\cdot\boldsymbol{W}_{ij}\odot\boldsymbol{v}_j$$

域交互类型就更简单了，就是在**单域类型**的基础上对每一对 $<\boldsymbol{v}_i,\boldsymbol{v}_j>$ 设置单独的 $\boldsymbol{W}$，因此整个 $\boldsymbol{W}$ 的参数维度是 $\boldsymbol{W}\in R^{\frac{f(f-1)}{2}\times k\times k}$。

3. 结合层

得到了 SENET-Like 层的结果 q 和双线性交互层的结果 p，再将它们拼接起来，通过一个浅层的 DNN 得到一个深度 CTR 预估模型。

FiBiNET 有效地引入了 senet，让深度神经网络不再呈现黑盒状态。通过观察 senet 的特征权重 $\boldsymbol{A}$，我们可以具体地观察到每个特征对于模型的贡献，同时也可以判断出新特征的引入是否有效，甚至可以通过权重去删减掉那些冗余的特征，让模型更加精准。灵活地运用 senet，可以让算法工程师对于模型的调参更加深入，这对于模型的效果无疑是很重要的。

8.4.2 夏普利值

夏普利值可评价各个特征在单次预测中所占的重要程度。换句话说，夏普利值是所有可能的特征组合中特征值的平均边际贡献。该值可为正值，也可以为负值。正值表示对预测起积极作用，负值表示对预测起反向作用。

单个特征的夏普利值计算步骤为：

1）选择要计算的单条样本。

2）选择要计算的特征。

3）列举除选择特征外的所有其他特征的组合，从空集（即一个特征都没有）到全集。

4）将选择特征的所有可能值加入特征组合，用模型预测结果，并且通过求差值得到边际贡献，不在当前特征组合的特征在训练集中随机抽取。

5）对边际贡献求均值，得到该特征在当前样本的夏普利值。

下面举例说明上面的计算步骤：

假设有一个房价预测样本，标签为房价，特征有 4 个：尺寸、楼层、停车点和猫。假设样本（楼层＝1st，停车点＝附近，尺寸＝50 和猫＝禁止）的预测结果为 62 000 欧元。我们想知道“猫＝禁止”的夏普利值。

首先列举出当前样本的特征组合集合：＜空集,停车＝附近,尺寸＝50,楼层＝1st,停车＝附近和尺寸＝50,停车＝附近和楼层＝1st,尺寸＝50 和楼层＝1st,停车＝附近、尺寸＝50 和楼层＝1st＞。在当前的特征组合集合中，对于每条组合，计算“猫＝禁止”和“猫≠禁止”的预测结果，并对其求差值，得到边际贡献值，未在特征组合中的特征值在数据集中随机抽取。对所有的边际贡献值进行加权平均，得到最终的夏普利值。

在线性模型中，每个特征只对应一个权重，所以可以通过权重值判断特征的重要性：

$$\hat{f}(x)=\beta_0+\beta_1 x_1+\cdots+\beta_p x_p$$

因此，定义第 j 个特征对预测 $\hat{f}(x)$ 的重要度：

$$\phi_j=\beta_j x_j-E(\beta_j X_j)=\beta_j x_j-\beta_j E(X_j)$$

式中：

- $E(\beta_j X_j)$ 是特征 j 的平均影响估计。
- ϕ_j 是特征影响减去平均影响的差异。

当知道每个特征对预测的重要度以后，单次预测的所有特征的重要度加和为：

$$\begin{aligned}\sum_{j=1}^{p}\phi_j(\hat{f}) &= \sum_{j=1}^{p}(\beta_j x_j - E(\beta_j X_j)) \\ &=(\beta_0+\sum_{j=1}^{p}\beta_j X_j)-(\beta_0+\sum_{j=1}^{p}E(\beta_j X_j)) \\ &=\hat{f}(x)-E(\hat{f}(X))\end{aligned}$$

式中：

- $E(\hat{f}(X))$ 通常为预测数据集的预测结果均值。
- $\hat{f}(x)$ 为单次预测结果。

通过上式可以看出，单条预测的重要度之和是预测值减去平均预测值。然而，在其他非线性模型（比如树模型或者深度模型）中没有类似的权重，因此需要一个不同的解决方案，通过合作博弈论中的夏普利去得到模型的单个预测的特征贡献。

每个特征值的夏普利值都是该特征值对预测的贡献，通过对所有可能的特征值组合进行加权和求和得到：

$$\phi_j(\mathrm{val})=\sum_{S\subseteq\{x_1,\cdots,x_p\}\setminus\{x_j\}}\frac{|S|!\,(p-|S|-1)!}{p!}(\mathrm{val}(S\cup\{x_j\})-\mathrm{val}(S))$$

式中：

- ❑ S 是模型中使用的特征的子集。
- ❑ x_1 是特征集合。
- ❑ p 为特征数量，其中$\frac{|S|!\,(p-|S|-1)!}{p!}$为子集 S 的权重，这个权重与顺序有关。
- ❑ val(S) 是子集 S 的预测。

夏普利值为了满足公平的性质，通常具有以下性质：

1）**效率性：**特征贡献的累加等于x 的预测和预测平均值的差值。

$$\sum_{j=1}^{p}\phi_j=\hat{f}(x)-E_X(\hat{f}(X))$$

2）**对称性：**如果两个特征值 j 和 k 的贡献对所有可能的特征组合相同，则它们的贡献应该相同。

对于所有

$$S\subseteq\{x_1,\cdots,x_p\}\setminus\{x_j,x_k\}$$

如果

$$\mathrm{val}(S\cup\{x_j\})=\mathrm{val}(S\cup\{x_k\})$$

则

$$\phi_j=\phi_k$$

3）**空值性：**一个不改变预测值的特征 j，无论将它添加到哪个特征组合中，夏普利值都应该为 0。

对于所有

$$S\subseteq\{x_1,\cdots,x_p\}$$

如果

$$\mathrm{val}(S\cup\{x_j\})=\mathrm{val}(S)$$

则

$$\phi_j=0$$

4）**可加性：**两个夏普利值是可加的。

8.4.3　SHAP

SHAP 是一种将夏普利值表示为可加特征归因的方法。对于每一次预测，SHAP 都能计算出各个特征对于当前预测的贡献程度。SHAP 将模型的预测值解释为每个输入特征的归因值之和。

$$g(z')=\phi_0+\sum_{j=1}^{M}\phi_j z'_j$$

式中：

- $z'\in\{0,1\}^M$ 表示相应特征是否能被观察到（1 或 0），这个是针对非结构化数据（如文本、图像）的。
- M 是输入特征的数目。
- $\phi_j\in\mathbb{R}$，是每个特征的归因值（夏普利值）。
- ϕ_0 是所有训练样本的预测均值。

对于推荐模型来说，所有特征都是结构化数据，所以 z' 恒为 1。那么公式简化为：

$$g(z')=\phi_0+\sum_{j=1}^{M}\phi_j$$

SHAP 满足夏普利值的四大特性，即效率性（Efficiency）、对称性（Symmetry）、空值性（Dummy）和可加性（Additivity）。除此以外，SHAP 还具有 3 个不同于夏普利值的属性。

1）**局部准确性**：对于每一个样本，各个特征的归因值与常数归因值之和等于模型的输出值 $f(x)$。

$$f(x)=g(x')=\phi_0+\sum_{j=1}^{M}\phi_j x'_j$$

如果定义 $\Phi_0=E_x(\hat{f}(x))$ 且所有的 x_i 都为 1，那么这其实是夏普利值的效率性。

2）**缺失性**：$x'_j=0$ 的特征是不考虑归因影响的，所以归因值为 0。

$$x'_j=0\Rightarrow\phi_j=0$$

缺失性的意思是缺失特征（在当前样本观察不到的特征）的归因值为 0。对于一个结构化数据的实例，所有的 x'_j 都为 1。

3）**一致性**：设 $f_x(z')=f(h_x(z'))$，$z'\setminus j$ 为 $z'_j=0$，对于任意两个模型 f 和 f'，所有

$$z'\in\{0,1\}^M$$

如果

$$f'_x(z')-f'_x(z'\setminus j)\geqslant f_x(z')-f_x(z'\setminus j)$$

则

$$\phi_j(f',x)\geqslant\phi_j(f,x)$$

一致性表示如果模型发生更改，使得特征值的边际贡献增加或保持不变（与其他特征无关），则归因值也会增加或保持不变。事实上，一致性就是夏普利值的可加性、空值性和对称性。

1. SHAP 计算过程

假设数据集一共有 4 个特征，即 x_1,x_2,x_3,x_4，假设特征之间相互独立，当前实例取值为

$$\{x_1=a_1,x_2=a_2,x_3=a_3,x_4=a_4\}$$

图 8-22 所示为此实例的 SHAP 值计算的迭代过程图。

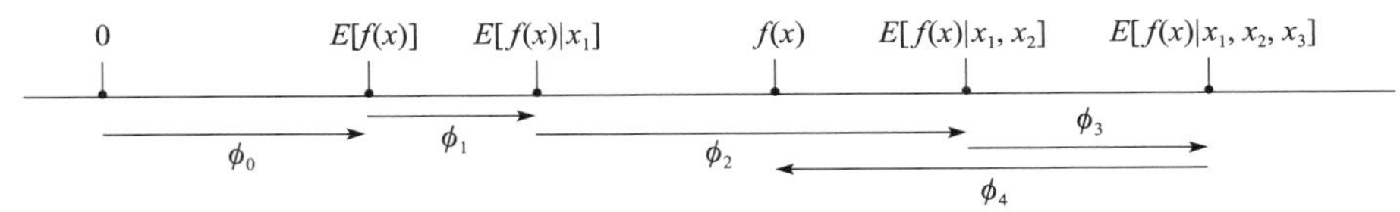

图 8-22　SHAP 值计算的迭代过程图

具体迭代步骤如下：

1）定义 S 为输入特征组合的子集合，$E[f(x)|x_s]$ 是输入特征子集 S 的条件期望值，$f(x)$ 为预测模型。

2）令 $S=\phi$，$\phi_0=f_x(\phi)=E[f(x)]$。其中，$E[f(x)]$ 为数据集中模型预测值的期望。

3）S 顺序加入特征 x_1 时，$\Phi_1=f_x(\{x_1\})-f_x(\phi)=E[f(x)]$，即 $\{x_1=a_1,x_2=a_2\}$ 时的模型预测值期望（随机抽取 $x_1=a_1$ 的样本进行预测求均值）减去模型预测值期望。

4）当 S 顺序加入特征 x_2 时，$\Phi_2=f_x(\{x_1,x_2\})-f_x(\{x_1\})=E[f(x)|x_1,x_2]-E[f(x)|x_1]$，即 $\{x_1=a_1,x_2=a_2\}$ 时的模型预测值期望减去 $\{x_1=a_1\}$ 时的模型预测值期望。S 顺序加入特征 x_3 时的情况与此类似，不再展开。

5）当 S 顺序加入特征 x_4 时，$\Phi_4=f_x(\{x_1,x_2,x_3,x_4\})-f_x(\{x_1,x_2,x_3\})=E[f(x)|x_1,x_2,x_3]-E[f(x)|x_1,x_2,x_3]$，即 $\{x_1=a_1,x_2=a_2,x_3=a_3,x_4=a_4\}$ 时的模型预测值期望减去 $\{x_1=a_1,x_2=a_2,x_3=a_3\}$ 时的模型预测值期望，此时为 4 个特征单一排序下的预测值，其实就是样本的预测值。

上面的计算假设特征相互独立，在大多数情况下特征并不是独立的，SHAP 值应该对所有可能的特征排序计算加权平均值。因此，最终它的计算公式为：

$$\phi_j=\sum_{S\subseteq\{x_1,\cdots,x_p\}\backslash\{x_j\}}\frac{|S|!(p-|S|-1)!}{p!}(f_x(S\cup\{x_j\})-f_x(S))$$

2. SHAP 在推荐系统中的分析实例

1）**单条样本重要性分析。**图 8-23 是加州房价数据集的某个样本的特征值 SHAP 分布图。很明显可以看出，$f(x)=1.124$ 为该条样本的预测值，$E(f(x))=2.059$ 为数据集的均值。当特征 1 为 -117.63 时的 SHAP 为 -0.48。当特征 3 为 4.271 时的 SHAP 为 -0.26。所有特征值的 SHAP 值相加为 $f(x)=E(f(x))$。

2）**特征在整个数据中的重要性分析。**从图 8-24 可以看出，特征 1 的值越大，其 SHAP 值越小；特征 4 的值越大，SHAP 值越大。由此可以推断，SHAP 值随着特征值的变化而变化，且波动性很明显，则该特征很重要。反之，如果该特征值发生了较大的变化，但是 SHAP 值的变化不大，则该特征不重要，比如特征 8。

目前，SHAP 已经在工业界被广泛作为数据分析的利器，其中的佼佼者便是 Python 的 SHAP 包，里面包含了针对深度学习和树模型的 SHAP 计算方法。此外还针对 NLP 和图像任务进行 SHAP 分析，感兴趣的读者可以参考 https://github.com/slundberg/shap。

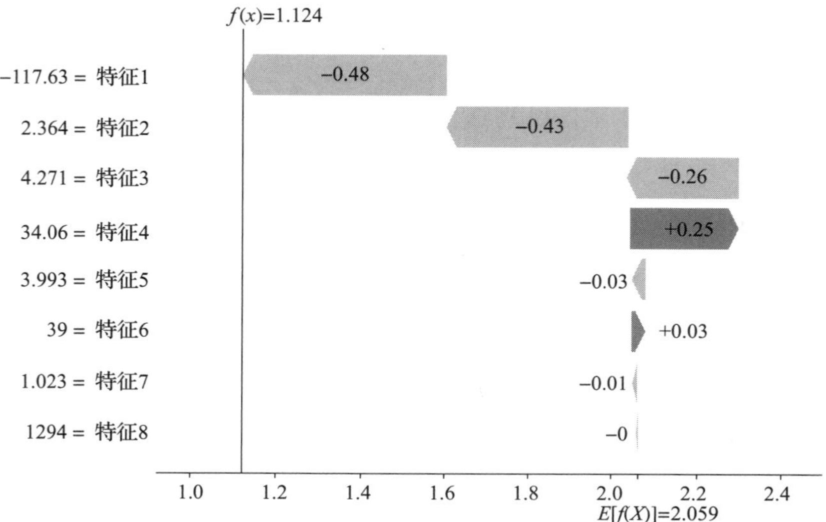

图 8-23　加州房价数据集的某个样本的特征值 SHAP 分布图

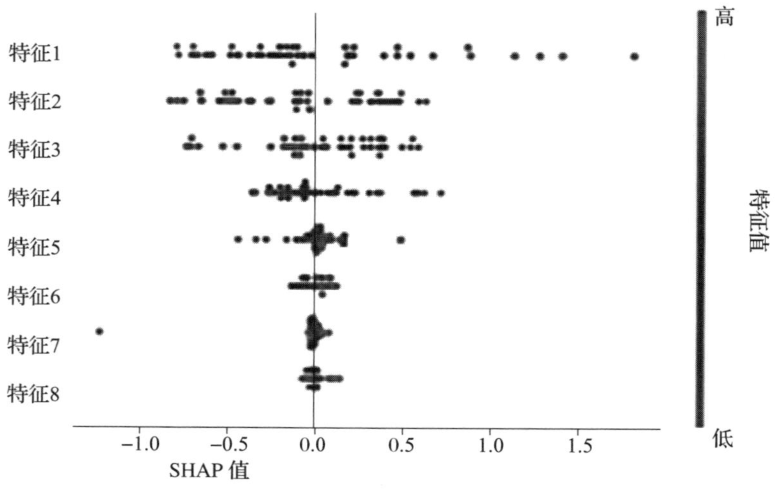

图 8-24　California Housing 特征重要度整体分析

8.5　因果场景

因果模型（Causal Models）在互联网界的应用主要是基于提升模型来预测的，主要应用于营销类业务，比如商家给用户发优惠券来促进销售。

基于这个业务场景，用户被分为 4 类：发红包下单、不发红包下单、发红包不下单、不发红包不下单，如图 8-25 所示。对于商家来说，发红包的对象肯定是发红包下单和不发红包不下单的人群。

提升模型就是将发红包视作一种干预，看该干预对于结果的增量。提升模型的建模公式如下：

$$u(x)=P(O=1|T;x)-P(O=0|\overline{T};x)$$

式中：

- ❑ T 为干预变量的正值。
- ❑ $\overline{T}$ 为干预变量负值。
- ❑ O 为标签。
- ❑ x 为特征。

因果模型和监督学习最大的区别在于，因果模型是没有标签的。因为对同一个用户干预是固定的（即如果选择了干预，就无法知道不干预的结果）。所以对比而言，提升模型更像强化学习，强化学习最大化奖励，提升模型最大化提升（找到干预条件下最大收益的用户）。

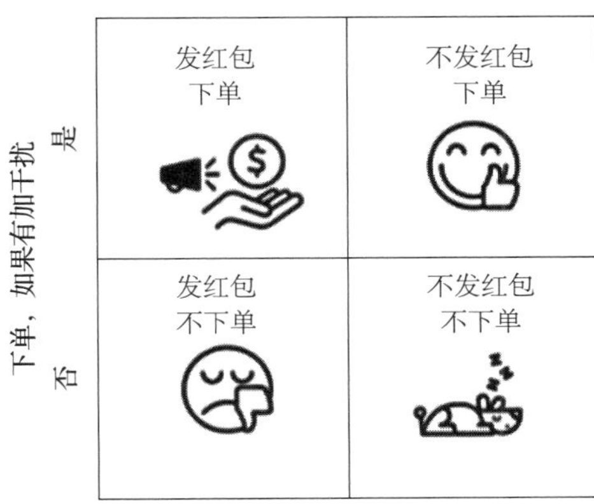

图 8-25　4 种类型的用户

8.5.1　提升模型建模方式

1. S-Learner

S-Learner 首先用一个模型去训练干预条件下的样本，然后分别预测样本在干预和不干预条件下的结果，最后求差。

$$\mu(x,w):=\mathbb{E}[Y^{obs}|X=x,W=w]$$

$$\hat{\tau}_S(x)=\hat{\mu}(x,1)-\hat{\mu}(x,0)$$

式中：

- ❑ $\mu(x,w)$ 为在特征 x 和干预 w 条件下的训练模型。
- ❑ $\hat{\tau}_S(x)$ 为干预和不干预条件下的增量。

S-Learner 的优点是建模简单；缺点是不直接建模提升，并且需要额外进行特征工程工作（由于模型拟合的是 Y，因此若 W 直接作为一个特征放进去，则可能会由于对 Y 的预测能力不足而导致未充分利用）。

2. T-Learner

T-Learner 用两个模型对提升模型建模，一个用学习干预条件下的样本，另一个用学习不干预条件下的样本，最后将样本放入两个模型并进行打分求差。

$$\mu_0(x)=\mathbb{E}[Y(0)|X=x]$$

$$\mu_1(x)=\mathbb{E}[Y(1)\mid X=x]$$
$$\hat{\tau}_T(x)=\hat{\mu}_1(x)-\hat{\mu}_0(x)$$

式中：

- $\mu_0(x)$ 为不干预条件下的训练模型。
- $\mu_1(x)$ 为干预条件下的训练模型。
- $\hat{\tau}_T(x)$ 为干预和不干预条件下的增量。

相比于 S-Learner，T-Learner 可直接对提升模型进行建模。T-Learner 的缺点是如果干预和不干预的样本分布差别太大，那么预测出来的值的量纲会相差很大，从而导致比较大的误差。

3. X-Learner

X-Learner 主要为了解决 T-Learner 量纲误差大的问题。使用 X-Learner 的具体步骤如下：

1）对干预和不干预样本分别训练模型，这一步类似于 T-Learner。

$$\mu_0(x)=\mathbb{E}[Y(0)\mid X=x]$$
$$\mu_1(x)=\mathbb{E}[Y(1)\mid X=x]$$

2）用干预组模型预测不干预组数据，用不干预组模型预测干预组数据，然后分别与真实值 Y 做差，得到增量的近似。

$$\widetilde{D}_i^1:=Y_i^1-\hat{\mu}_0(X_i^1)$$
$$\widetilde{D}_i^0:=\hat{\mu}_1(X_i^0)-Y_i^0$$

3）以此为目标再训练两个预测模型，拟合提升。

$$\tau_1(x)=E[D^1\mid X=x]$$
$$\tau_0(x)=E[D^0\mid X=x]$$

4）预测得到两个近似增量，做加权得到提升结果，加权函数 $g(x)\in[0,1]$ 可用倾向性得分表示。

$$\hat{\tau}(x)=g(x)\hat{\tau}_0(x)+(1-g(x))\hat{\tau}_1(x)$$

X-Learner 在 T-Learner 的基础上利用全量的数据进行预测，使用增量的先验知识建模，并且引入权重系数，减少误差，主要解决两个模型量纲不一致的问题。但流程相对复杂，计算成本较高，有时还会由于多模型误差累积等问题而使效果不佳。

4. R-Learner

R-Learner 主要对损失着手，通过罗宾逊转化定义一个损失函数，将倾向性得分和交叉验证加入损失中进行学习，步骤如下：

1）通过交叉验证的方式，每次预测一组，得到整个数据集的预测结果 $\hat{m}$ 和倾向得分 $\hat{e}$。

$$e(x)=E[W=1\mid X=x]$$
$$m(x)=E[Y=1\mid X=x]$$

2）最小化损失函数，估计增量，其中，$q(i)$ 表示样本 i 在 CV 的第几组。

$$\hat{L}_n\{\tau(\cdot)\}=\frac{1}{n}\sum_{i=1}^{n}[\{Y_i-\hat{m}^{(-q(i))}(X_i)\}-\{W_i-\hat{e}^{(-q(i))}(X_i)\}\tau(X_i)]^2$$

具体实现时，可参考 CausalML 的实现方式，将损失函数改为：

$$\hat{L}_n\{\tau(\cdot)\} = \frac{1}{n}\sum_{i=1}^{n}\left[\frac{\{Y_i - \hat{m}^{(-q(i))}(X_i)\}}{\{W_i - \hat{e}^{(-q(i))}(X_i)\}} - \tau(X_i)\right]^2 \cdot \{W_i - \hat{e}^{(-q(i))}(X_i)\}^2$$

R-Learner 的优点是灵活且易于使用，缺点是模型精度依赖于 $\hat{m}(x)$ 和 $\hat{e}(x)$ 的精度。

8.5.2 基于树模型的因果模型

基于树的方法，仿照标准 CART 树，依据对信息增益的大小不断选择最优的分裂特征和分裂点，从而实现精确分层的过程。不过，这里的这个决策差值的计算方法**不再是信息增益（Information Gain），而是不同的直接对增量 Uplift 建模的计算方法，其中包括了利用分布散度对 Uplift 建模和直接对 Uplift 建模。**下面介绍 3 种 Tree-Based 算法：提升树、因果森林和 CTS。

1. 提升树

分布散度用来度量两个概率分布之间差异性的值，当两个分布相同时，两个离散分布的散度为非负且等于 0。我们可以**把实验组和对照组理解为两个概率分布，然后利用分布散度作为非叶节点分裂标准，最大化实验组和对照组的样本类别分布之间的差异，减少样本不确定度。**

分裂算法步骤如下：

1）选择分布散度计算方式，常见的有 KL 散度、欧氏距离和卡方散度：

$$\mathrm{KL}(P:Q) = \sum_i p_i \log\frac{p_i}{q_i}$$

$$E(P:Q) = \sum_i (p_i - q_i)^2$$

$$\chi^2(P:Q) = \sum_i \frac{(p_i - q_i)^2}{q_i}$$

式中：

- ❑ p_i 表示干预组。
- ❑ q_i 表示控制组。

2）根据某特征值将数据集ϕ 分成左右分支ϕ_r 和ϕ_l，计算分裂后的分布散度：

$$D(P^T(Y):P^C(Y)\,|\,\phi) = \sum_a \frac{N(a)}{N} D(P^T(Y|a):P^C(Y|a))$$

式中：

- ❑ N 为数据集 Φ 的样本数。
- ❑ $N(a)$ 为数据集 a 的样本数。

3）分裂后的分布散度减去分裂前的分布散度，得到增益 D_{gain}。

$$D_{\text{gain}} = D(P^T(Y):P^C(Y)\,|\,\phi) - D(P^T(Y):P^C(Y))$$

4）遍历所有特征，重复 2）、3）步骤，取最大的 D_{gain}，将节点分裂为 Φ_{l} 和 Φ_{r}。

5）继续对 Φ_{l} 和 Φ_r 进行分裂，直到满足截止条件。

以图 8-26 为例讲解提升树的分裂法则（D 取欧氏距离）：

$$D(P^T(Y):P^C(Y)) = \sum_{i\in\{0,1\}}(p_i - q_i)^2 = (0.75-0.5)^2 + (0.25-0.5)^2 = 0.125$$

$$D(P^T(Y):P^C(Y)\mid A) = \sum_{a\in\{l,r\}}\frac{N_a}{N}D(P^T(Y\mid a):P^C(Y\mid a)) = \frac{5}{8}((1-0)^2+(0-1)^2)+$$

$$\frac{3}{8}((0-1)^2+(1-0)^2)=2$$

$$D_{\text{gain}}=2-0.125=1.875$$

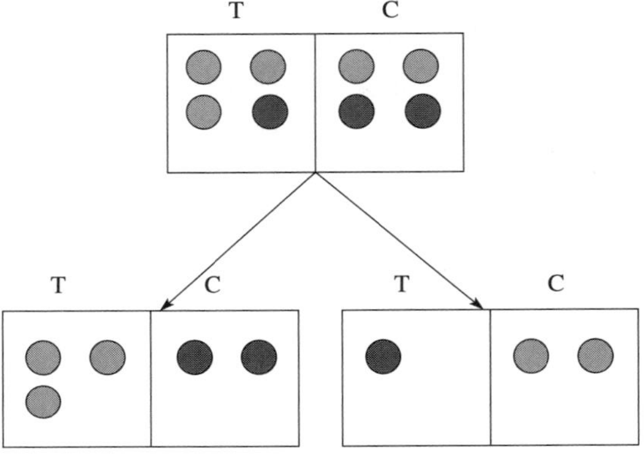

图 8-26　提升树示例

提升树和大部分决策树一样，具有偏向于高比例类别的问题。所以，我们要惩罚分裂后控制和干预比例差异大的问题（这可能代表样本与干预变量 W 不独立，除了破坏了随机实验的假设，概率计算也会有问题，如极端情况下，一个组内全部是控制或干预数据）。

所以，要在公式里面加入归一化操作：

$$I(A)=H\left(\frac{N^T}{N},\frac{N^C}{N}\right)KL(P^T(A):P^C(A))+$$

$$\frac{N^T}{N}H(P^T(A))+\frac{N^C}{N}H(P^C(A))+\frac{1}{2}$$

$$J(A)=\text{Gini}\left(\frac{N^T}{N},\frac{N^C}{N}\right)D(P^T(A):P^C(A))+$$

$$\frac{N^T}{N}\text{Gini}(P^T(A))+\frac{N^C}{N}\text{Gini}(P^C(A))+\frac{1}{2}$$

公式的前半部分解决分组不平衡的问题，后半部分惩罚类别比例过大的问题。最后为了避免数值过小而导致数值剧烈波动，加上 0.5。

所以最后的结果为（类似信息增益）：

$$\frac{KL_{\text{gain}}(A)}{I(A)},\quad \frac{E_{\text{gain}}(A)}{J(A)},\quad \frac{\chi^2_{\text{gain}}(A)}{J(A)}$$

在实际的算法应用中，当预测结果有收益 v_y、对照有成本 c 时，计算一个落到某叶子节点上的样本，执行干预时的收益为：

$$-c+\sum_{y} v_{y}(P^{T}(y \mid l)-P^{C}(y \mid l))$$

提升树采用 Maximum Class Probability Difference（最大类别概率差）的方式进行剪枝，核心思想是查看节点中对照组和干预组的差异，如果单独的根节点更大，则剪枝。具体步骤如下：

1）在训练过程中记录每个节点中差异（绝对值）最大的类，以及正负号。

$$y^{*}(t)=\operatorname{argmax}_{y^{*}}\left|P^{T}(y^{*} \mid t)-P^{C}(y^{*} \mid t)\right|$$

$$s^{*}(t)=\operatorname{sgn}(P^{T}(y^{*} \mid t)-P^{C}(y^{*} \mid t))$$

2）在验证阶段，利用步骤 1）计算好的 y^{*}、s^{*} 及验证数据计算的概率值，计算叶节点和根节点的得分。

$$d_{1}(r)=\sum_{i=1}^{k} \frac{N(l_{i})}{N(\tau)} s^{*}(l_{i})(P^{T}(y^{*}(l_{i}) \mid l_{i})-P^{C}(y^{*}(l_{i}) \mid l_{i}))$$

$$d_{2}(r)=s^{*}(r)(P^{T}(y^{*}(r) \mid r)-P^{C}(y^{*}(r) \mid r))$$

3）最后，若 $d_1(r) \leqslant d_2(r)$，或 $d_1-d_2<\theta$，则剪枝。

当一棵完整的提升树生成以后，在进行推理时，样本落到叶子节点上，该叶子节点会产生一个控制值和一个干预值（也可能有多个干预，看业务场景的需要）。一般，该值取该组所在样本的均值，通过比较推理的控制值和干预值去判断该样本是否应该加入干预。

2. 因果森林

因果森林（Causal Forest）是提升版的随机森林，它可以采用任意单基于树（tree-based）的方法（KL-散度、欧氏距离和卡方散度）。对于因果森林，叶子节点足够小，分层分得足够细，我们认为该模型近似消除了混杂因子，则指定叶子节点的提升为：

$$\hat{\tau}(x)=\frac{1}{\left|\{i: W_{i}=1, X_{i} \in L\}\right|} \sum_{\{i: W_{i}=1, X_{i} \in L\}} Y_{i}-\frac{1}{\left|\{i: W_{i}=0, X_{i} \in L\}\right|} \sum_{\{i: W_{i}=0, X_{i} \in L\}} Y_{i}$$

最后，综合多个子集训练的树模型结果并取均值，得到最后的结果：

$$\hat{\tau}(x)=B^{-1} \sum_{b=1}^{B} \hat{\tau}_{b}(x)$$

3. CTS

CTS（Contextual Treatment Selection，内容干预选择）是基于树模型方法的一种。提升树与 CTS 的区别在于，提升树使用的分裂法是分布散度，而 CTS 是分裂能够最大化节点上实验组和对照组之间标签期望的差值。

计算步骤如下：

1）计算分裂前控制组和干预转化率的最大值 μ_{before}：

$$\mu_{\text{before}}=\max_{i=0,1,\cdots,k} E[Y \mid X \in \phi, T=t]$$

式中：

- ❑ $T=0$，为控制组。
- ❑ $T=1,\cdots,k$，为干预组。

2）根据某个特征将节点分成左、右两个子节点，分别计算左、右子节点的转化率最大值 μ_{after}：

$$\mu_{\text{after}}=P[X\in\phi_l\mid X\in\phi)\max_{t_l=0,\cdots,k}E[Y\mid X\in\phi_l,T=t_l]+$$
$$P(X\in\phi_r\mid X\in\phi)\max_{t_r=0,\cdots,k}E[Y\mid X\in\phi_r,T=t_r]$$

3）用 μ_{before} 和 μ_{after} 得到增益 $\Delta\mu$。

4）遍历所有特征，重复 2）、3）步骤，取最大的 $\Delta\mu$，将节点分裂为 Φ_l 和 Φ_r。

$$\Delta\mu=\mu_{\text{after}}-\mu_{\text{before}}$$

5）继续对 Φ_l 和 Φ_r 进行分裂，直到满足截止条件。

8.5.3　标签转换法

标签转换法采用 Transformed Outcome（转换结果）法对提升场景的 4 种状态进行标签转换，公式如下：

$$Y^*=Y\frac{W-P}{P(1-P)}$$

式中：

- ❑ Y 是标签（label）。
- ❑ W 是该样本是否有干预（1 或者 0）。
- ❑ P 为 $W=1$ 的概率 p。

当 p=0.5 时，标签分布如图 8-27 所示。

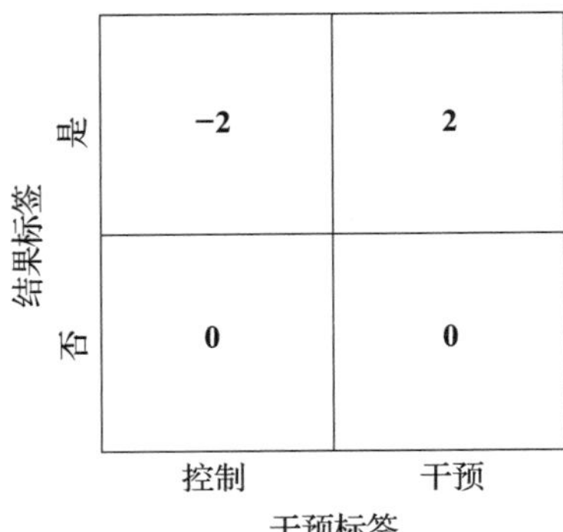

图 8-27　因果模型的标签转化

这种标签转化法的“优雅”之处在于其建立起了一个控制组样本和干预组样本的期望，表达为：

$$\text{Lift}=E[y\mid t]-E[y\mid c]=\frac{1}{n}\sum_{i=1}^{n}y_i-\frac{1}{n}\sum_{i=n+1}^{2n}y_i=\frac{1}{2n}\left[\sum_{i=1}^{n}2y_i-\sum_{i=n+1}^{2n}2y_i\right]=\frac{1}{2n}\sum_{i=1}^{2n}z_i=E[z]$$

$$\text{Lift}=E[y\mid t]-E[y\mid c]=\frac{1}{n}\sum_{i=1}^{n}y_i-\frac{1}{n}\sum_{i=n+1}^{2n}y_i=\frac{1}{2n}\left[\sum_{i=1}^{n}2y_i-\sum_{i=n+1}^{2n}2y_i\right]=\frac{1}{2n}\sum_{i=1}^{2n}z_i=E[z]$$

式中：

- ❑ $1,\cdots,n$ 为控制组。
- ❑ $n+1,\cdots,2n$ 为干预组。

基于以上公式，可以直接对转换后的 label-z 建立回归模型，得到该样本的提升。

8.5.4　提升模型的评价指标

1. 基尼曲线

基尼曲线是衡量提升模型精度的方法之一，通过计算曲线下的面积（类似于 AUC）来评价模型的好坏。其计算流程如下：

1）在验证集上，将控制组和干预组分别按照模型预测出的提升由高到低排序，根据控制组和干预组的用户比例，将控制组和干预组分别划分为 10 份，然后递增排列，如 10%，20%，30%，…，100%。

2）计算 10%，20%，…，100%的基尼系数，然后绘出基尼曲线。基尼系数定义如下：

$$Q\text{ini}=\frac{n_{t,1}(\phi(i))}{N_t}-\frac{n_{c,1}(\phi(i))}{N_c}$$

式中：

- ❑ $n_{t,1}(\phi(i))$ 和 $n_{c,1}(\phi(i))$ 分别代表前 i%的干预组和控制组中标签为 1 的人数。
- ❑ N_t 和 N_c 表示干预组和控制组的总人数。

3）计算基尼曲线的面积。因为基尼系数分母表示干预组和控制组的总人数，如果实验组和对照组用户数量的差别比较大，那么结果将变得不可靠。

2. AUUC

AUUC（Area Under the Uplift Curve，提升曲线下的面积）的计算方式和基尼曲线的计算方式基本一样，先对控制组和干预组计算出提升，然后排序。AUUC 首先计算前 10%，20%，…，100%的指标，绘制曲线，然后求曲线下的面积，衡量模型的好坏。不同点在于，AUUC 的计算规则是不一样的：

$$G(i)=\left(\frac{n_{t,y=1}(i)}{n_t(i)}-\frac{n_{c,y=1}(i)}{n_c(i)}\right)(n_t(i)+n_c(i)),\quad i=10\%,20\%,\cdots,100\%$$

上式可以看出，AUUC 指标的计算方法可以避免控制组和干预组用户数量差别较大而导致的指标不可靠问题。

AUUC 虽然类似于 AUC，但是它的预估能力还是有一些问题的。首先，AUUC 的取值范围是取决于样本的大小的。也就是说，其在不同样本集上的值是不同的，不像 AUC 那样，任何样本集的值域都在 0～1 之间。这一点使得模型在不同样本集之间的评估成为不可能。

8.5.5 因果模型应用于偏置消除

除了提升模型这种干预类型的场景外，事实上，因果模型还可以应用于消除偏置。其主要思想是，首先选择好偏置，然后根据偏置建立因果图，最后根据因果图进行样本选择和建模。下面将以推荐系统的物料流行度偏置为例进行讲解。

在推荐系统中，用户与物料的交互可能是由于用户的兴趣（Interest）引起的，也可能是由于用户对流行物料的盲从性（Conformity）造成的，抑或二者皆有。为了消除用户盲从性的影响，现有的方法大多从流行度偏置（Popularity Bias）的角度进行消偏，这种方式类似于位置偏置，训练的时候会加入偏置特征，推理的时候将偏置设置为空值，但是这种方式忽略了盲从性的多样性：一个用户对不同物料的盲从性可能不同，不同用户对一个物料的盲从性也可能不同。

所以，为了消除物料流行度的偏置，我们假设物料的点击是由两方面造成的，一个是用户的兴趣，一个是物料的盲从性。其因果图如图 8-28 所示。

这里采用因果 Embedding 的方式建模，具体如图 8-29 所示。

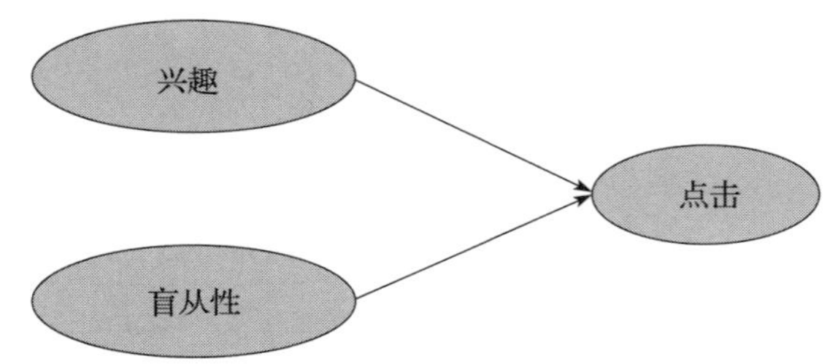

图 8-28　来自兴趣和盲从性的因果图

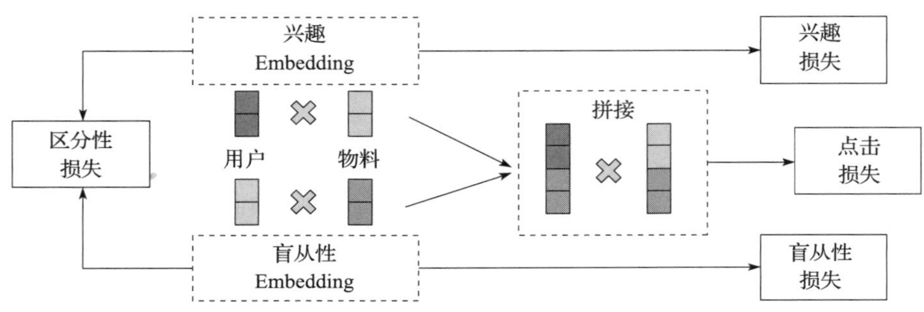

图 8-29　来自兴趣和盲从性的因果建模

对于用户和物料 Embedding，会产生两种类型的 Embedding，一种是基于兴趣的 Embedding，另一种是基于盲从性的 Embedding。两种类型的用户和物料 Embedding 拼接起来，共同产生最终的用户 Embedding 和物料 Embedding，而这种完全体的 Embedding 最终产生了点击。

$$s_{ui}^{\text{int}} = < u^{(\text{int})}, i^{(\text{int})} >$$

$$s_{ui}^{\text{con}} = < u^{(\text{con})}, i^{(\text{con})} >$$

$$s_{ui}^{\text{click}} = s_{ui}^{\text{int}} + s_{ui}^{\text{con}}$$

其模型公式如下：

$$s_{ui}^{\text{int}} = < u^{(\text{int})}, i^{(\text{int})} >$$

$$s_{ui}^{\text{con}} = < u^{(\text{con})}, i^{(\text{con})} >$$

$$s_{ui}^{\text{click}} = s_{ui}^{\text{int}} + s_{ui}^{\text{con}}$$

式中：

- ❑ $u^{(\text{int})}$ 为用户的兴趣 Embedding。
- ❑ $i^{(\text{int})}$ 为物料的兴趣 Embedding。
- ❑ $u^{(\text{con})}$ 为用户的盲从性 Embedding。
- ❑ $i^{(\text{con})}$ 为物料的盲从性 Embedding。

其 SCM（Structural Causal Model，结构因果模型）模型如下：

$$X_{ui}^{\text{int}} := f_1(u, i, N^{\text{int}})$$

$$X_{ui}^{\text{con}}:=f_2(u,i,N^{\text{con}})$$

$$X_{ui}^{\text{click}}:=f_3(X_{ui}^{\text{int}},X_{ui}^{\text{con}},N^{\text{click}})$$

式中，X_{ui}^{int} 就是 s_{ui}^{int}，X_{ui}^{con} 就是 s_{ui}^{con}，X_{ui}^{click} 就是 s_{ui}^{click}。

假设模型已经建立完毕，那么如何判断用户是因为兴趣还是因为盲从性产生的点击，或者说如何判断主要点击原因呢？更详细一些就是如何建立损失函数去让模型学习到上述的因果关系呢？

1. 不等式的建立

首先设 $M^I\in R^{M\times N}$ 和 $M^C\in R^{M\times N}$ 分别为所有用户和物料在兴趣及盲从性的匹配分数，M 为用户的数量，N 为物料的数量。然后，通过图 8-28 可知，当点击未知的时候，兴趣和盲从性节点相互独立。当点击已知的时候，兴趣和盲从性节点呈负相关。此时就可以产生两种情况。

案例 1：用户 u 点击了物料 a，没有点击物料 b，且物料 a 的流行程度大于物料 b，则有：

$$M_{ua}^C>M_{ub}^C$$

$$M_{ua}^I+M_{ua}^C>M_{ub}^I+M_{ub}^C$$

案例 1 意味着 u 点击 a 的主要原因是物料的流行度。

案例 2：用户 u 点击了物料 a，没有点击物料 b，且物料 b 的流行程度大于商品 a，则有：

$$M_{ua}^I>M_{ub}^I$$

$$M_{ua}^C<M_{ub}^C$$

$$M_{ua}^I+M_{ua}^C>M_{ub}^I+M_{ub}^C$$

案例 2 意味着 u 点击 a 的主要原因是自身对物料 a 的兴趣。

通过以上的关系表示，我们可以建立两个样本集去描述这两种案例关系。第一种样本集 O_1 的样本格式为<用户特征，物料-a 特征，物料-b 特征>且物料-a 的流行度大于物料-b 的流行度和物料-a 是被用户点击的物料。第二种样本集 O_2 的样本格式为<用户特征，物料-a 特征，物料-b 特征>且物料-a 的流行度小于物料-b 的流行度和物料-a 是被用户点击的物料。

建立好了数据集后，整个因果消偏模型就构建完毕了，最后就是损失的选择了。很明显，数据集是 pairwise 的形式，可以选择 BPR 损失去指导模型学习。同时，针对兴趣、盲从性和两者结合的情况，有 3 种情况的损失。

1）**盲从性建模。**针对 $M_{ua}^C>M_{ub}^C$ 的情况，基于数据 O_1、O_2 的 BPR 损失为：

$$L_{\text{conformity}}^{O_1}=\sum_{(u,i,j)\in O_1}\text{BPR}(<u^{(\text{con})},i^{(\text{con})}>,<u^{(\text{con})},j^{(\text{con})}>)$$

$$L_{\text{conformity}}^{O_2}=\sum_{(u,i,j)\in O_2}-\text{BPR}(<u^{(\text{con})},i^{(\text{con})}>,<u^{(\text{con})},j^{(\text{con})}>)$$

$$L_{\text{conformity}}^{O_1+O_2}=L_{\text{conformity}}^{O_1}+L_{\text{conformity}}^{O_2}$$

2）**兴趣建模型。**当 $M_{ua}^I>M_{ub}^I$ 时，针对 O_2 的 BPR 损失为：

$$L_{\text{interest}}^{O_2}=\sum_{(u,i,j)\in O_2}\text{BPR}(<u^{(\text{int})},i^{(\text{int})}>,<u^{(\text{int})},j^{(\text{int})}>)$$

3）**评测点击。**类似地，基于数据 O_1、O_2，对不等式 $M_{ua}^I+M_{ua}^C>M_{ub}^I+M_{ub}^C$ 建模为：

$$L_{\text{click}}^{O_1+O_2}=\sum_{(u,i,j)\in O}\text{BPR}(<u^t,i^t>,<u^t,j^t>)$$

$$u^t=\text{concat}(u^{(\text{int})},u^{(\text{con})}),\text{concat}(i^t=i^{(\text{int})},i^{(\text{con})}),j^t=\text{concat}(j^{(\text{int})},j^{(\text{con})})$$

除了以上 3 个损失，为了解耦兴趣和盲从性 Embedding，我们增加了正则化，可选的损失函数有 L_1 范数——L_1（$E^{(\text{int})},E^{(\text{con})}$）、L2 范数——$L_2$（$E^{(\text{int})},E^{(\text{con})}$）或者距离相关系数 $dCor$（$E^{(\text{int})},E^{(\text{con})}$），其中，$E^{(\text{int})}$、$E^{(\text{con})}$ 表示两类 Embedding 的集合。

2. 多任务课程学习

损失的最终形态如下：

$$L=L_{\text{click}}^{O_1+O_2}+\alpha(L_{\text{interest}}^{O_2}+L_{\text{conformity}}^{O_1+O_2})+\beta L_{\text{discrepancy}}$$

式中，α 和 β 应该小于 1。

需要注意的是，pairwise 的物料的流行度相差越大，不等式成立的可能性越大，因此，采样的时候基于正样本的流行度 p 和边界值 m_{up}、m_{down}，只在流行度大于 p$+m_{\text{up}}$ 或者小于 p$+m_{\text{down}}$ 的物料中采样负样本，该采样方法被称为 PNSM（Popularity based Negative Sampling with Margin，基于带边缘的负采样的流行度）。此外，训练的时候，边界值 m_{up}、m_{down} 和权重系数 α 随着每轮 epoch 递减，这是因为，学习的时候，一开始模型会学习一些简单的样本，随着学习的深入，会学习一些较难的样本（流行度相差没有那么大的物料），从而增强模型的学习能力。

8.6 序列建模

在推荐算法中，特征提取和建模是核心。我们知道特征决定了推荐系统的上限，而模型是去逼近这个上限的。在特征中，ID 特征又属于特征中的核心特征。比如，CF 算法和图算法仅靠 ID 特征就可以取得比较好的推荐效果。为了把 ID 特征在模型中运用到极致，算法工程师提出了一系列解析序列 ID 特征的模型，而序列特征的引入也使得整个推荐精度又上了一个大的台阶。

8.6.1 DIN

DIN（Deep Interest Network，深度兴趣网络）是阿里妈妈团队针对序列建模提出的模型。其模型的建模理念取决于以下两个现象：

- **多样性：**在一段时间内，用户的点击兴趣具有多样性。
- **局部激活：**尽管用户的兴趣很多，但是只有部分行为兴趣对当前的点击产生作用。

比如，用户购买手机套之前浏览了水果、小吃、窗帘、手机和笔记本等商品，但是对于手机套这个物料下单起直接作用的还是手机、笔记本等商品。

在 DIN 之前，传统的序列建模是，首先对点击序列 ID 进行 Embedding 后直接进行聚合，然后通过 MLP 输出 CTR，具体结构如图 8-30 所示。

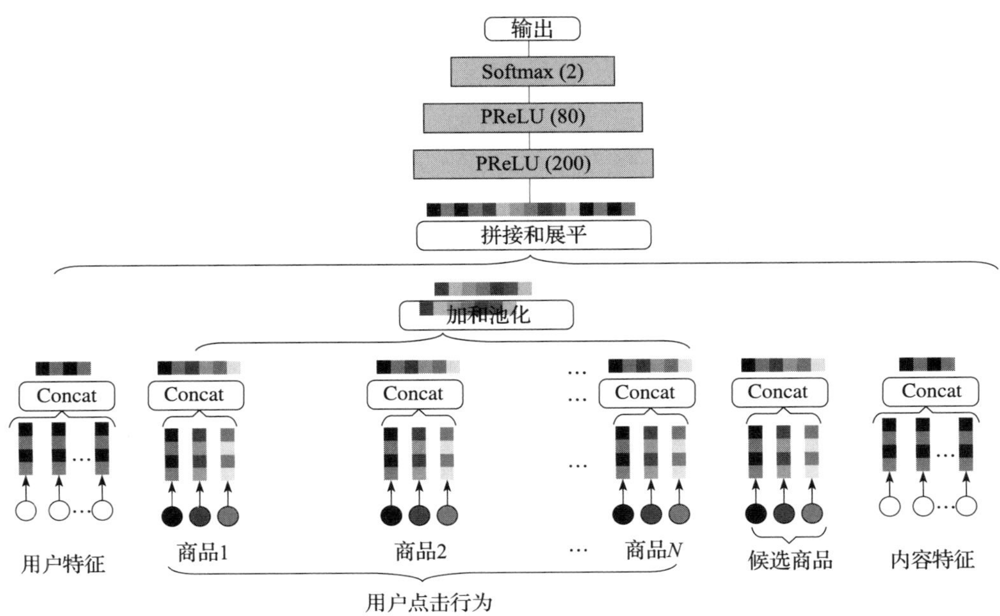

图 8-30　传统序列模型

而 DIN 的做法是对序列 ID Embedding 加入 attention 的操作，这一步等于告诉了 MLP 在当前的待推荐的物料下，用户的哪些兴趣该被局部激活，具体结构如图 8-31 所示。

DIN 的 attention 引入了一个 activation 单元来作为每个物料 Embedding 的 attention 权重。其公式如下：

$$V_u = f(V_a) = \sum_{i=1}^{N} w_i \times V_i = \sum_{i=1}^{N} g(V_i, V_a) \times V_i$$

$$g(V_u, V_a) = \text{Linear}(\text{PReLU}(\text{concat}(V_u, V_a, V_u - V_a)))$$

式中：

- V_i 为用户历史行为 i 的 Embedding 表示，如用户点击过的商品/店铺 ID。
- V_a 为待推荐商品/店铺的 ID。
- V_u 是用户所有序列的 Embedding 加权 sum-pooling。
- w_i 是用户序列中第 i 个物料与待推荐物料的权重分，由注意力 activation 网络计算得出。$g(V_u, V_a)$ 为注意力函数。

DIN 在工业界已经得到了广泛的应用，并且建模简单，落地成本也不大，效果也明显优于 DNN，是序列模型中性价比最高的。本节后面介绍的序列模型，算法逻辑不再是重点，因为算法太过复杂，落地难度呈指数级上升，所以工程落地成为主要的难点。

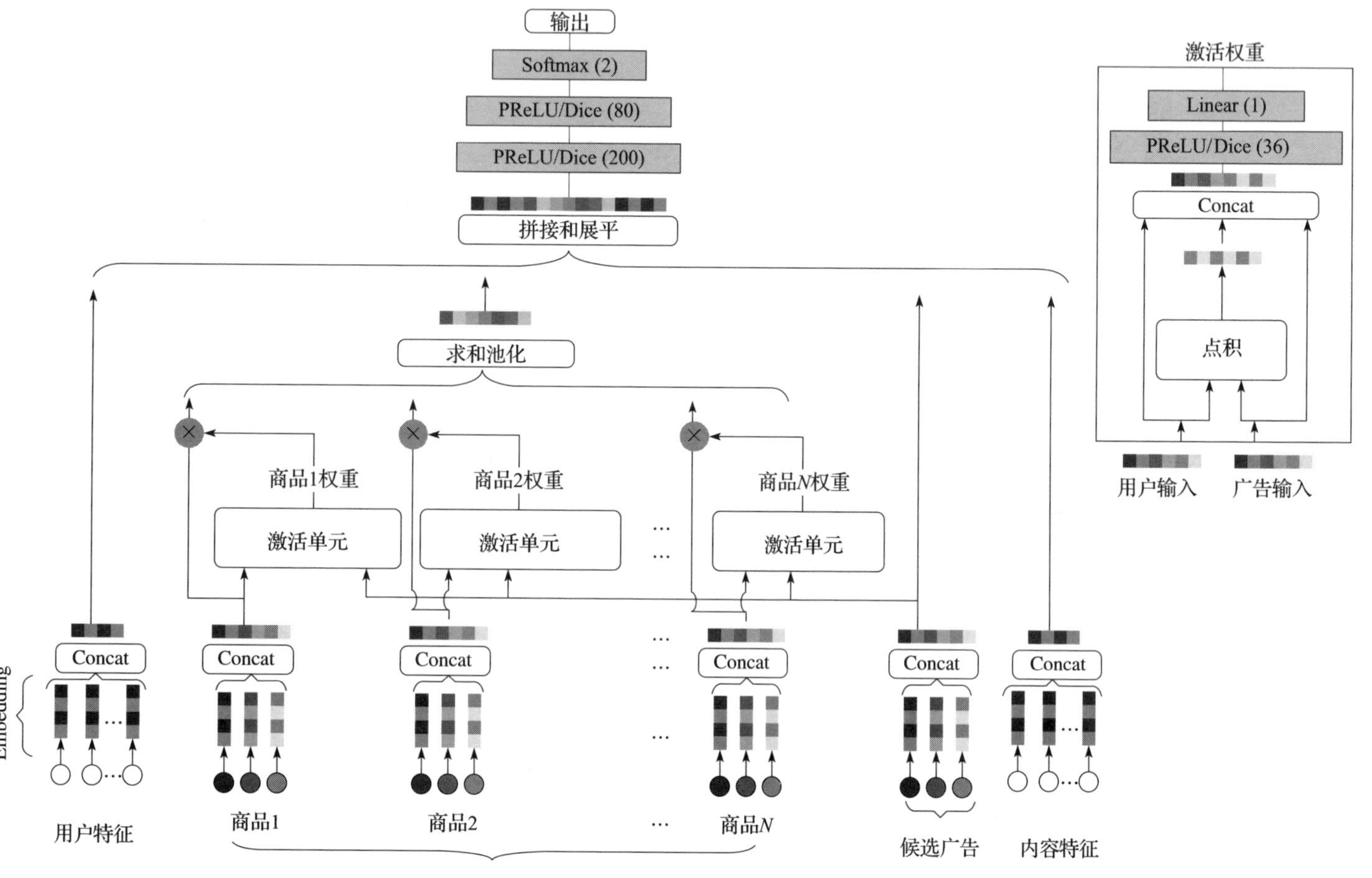

图8-31　DIN模型具体结构

8.6.2 DIEN

DIEN（Deep Interest Evolution Network，深度兴趣进化网络）是 DIN 的升级版，也是阿里妈妈的又一力作，而且取得了不俗的效果。

DIEN 解决的是用户兴趣迁移的问题。用户的兴趣通常随着时间的流逝发生变化，直接用 DIN 建模仅关注相似的兴趣，而没有体现出这种兴趣随时间的迁移变化，所以，DIEN 着重在模型中加入了时间序列的迁移信息。

DIEN 的新增模块如下：

- 利用 GRU 去抽取用户兴趣及模拟迁移变化。
- 为了避免兴趣在迁移的过程中造成信息流失，又加入了 AUGRU 来强化用户相关兴趣与目标物料的注意力权重。

DIEN 的模型结构如图 8-32 所示，主要由 3 部分构成，分别为行为层（Behaviour Layer）、兴趣提取层（Interest Extractor Layer）和兴趣进化层（Interest Evolving Layer）。

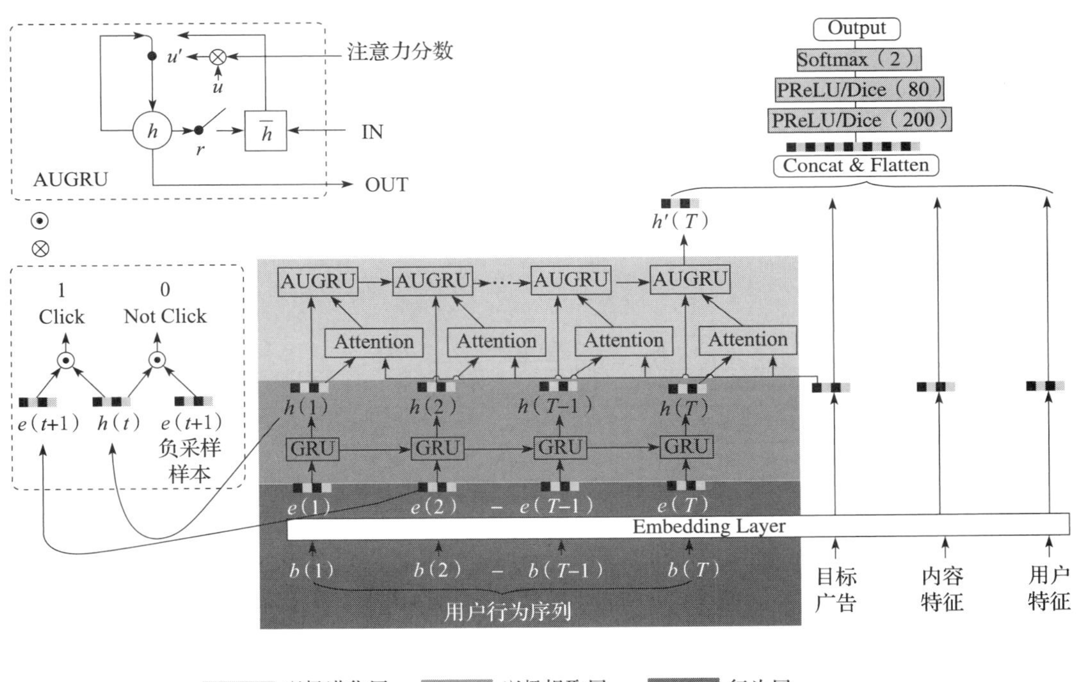

图 8-32　DIEN 模型结构

1. 行为层

行为层主要是将 ID 特征 Embedding 化。

2. 兴趣提取层

本层加入了 GRU 作为特征提取器去模拟兴趣的迁移，GRU 结构本书不做介绍。此外，本层还有一个重点，即引入了一个辅助损失（L_{aux}）去帮助模型学习。

$$L_{\text{aux}}=-\frac{1}{N}\left(\sum_{i=1}^{N}\sum_{t}\log\sigma(h_t^i,e_b^i[t+1])+\log(1-\sigma(h_t^i,\overline{e_b^i}[t+1])\right)$$

式中：

- ❑ h_t 为 GRU 中 t 时刻的隐状态。
- ❑ $e_b^i[t+1]$ 为用户 i 点击的第 $t+1$ 个物料的 Embedding。
- ❑ $\overline{e_b^i}[t+1]$ 为用户 i 在 $t+1$ 时刻负采样的物料 Embedding，类似于 Word2vec 负采样，取用户点击序列之外的物料。
- ❑ $\sigma(x_1,x_2)=\dfrac{1}{1+\exp\ (-x_1\odot x_2)}$。

L_{aux} 被设计出来的原因是 GRU 中的历史门控输出 h_t 没有被监督学习。因为目标物料的点击只来源于最后一次点击，但是用户兴趣是一系列的点击，所以需要引入负采样的物料对每个 h_t 进行监督学习。此外，这也可以缓解 GRU 梯度消失的问题。

3. 兴趣进化层

兴趣进化层相比兴趣提取层的主要区别是加入了 attention 的机制，而 DIEN 也单独地设计了自己的 attention 单元模块，其被称为 AUGRU。

AUGRU 的结构如图 8-32 的左上角所示，具体公式如下：

$$\overline{u}_t'=a_t\times u_t'$$

$$h_t'=(1-\overline{u}_t')\circ h_{t-1}'+\overline{u}_t'\circ\overline{h}_t'$$

$$a_t=\frac{\exp(h_tWe_a)}{\sum_{j=1}^{T}\exp(h_jWe_a)}$$

式中：

- ❑ a_t 表示的是目标物料的 Embedding 与用户兴趣层的隐状态 h_t 的注意力权重。
- ❑ u_t' 是 AUGRU 最初的更新门。
- ❑ $\overline{u}_t'$ 是注意力的更新门。
- ❑ e_a 是目标物料 Embedding。
- ❑ $W\in R^{n_H\times n_A}$，n_H 为隐状态的维度，n_A 为物料 Embedding 的维度。
- ❑ h_t 为 GRU 中 t 时刻的隐状态。

从上式可以知道，attention 的加入会让兴趣进化层在训练的过程中着重训练与目标物料相关的用户兴趣，并将最终兴趣量 $h'(T)$ 作为 MLP 的重要输入，从而让模型知道用户是否对当前的目标物料真正地感兴趣。

最终，DIEN 的损失如下：

$$L = L_{\text{target}} + \alpha \times L_{\text{aux}}$$

式中，α 为超参数，L_{target} 为交叉熵损失。

事实上，DIEN 的应用场景和 DIN 的应用场景不太一样。DIN 更倾向于挖掘用户已经存在的兴趣，根据用户存在的兴趣来推荐用户喜欢的东西。而 DIEN 根据用户的历史兴趣迁移去挖掘用户新的兴趣，因此，DIEN 更加适合于电商的场景，因为用户点击或者购买过的物品确实是用户喜欢的，但是用户短时间内不会再购买了。相应地，DIN 更加适合使用于视频流等推荐场景，因为它挖掘的是用户已经存在的兴趣，在这个场景中，用户很有可能继续点击相似的物料。

8.6.3 MIMN

MIMN（Multi-channel user Interest Memory Network，多通道用户兴趣记忆网络）是阿里妈妈提出的针对超长序列的模型。因为通过分析数据发现，序列越长，离线的 AUC 就越高，如图 8-33 所示。但是，类似于 DIEN 这样的模型，能够处理的最长序列在 150 左右，再长就会面临时延和内存的问题，影响推理的 QPS。

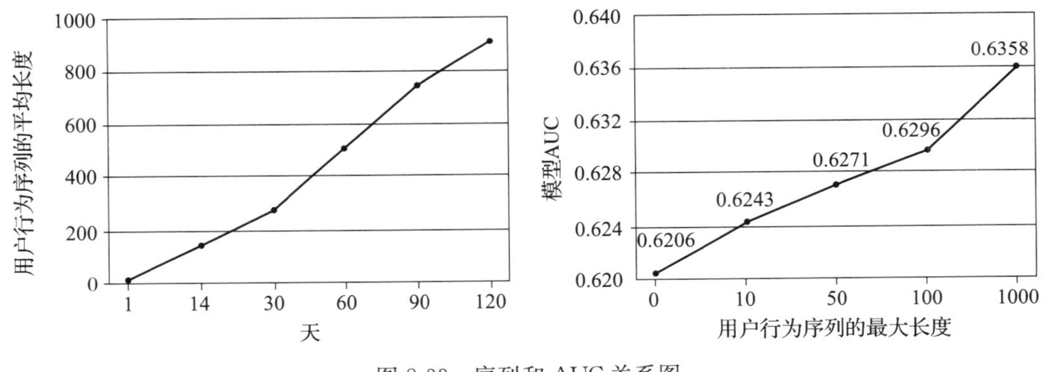

图 8-33 序列和 AUC 关系图

因此，MIMN 的主要创新点不在于算法，而在于针对超长序列的工程解决方案。

如图 8-34 所示，MIMN 主要由两部分组成，左边是负责提炼和存储原始用户兴趣信息的 UIC（用户 Interest Center）模块，右边是 Attention 和 MLP 模块。可以看出关键是 UIC 模块，而 UIC 模块又由两部分组成，分别是 NTM（Neural Turing Machine，神经图灵机）和 MIU（Memory Inducation Unit，记忆诱导单元）模块。

1. NTM

NTM 是记忆神经网络的一种。其和 LSTM 的区别在于，NTM 是使用外部记忆模块来增强神经网络记忆能力的模型。它的主要优点是**使用特定寻址的方式，只对指定的记忆进行操作，可以用外部存储，使得 NTM 理论上可以记录非常长的序列信息**。因此，NTM 在 UIC 中主要起的作用就是存储和处理超长行为序列。

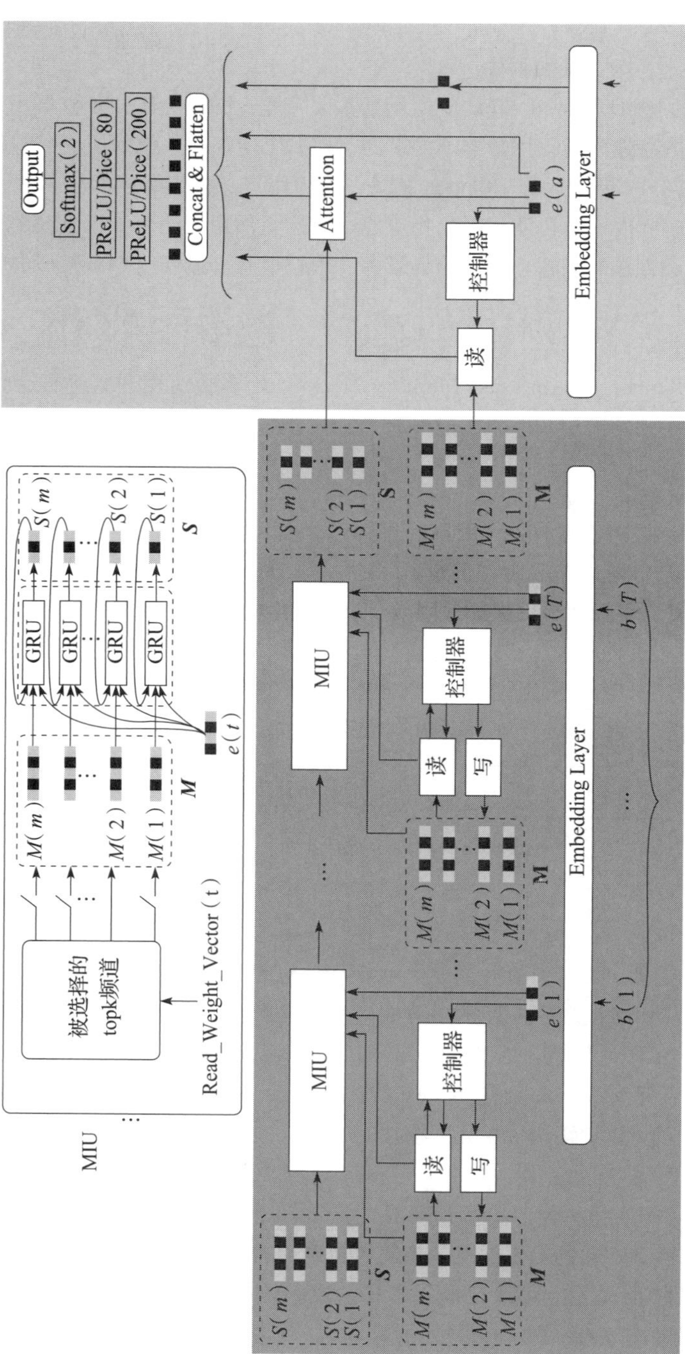
Output
Softmax(2)
PReLU/Dice(80)
PReLU/Dice(200)
Concat & Flatten
Attention
控制器
读
e(a)
Embedding Layer
MIU
被选择的
topk频道
Read_Weight_Vector(t)
GRU
S(m)
S(2)
S(1)
S
M(m)
M(2)
M(1)
M
e(t)
写
e(1)
e(T)
b(1)
b(T)

图8-34　MIMN模型

NTM 主要由一个控制（Controller）模块和一个记忆（Memory）矩阵组成。控制模块主要负责根据输入对记忆矩阵进行读写操作，从而实现记忆的更新。推荐使用 RNN 类型的模型作为控制模块，这是因为 RNN 的记忆性质可以扩展读写规模，让控制不会受每个时间步都被单次读写的限制。其架构图如图 8-35 所示，流程图如图 8-36 所示。

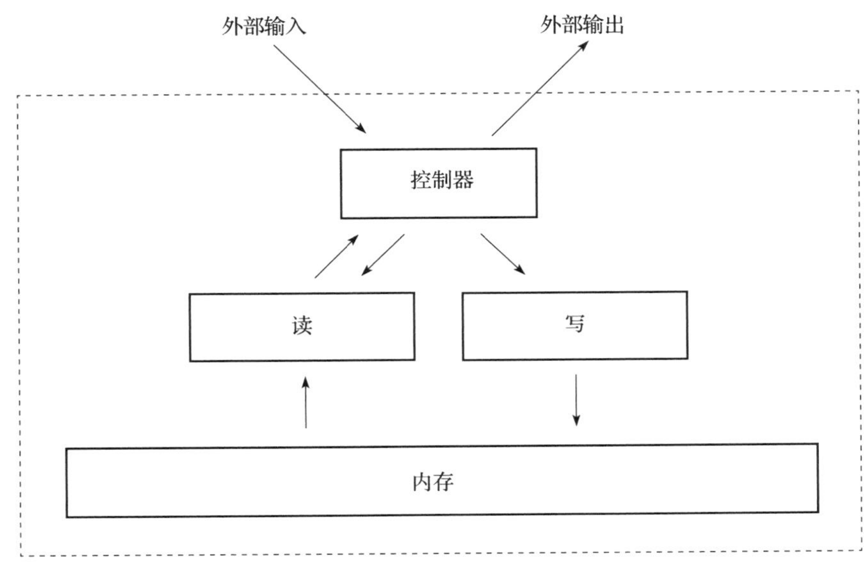

图 8-35　NTM 架构图

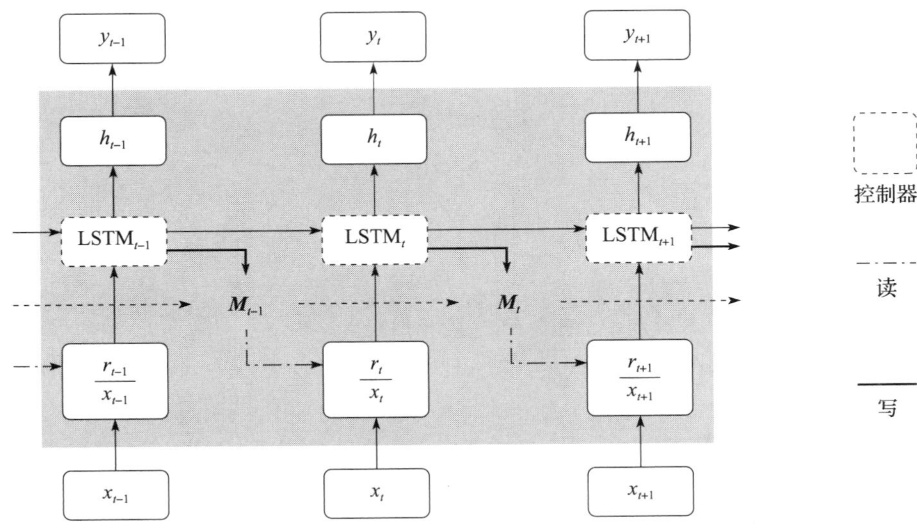

图 8-36　NTM 流程图

通过图 8-36 可以看出，当时间为 t 时，上一步存储的记忆矩阵记作$\boldsymbol{M}_{t-1}$，一共有 m 个槽位（slot），第 i 个槽位的记忆向量记作$\boldsymbol{M}_{t-1}(i)$，此时输入用户第 t 个点击的物料 Embedding。该物料 Embedding 通过控制器及两个基本的模块（即记忆读取模块和记忆写入模块）对记忆进行读取和更新。

（1）记忆读取模块

在时间为 t 时（也就是第 t 个物料 Embedding 时），通过控制器可以得到 read key（读密钥）——k_t，用其来读当前记忆矩阵（memory matrix）$\boldsymbol{M}_{t-1}$ 时，其读出的状态量表达如下：

$$r_t = \sum_i^m w_t^r(i)\boldsymbol{M}_{t-1}(i)$$

$$w_t^r(i) = \frac{\exp(K(k_t,\boldsymbol{M}_{t-1}(i)))}{\sum_j^m \exp(K(k_t,\boldsymbol{M}_{t-1}(j)))},\quad i=1,2,3,\cdots,m$$

$$K(k_t,\boldsymbol{M}_{t-1}(i))=\frac{k_t^{\mathrm{T}}\boldsymbol{M}_{t-1}(i)}{\|k_t\|\,\|\boldsymbol{M}_{t-1}(i)\|}$$

式中：

- $w_t^r(i)$ 为 k_t 与 NTM 的记忆矩阵$\boldsymbol{M}_{t-1}$ 的相似权重（从表达上来看，就是一个 Softmax 函数）。
- $\boldsymbol{M}_{t-1}$ 是 m 个内存槽（Memory slot）$\{\boldsymbol{M}_{t-1}(i)\}|_{i=1}^m$ 中的 t 时刻状态。
- $K(k_t,\boldsymbol{M}_{t-1}(i))$ 是一个 Cosine 相似度的计算过程。

（2）记忆写入模块

对于记忆存储部分，首先通过与记忆读取（Memeory Read）相似的过程得到权重向量 $\boldsymbol{w}_t^w$，然后通过如下的方式对记忆进行更新：

$$\boldsymbol{M}_t=(1-\boldsymbol{E}_t)\odot\boldsymbol{M}_{t-1}+A_t$$

$$\boldsymbol{E}_t=\boldsymbol{w}_t^w\otimes\boldsymbol{e}_t$$

$$\boldsymbol{A}_t=\boldsymbol{a}_t\otimes\boldsymbol{w}_t^w$$

式中：

- $\boldsymbol{E}_t$ 为擦除矩阵（Erase Matrix）。
- $\boldsymbol{e}_t$ 为擦除向量。
- $\boldsymbol{w}_t^w$ 为 t 时刻 Write Key 与记忆矩阵$\boldsymbol{M}_{t-1}$ 的相似权重。
- $\boldsymbol{a}_t$ 则为添加向量（Add Matrix）。

（3）记忆利用正则化

为了解决内存利用率不高和热门活动在内存中占比高等的问题，MIMN 还增加了与记忆写入模块相似权重的正则化方法。

$$\boldsymbol{w}_t^{\widetilde{w}}=\boldsymbol{w}_t^w P_t$$

$$P_t=\mathrm{Softmax}(\boldsymbol{W}_g g_t)$$

式中：

- ❑ g_t 是 m 个槽位在 t 时刻的内存利用率。
- ❑ $\boldsymbol{W}_g$ 为需要学习的权重矩阵。
- ❑ $\boldsymbol{w}_t^w$ 为 t 时刻 Write Key 与记忆矩阵 $\boldsymbol{M}_{t-1}$ 的相似权重。

最后的正则化损失如下：

$$\boldsymbol{w}^{\widetilde{w}} = \sum_{t=1}^{T} \boldsymbol{w}_t^{\widetilde{w}}$$

$$L_{\text{reg}} = \lambda \sum_{i=1}^{m} \left(\boldsymbol{w}^{\widetilde{w}}(i) - \frac{1}{m} \sum_{i=1}^{m} \boldsymbol{w}^{\widetilde{w}}(i) \right)^2$$

图 8-37 为 NTM 内存利用率对比图。

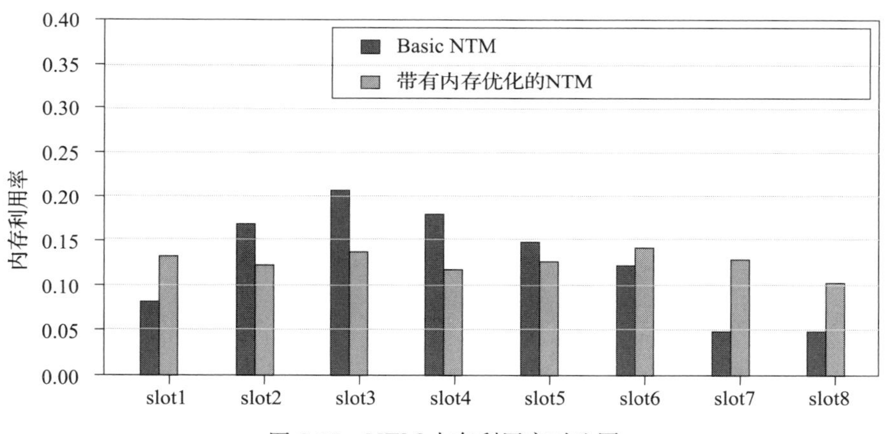

图 8-37　NTM 内存利用率对比图

2. MIU

NTM 只是针对兴趣进行读写，而 MIU（Memory Inducation Unit，记忆诱导单元）就是对兴趣进行信息提取。

这里，将每一个槽位当作一个兴趣频道。在 t 时刻，MIU 选择从集合 $\{i : w_t^r(i) \in \text{top}_k(w_t^r)\}\big|_{=1}^{k}$ 中选择 k 个兴趣频道进行演化，每个频道都采用 GRU（门控制单元）结构来进行演化计算：

$$S_t(i) = \text{GRU}(S_{t-1}(i), M_t(i), e_t)$$

式中：

- ❑ $M_t(i)$ 为 t 时刻第 i 个槽位的记忆信息。
- ❑ e_t 为 t 时刻的点击物料 Embedding。

此外，MIU 的多通道记忆的 GRU 共享参数。

MIU 模型如图 8-38 所示。

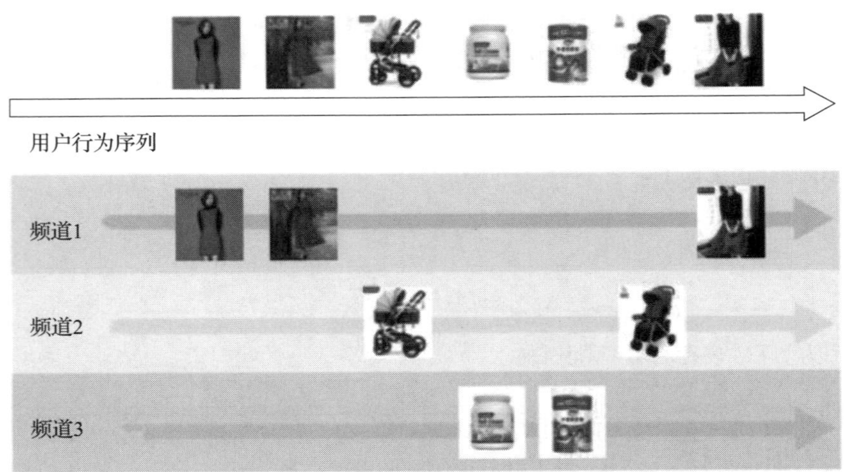

图 8-38　MIU 模型

3. 在线推理

如图 8-39 所示，在线推理的过程是 MIMN 的核心。对于每个用户来说，行为序列不再被存储在 TAIR [⊖]中，替换它的正是 NTM 模块中的记忆矩阵及兴趣演化矩阵 **S**。

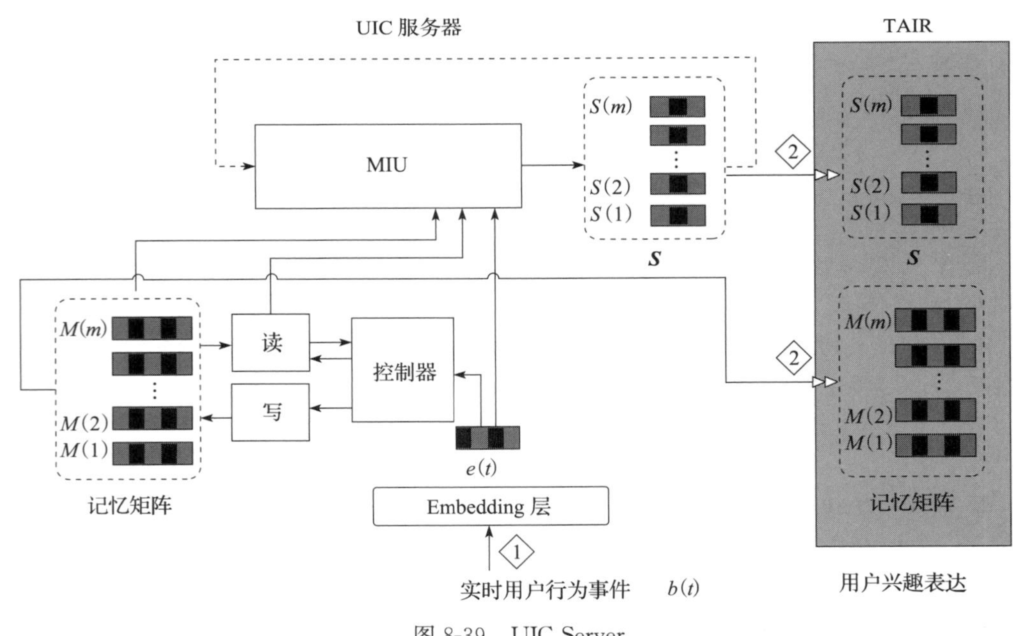

图 8-39　UIC Server

⊖ 一种键-值结构的数据存储解决方案。

在线上实际推理的时候，只需要从内存读取 M_t 和 S_t，就可以计算出最终的 CTR，如图 8-39 的右边部分所示。而当新的用户行为发生时，UIC Server 通过 MIU 和 NTM 模块快速对 $\boldsymbol{S}$ 和 $\boldsymbol{M}$ 进行更新，并重新写入 TAIR 中。MIMN 线上推理流程如图 8-40 所示。

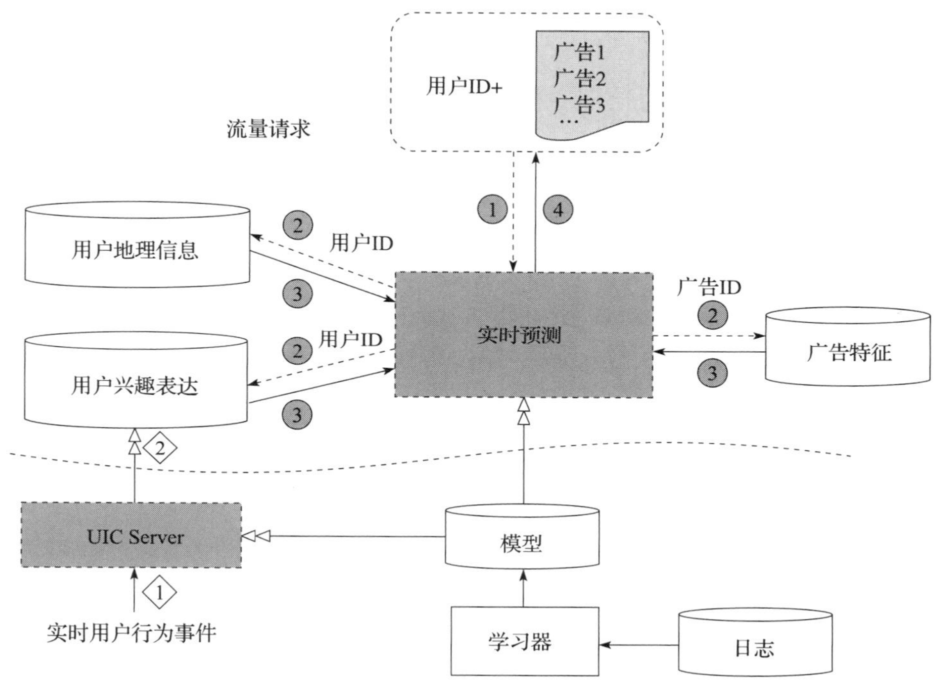

图 8-40　MIMN 线上推理流程

上线 MIMN 以后，当使用的用户行为序列长度为 1000 及 QPS 为 500 时，DIEN 的平均耗时是 200ms，MIMN 的平均耗时是 19ms，存储长度为 1000 的用户行为序列，存储原始行为序列需要 6TB 空间，而存储 $\boldsymbol{M}$ 和 $\boldsymbol{S}$ 矩阵只需要 2.7TB。此外，CTR 相比 DIEN 也得到了不小的提升，但是缺点也很明显，上线的工程难度要求很高。

8.6.4　SIM

SIM 是对 MIMN 的又一次序列长度的推进，推进的长度从 1000 涨到了 54 000。

SIM 主要分为两部分。第一部分是图 8-41 的第一阶段，其被称为 GSU（General Search Unit，泛化搜索单元），主要负责检索用户全生命周期序列。检索方式有两种，分别为软搜索（Soft Search）和硬搜索（Hard Search）。第二部分是第二阶段，主要由 ESU（Exact Search Unit，精准搜索单元）和 DIEN 组成 DNN 打分模型。

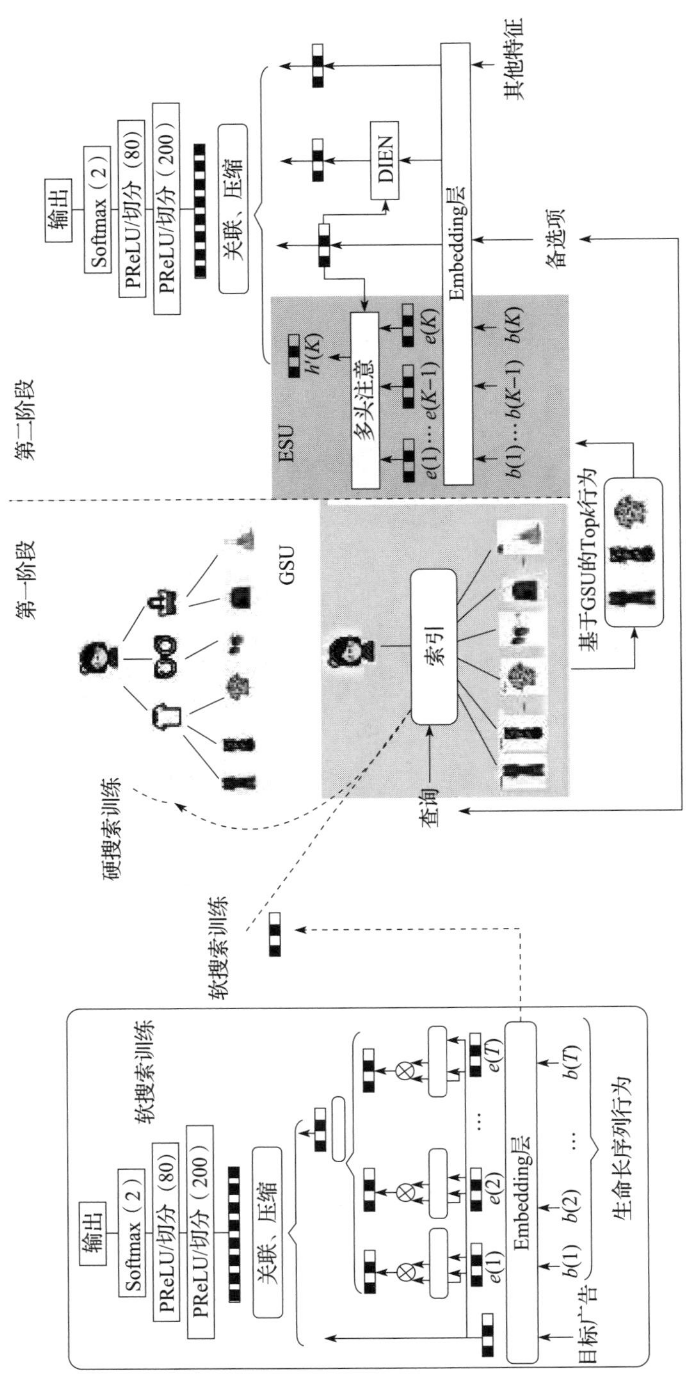
第一阶段
第二阶段
硬搜索训练
GSU
ESU
查询
索引
基于GSU的Topk行为
多头注意
$h'(K)$
$e(1)\cdots e(K-1)$ $e(K)$
$b(1)\cdots b(K-1)$ $b(K)$
Embedding层
DIEN
备选项
其他特征
输出
Softmax（2）
PReLU/切分（80）
PReLU/切分（200）
关联、压缩
软搜索训练
软搜索训练
输出
Softmax（2）
PReLU/切分（80）
PReLU/切分（200）
关联、压缩
$e(1)$ $e(2)$ … $e(T)$
Embedding层
$b(1)$ $b(2)$ … $b(T)$
目标广告
生命长序列行为

图8-41 SIM模型

1. GSU

GSU 对每一个用户按目标物料对应的类目在用户全生命周期做一个索引召回。

$$r_i=\begin{cases}\text{Sign}(C_i=C_a), & \text{硬搜索}\\(W_b e_i)\odot(W_a e_a)^{\mathrm{T}}, & \text{软搜索}\end{cases}$$

式中：

- C_a 代表了目标物料类目。
- C_i 代表了第 i 个用户行为物料的类目。
- e_i 为第 i 个用户行为物料 Embedding。
- e_a 为目标物料 Embedding。
- W_b、W_a 为模型参数。

由于长期兴趣和短期兴趣的数据分布存在差异，不能直接采用已经学习充分的短期兴趣模型向量来进行相似用户行为计算，因此，对于软搜索，我们采用了一个基于长期行为数据的辅助 CTR 任务来学习软搜索模型中的参数，如图 8-41 的左边部分所示。

2. ESU

ESU 是对 GSU 搜索得出的 SBS（Sub User Behavior Sequence，子用户行为序列）做类似 DIN/DIEN 的 attention 操作，得到目标物料和用户兴趣的相关性分。

ESU 采用 SBS 中筛选出的 Topk 物料序列 $[e_1^*;e_2^*;\cdots;e_k^*]$ 作为输入。假设其对应的时间区间为 $D=[\Delta 1;\Delta 2;\cdots;\Delta K]$（该值为用户行为时间与当前预估物料时间差），那么 ESU 中 D 对应的时间窗向量表达为 $[e_1^t;e_2^t;\cdots;e_k^t]$，于是 ESU 最终将用户兴趣 GSU 中的 Topk 向量表达为$\boldsymbol{z}_j=$ concat (e_j^*,e_j^t)。而关于目标物料和用户兴趣的相关性分，ESU 利用一个多头 attention 结构来捕捉用户在广告上的多样的用户兴趣。

$$\text{att}_{\text{score}}^i=\text{Softmax}(W_{bi}z_b\odot W_{ai}e_a)$$

$$\text{head}_i=\text{att}_{\text{score}}^i z_b$$

最后，GSU 和 ESU 会被联合训练，损失为交叉熵：

$$\text{Loss}=\alpha\text{Loss}_{\text{GSU}}+\beta\text{Loss}_{\text{ESU}}$$

3. 线上检索

从上文可以了解到长序列最大的问题在于推理，因此 SIM 的 GSU 采用的是硬搜索的方式。对于硬搜索，包括所有长期序列行为，数据的索引是关键组件。SIM 为每一个用户建立了一个两层的结构性索引，称为用户 UBT（Behavior Tree，行为树），SIM 线上推理如图 8-42 所示。详细来说，SIM 对每个用户的历史行为基于类目构建一层索引，类目相关的信息可以离线进行挂载。整体的用户行为可以被构建成 key1→key2→value 的结构，一级索引 key1 为用户_id，二级索引 key2 为 category_id，value 为该类目下的行为序列（或者也可以进一步扩展为类目相关的行为序列）。UBT 以分布式系统的方式实现，数据规模达到了 22TB。在 GSU 之后，用户行为序列的长度从数万降低到几百。

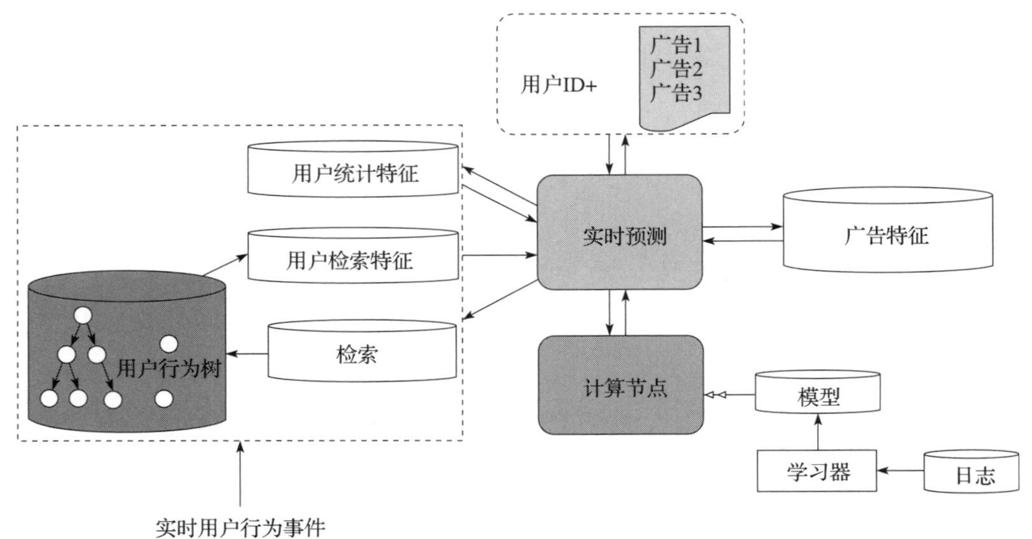

图 8-42　SIM 线上推理

8.7　多目标建模

多目标模型的提出主要针对以下两个问题：

- 如果效果可以保证或者效果下降得没有那么厉害，那么用一个模型实现多个任务，可减少模型布置的数量和线上的资源消耗（毕竟一个模型的布置比多个模型的布置要少很多的麻烦）。
- 对于多个具有相关性的任务，多任务模型可以实现任务间的信息交融，从而实现效果的提高。

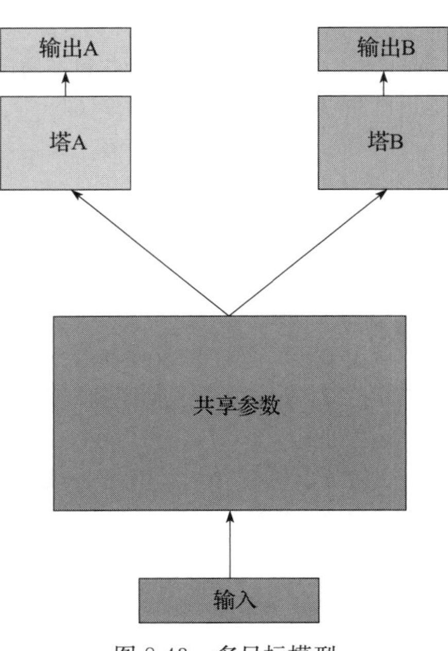

图 8-43　多目标模型

8.7.1　MMOE

最开始的多目标模型是非常简单的，如图 8-43 所示。其由一个共享底座（Shared-bottom，一般是 DNN 或者 MLP）、两个任务塔和两个输出塔组成，具体公式为：

$$y_k=h^k(f(x))$$

式中：

- $f(x)$ 为共享底座。
- h^k 为任务 k 的输出塔网络。
- y_k 为任务 k 的输出结果。

共享底座的网络优点是建模简单，缺点也很明显，多任务共享一个网络（Hard Parameter Sharing，硬参数共享）。如果任务相关性不大，那么效果会受损。

为了解决共享底座的问题，谷歌提出了 MOE 模型，如图 8-44 所示。其主要的思路为：首先用一组专家网络（Soft Parameter Sharing，软参数共享）去替代共享底座，然后用一个门控网络进行输出。专家网络可以是 DNN，也可以是 MLP。其模型公式如下：

$$g(x)=\text{Softmax}(W_g x)$$

$$y_k=h^k(f^k(x))$$

$$f^k(x)=\sum_{i=1}^{n} g(x)_i f_i(x)$$

式中：

- $g(x)_i$ 为门控网络对应的第 i 个专家的输出。
- $f_i(x)$ 为第 i 个专家的输出。
- h^k 为任务 k 的输出塔网络。
- y_k 为任务 k 的输出结果。

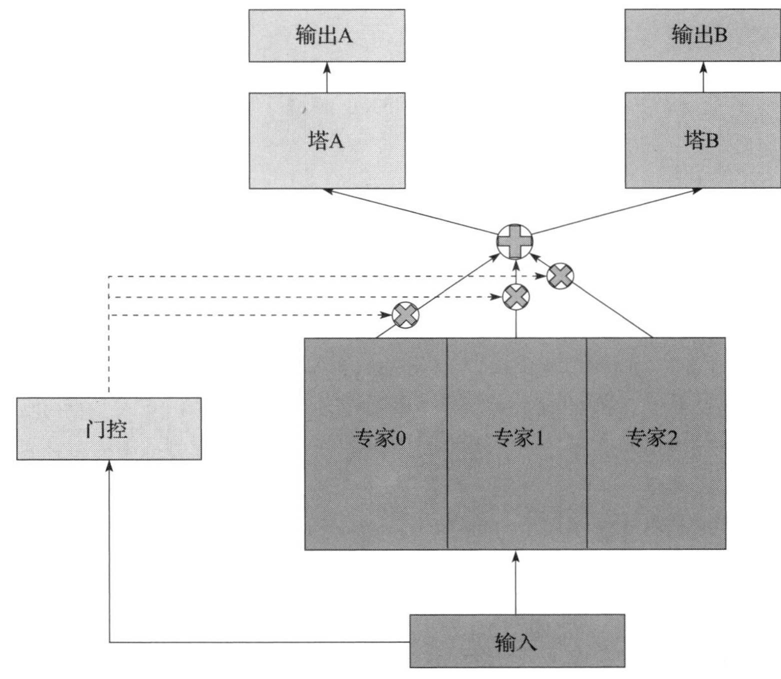

图 8-44　MOE 模型

MMOE 在 MOE 的基础上为每个任务都配置一个门控网络，具体如图 8-45 所示。

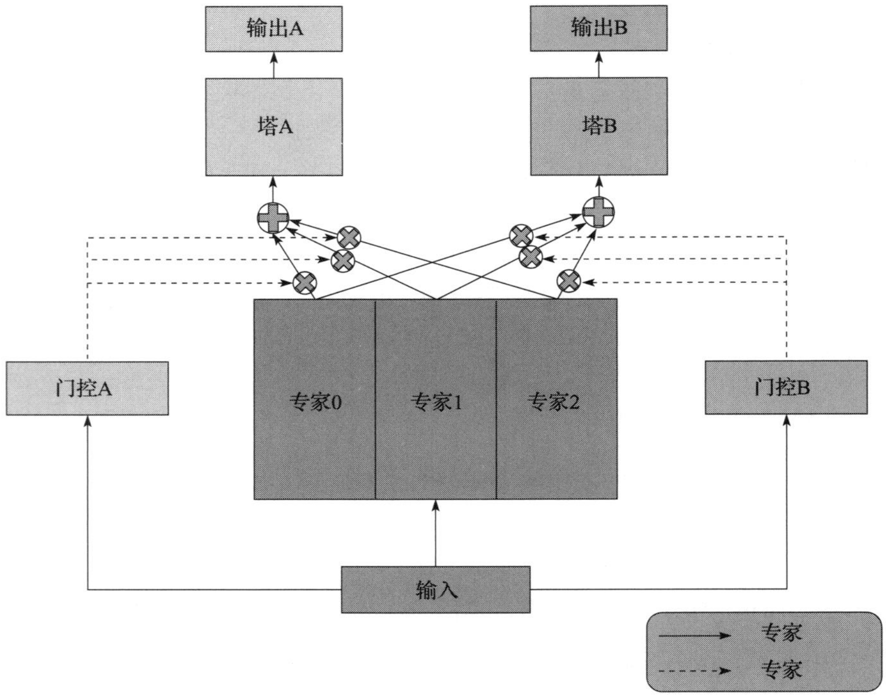

图 8-45　MMOE 模型

$$f^k(x) = \sum_{i=1}^{n} g^k(x)_i f_i(x)$$

$$g^k(x) = \mathrm{Softmax}(W_g^k x)$$

MMOE 的优点是增加了专家机制，从而提取更多的信息。因为任务不同，所以提取专家信息的侧重点也不同，从而实现对专家的选择性利用。不同的任务对应的门控网络可以学习到不同的专家组合模式，因此模型更容易捕捉到子任务间的相关性和差异性。

MMOE 是推荐系统多目标界的里程碑之一。现在很多大厂都上线了 MMOE，只要仔细调参，效果都还不错。MMOE 建模简单，效果客观，可以说是多目标模型中性价比最高的。

8.7.2　ESMM＋MMOE

为了消除曝光偏置（Bias）问题或者 SSB（Sample Selection Bias，采样选择偏置）问题，阿里提出了 ESMM 模型，前文已经介绍过，此处不再赘述。但是，因为是多目标模型，所以很多人将 MMOE 和 ESMM 进行了结合。其主要做法是将 ESMM 的 MLP 替换为 MMOE，最后的损失仍然采用 ESMM 的损失。

8.7.3 SNR

SNR 和 MMOE 的区别在于，SNR 提出了灵活参数共享的概念，即我们不应把共享层部分作为整体的参数分享给每一个需要训练的目标，在共享层内部也需要互相共享参数，以提高表达。SNR 提出了两种传递方式，一种是 Trans，另一种是 Aver。

Trans 的公式如下：

$$\begin{bmatrix} v_1 \\ v_2 \end{bmatrix} = \begin{bmatrix} z_{11}\boldsymbol{W}_{11} & z_{12}\boldsymbol{W}_{12} & z_{13}\boldsymbol{W}_{13} \\ z_{21}\boldsymbol{W}_{21} & z_{22}\boldsymbol{W}_{22} & z_{23}\boldsymbol{W}_{23} \end{bmatrix} \begin{bmatrix} u_1 \\ u_2 \\ u_3 \end{bmatrix}$$

式中：

- $u_i(i=1,2,3)$ 为底层 Embeddiing 输入。
- z 是 0—1 的编码变量，用来控制是否连接。
- W 为学习的参数。

Aver 的公式如下：

$$\begin{bmatrix} v_1 \\ v_2 \end{bmatrix} = \begin{bmatrix} z_{11}\boldsymbol{I}_{11} & z_{12}\boldsymbol{I}_{12} & z_{13}\boldsymbol{I}_{13} \\ z_{21}\boldsymbol{I}_{21} & z_{22}\boldsymbol{I}_{22} & z_{23}\boldsymbol{I}_{23} \end{bmatrix} \begin{bmatrix} u_1 \\ u_2 \\ u_3 \end{bmatrix}$$

式中，I 为值全为 1 的全 **1** 矩阵。

值得注意的是，z 是经过分布拟合计算出来的。

$$u \sim U(0,1)$$
$$s = \text{Sigmoid}(\log(u) - \log(1-u) + \log(\alpha)/\beta)$$
$$\bar{s} = s(\zeta - \gamma) + \gamma$$
$$z = \min(1, \max(\bar{s}, 0))$$

式中：

- u 为符合均匀分布的随机变量。
- α 为可学习的变量。
- β、s 为超参数。

SNR 模型如图 8-46 所示。

SNR 的效果是提高了，但是参数量急剧增加，因此调参也是一个大问题。

8.7.4 CGC

CGC（自定义门控制）认为 MMOE 的专家是被所有任务共享的，这可能导致任务个性化的信息丢失。因此，为了解决这个问题，CGC 提出了共享专家，即模型不仅有各个任务的专家，还有共享任务的专家。

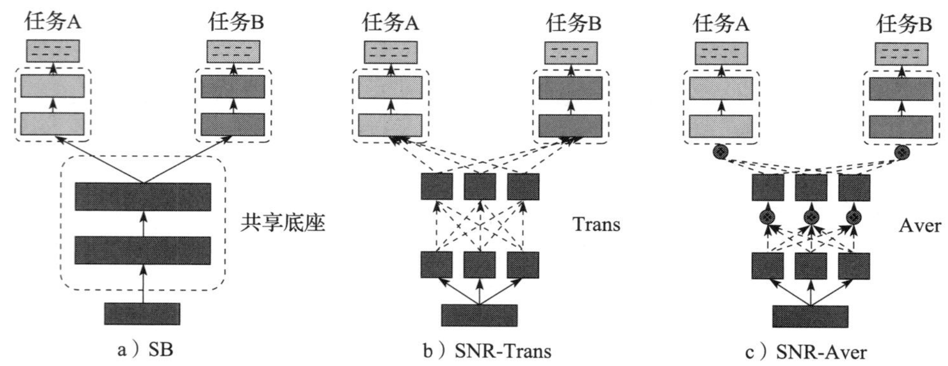

图 8-46　SNR 模型

CGC 模型如图 8-47 所示。

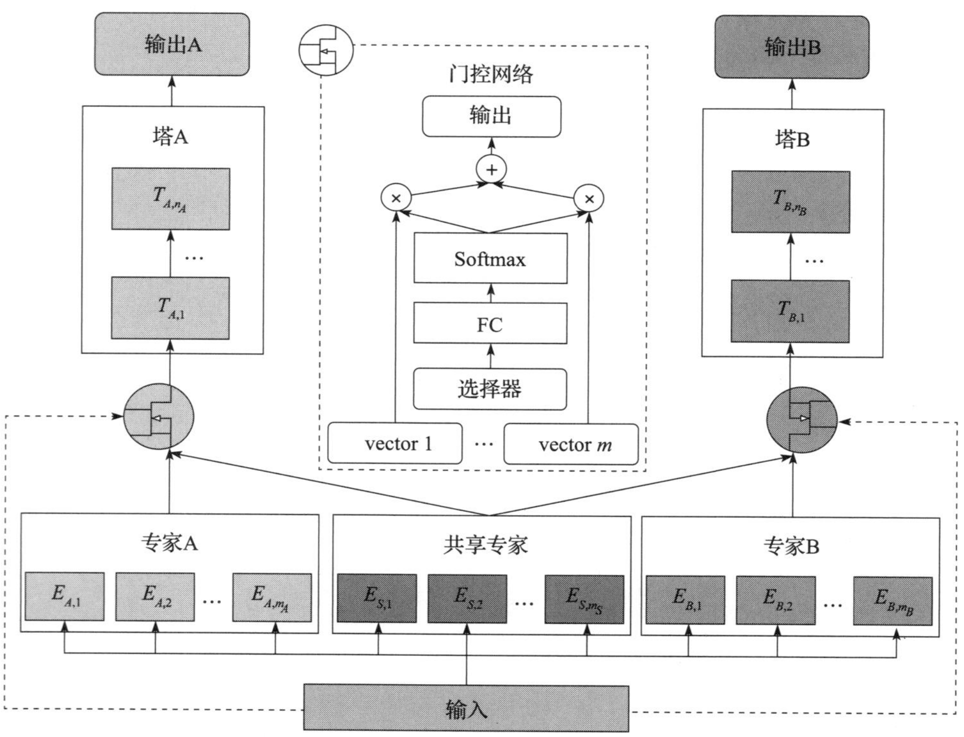

图 8-47　CGC 模型

具体的公式为：

$$y^k(x)=t^k(g^k(x))$$

$$g^k(x)=w^k(x)S^k(x)$$
$$w^k(x)=\mathrm{Softmax}(W_g^k x)$$
$$S^k(x)=[E_{(k,1)}^{\mathrm{T}},E_{(k,2)}^{\mathrm{T}},\cdots,E_{(k,m_k)}^{\mathrm{T}},E_{(s,1)}^{\mathrm{T}},E_{(s,2)}^{\mathrm{T}},\cdots,E_{(s,m_s)}^{\mathrm{T}}]^{\mathrm{T}}$$

式中：

- t^k 表示任务 k 的输出塔网络。
- g^k 是任务 k 的门控网络。
- w^k 是所选择的专家对应的权重。
- $W_g^k\in\mathbb{R}^{(m_k+m_s)\times d}$，$m_s$ 和 m_k 分别是共享专家个数及任务 k 的独有专家个数，d 是输入维度。
- S^k 由共享专家和任务 k 的专家组成。

在一些工业界的应用中，一些工程师发现，在唯一场景的多任务下（如小视频点击场景，以观看时长 5s 作为目标 A，以观看市场 30s 作为目标 B），MMOE 的 AUC 是高于 CGC 的。但是，在多场景多任务下（如信息流场景的广告任务和视频点击任务），CGC 的效果是优于 MMOE 的。

8.7.5　PLE

PLE 与 MMOE 的区别在于，MMOE 是单纯的一层专家，且专家之间没有进行任何信息交融。与 SNR 相比，SNR 有多层专家，且本层专家来自上一层的专家（通过 Trans 或者 Aver 方式）。PLE 有多层专家，且每一层的专家分为两类，一类为共享专家，另一类为任务专家。共享专家来自上一层所有的专家，而任务专家只与其相关任务的专家和共享专家有关，与其他任务的专家无关。与 CGC 相比，PLE 就是多层的 CGC 网络。

PLE 模型如图 8-48 所示。

表 8-2 所示为多目标模型的优缺点。

表 8-2　多目标模型的优缺点

模型	优点	缺点
共享底座	不同目标之间的参数完全共享	如果任务相关性不大，那么效果会受损
MOE	独立的门控网络，帮助模型学习特定于任务的信息	更新共享参数时发生冲突，不同目标之间的差异性大
MMOE	能捕捉目标差异性大的任务，也能捕捉目标差异性小的任务，适合多个任务相关性差异不大的任务	目标差异性过大的情况下不如 CGC 网络适合
ESMM	可以捕获任务内在相关性	仅适合有贝叶斯关系的任务
CGC	每个任务都有各自的专家，同时又有共享专家，比 MMOE 更能捕捉目标差异性较大的任务	相关性较强的任务不那么适合
PLE	在 CGC 的基础上将 CGC 网络进行多层扩展，提高了模型的泛化性	网络参数变大
SNR	它的 Share Layer 内部也互相共享参数，以提高表达。提出的 Trans 和 Aver 结构从分布的角度出发进行建模，增强了模型的泛化性	网络参数变大，而且由于超参数多，调参也是一个大问题

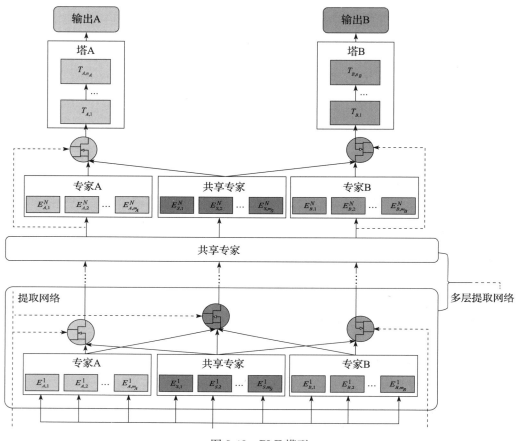

图 8-48　PLE 模型

8.7.6　多目标模型的损失优化

多目标在训练的过程中经常产生的问题便是“跷跷板现象”（即帕累托现象，如图 8-49 所示），即模型训练过程中，一开始两个目标的优化指标都在提高，随后两个目标的优化指标交互波动（一个目标的优化指标提高，另外一个目标的优化指标降低）。下面介绍几种针对跷跷板现象的优化方法。

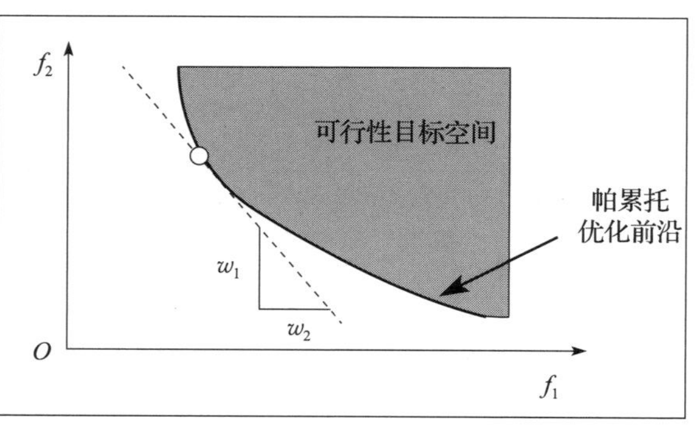

图 8-49　帕累托现象

1）**超参法。**该方法比较简单，就是为每个损失设定一个超参数，最后加权平均。该方法的优点是简单，缺点也很明显，太过粗糙。

2）**方差法。**将各个损失的方差作为权重，并进行加权平均。该方法认为损失波动大的任务属于难学习的任务，应该给予更多的力度去学习。

3）**损失自主法。**将各个损失本身的值进行权重加权平均。思路和方差法类似，但是更加精细，即该任务越难学习，其本身产生的损失就越大，那么就更应该关注该任务。

4）**帕累托优化。**多目标当前优化的主要方向是选择出每个任务梯度的下降方向的整体组合。帕累托优化的主要关键点在于，首先通过类似 kkt 边界条件（本文对 kkt 不做讲解）的方式去最小化梯度，从而达到全局最优，然后从全局最优倒推出最优的损失 weight。本文对细节不进行讲解，有兴趣的可以参考论文“A Pareto-Efficient Algorithm for Multiple Objective Optimization in E-Commerce Recommendation”。

5）**梯度手术法。**梯度手术法主要是为了解决 3 个多任务梯度相关问题产生的，这 3 个问题如下：

- 不同任务的梯度更新方向可能不同，这种不同可能导致跷跷板现象。
- 如果一个梯度特别大，另一个梯度特别小，那么较大的梯度会形成主导，从而影响较小梯度。
- 在曲率很大的位置，高梯度值任务的改进可能被高估，而高梯度值任务的性能下降可能被低估。

为了解决以上的问题，梯度手术法将不同任务的梯度提取为一个向量。那么向量和向量之间就存在相关度，既可以是正相关，也可以是负相关，向量梯度的 4 种相关类型如图 8-50 所示。如果发现两个任务的梯度负相关，那么就对其中一个向量进行纠偏。纠偏的思路来源于投影原理，具体计算公式如下：

$$\boldsymbol{g}_i(新)=\boldsymbol{g}_i(旧)\frac{\boldsymbol{g}_i \cdot \boldsymbol{g}_j}{-\|\boldsymbol{g}_j\|^2}\boldsymbol{g}_j$$

式中：

- $\boldsymbol{g}_i$ 为任务 i 的梯度向量。
- $\boldsymbol{g}_j$ 为任务 j 的梯度向量。

这种纠偏最后让所有任务的梯度都朝着一个方向前进，从而达到全局最优。

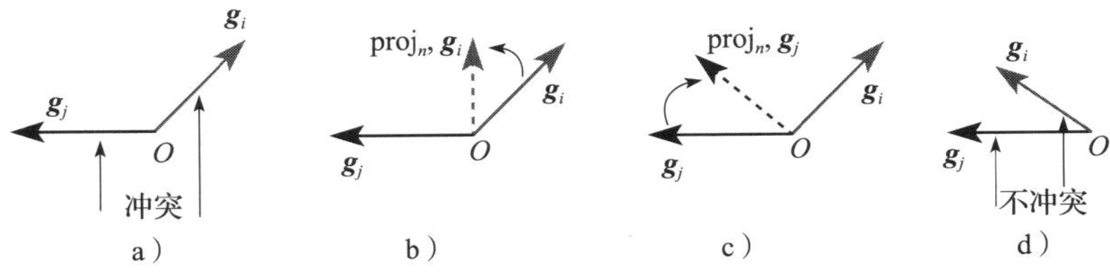

图 8-50　向量梯度的 4 种相关类型

CHAPTER9

第 9 章 粗排层的样本选择和模型选择

我们可以知道，粗排层的主要作用是作为精排和召回的缓冲层，该层对精度的要求没有精排层高，但是对时延的要求高于精排（10ms 左右）。事实上，就是因为精排模型太过复杂，所以粗排层无法在规定的 QPS 下对召回的样本进行打分，因此需要粗排层进行二次筛选。

通常，粗排层采用与精排层一样的曝光样本。但是，很明显，这样的选择是有偏差的，粗排样本构成如图 9-1 所示。因此，业界针对负样本的改进提出了以下几点：

- 在曝光未点击负样本的基础上加入随机采样负样本。
- 采用精排排名靠后的未曝光样本。
- 对精排的排序样本，采用 pairwise（成对）训练，如经过精排打分后的物料的排序为{物料$_1$＞物料$_2$＞…＞物料$_n$}，那么我们可以将其转换为{[物料$_1$＞物料$_2$]，[物料$_2$＞物料$_7$]，[物料$_7$＞物料$_{14}$]，[物料$_{14}$＞物料$_{28}$]，…}的 pairwise 样本对训练集。
- 采用精排靠前的样本作为正样本。

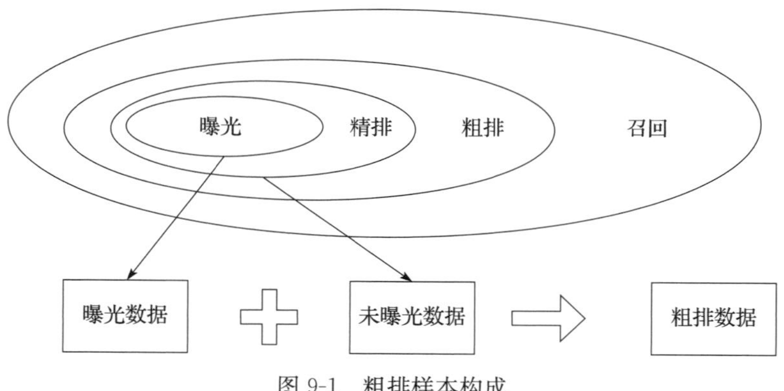

图 9-1 粗排样本构成

最原始的粗排模型的设计遵循了 DSSM 双塔模型的设计。后来随着粗排的迭代，开始引入模型蒸馏和模型压缩等技术让粗排模型可以无限地接近精排。本章将介绍几种业界对于粗排模型的设计方案。

9.1 蒸馏

在推荐系统中，蒸馏一般分为模型蒸馏和特征蒸馏。模型蒸馏可以提高模型的推理速度和精度。特征蒸馏可以提高模型的推理速度。

1. 模型蒸馏

在 NLP 和 CV（计算机视觉）领域，大模型训练在业界取得了巨大的进展，如 Bert 或 Alex 等。但是，大模型有两个通用的问题：参数量太大和推理速度无法满足速度要求。为了克服这两个问题，算法工程师提出将原始大模型当作老师模型，新建一个小模型当作学生模型。在训练的过程中，大模型固定参数，数据先通过大模型，大模型输出各层的中间参数和最后的概率。之后数据导入小模型，小模型不仅要学习数据的标签，还要学习大模型的中间层参数和最后的概率。通过这样的方法，小模型不仅学习到了当前数据集的分布，还学习到了大模型的泛化性分布，从而让小模型的效果无限逼近大模型。具体的模型蒸馏过程如图 9-2 所示。

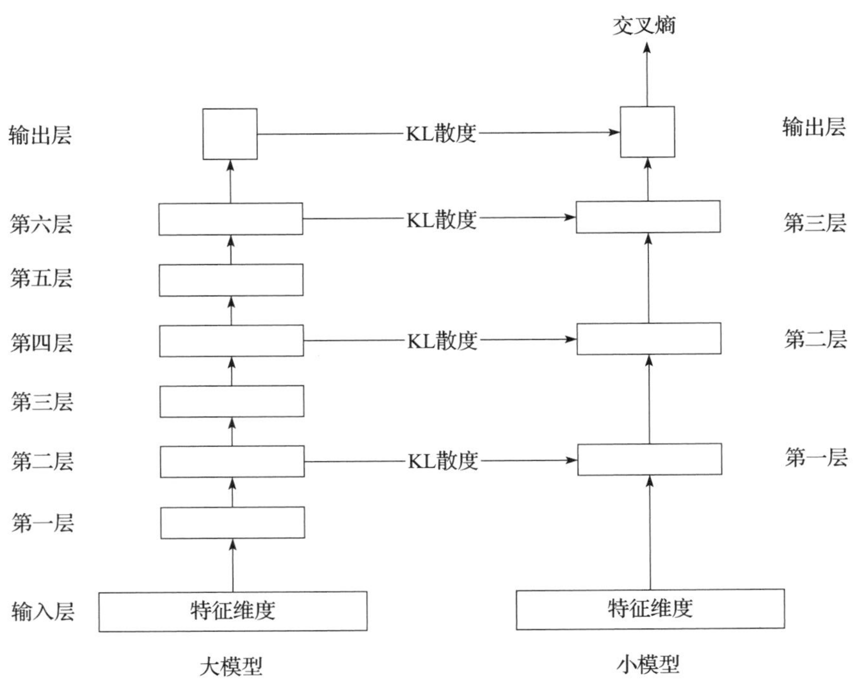

图 9-2 模型蒸馏过程

在推荐系统中，一般将精排模型当作老师模型，将简单的 MLP（多层感知器）当作学生模型，进行模型蒸馏。因为精排模型通常不会像 Bert 那么大，所以一般让精排模型最后的概率作为软标签，让学生模型的概率作为 KL 散度或者 MSE。因此，最后的损失表达通常如下：

$$\text{loss}=H(y,f(x))+\lambda\|r(x)-p(x)\|^2$$

式中：

- ❑ $H(y,f(x))$ 为 Sigmoid 交叉熵。
- ❑ $r(x)$ 为老师模型输出的概率。
- ❑ $p(x)$ 为学生模型输出的概率。
- ❑ λ 为超参数。

在很多业务场景中，如果 MLP 满足不了上线的 QPS（每秒查询次数），那么可以使用 DSSM 模型作为学生模型进行蒸馏，而不局限于 MLP 模型。

2. 特征蒸馏

常规特征蒸馏比较简单，可以用 Senet 或者 XGBoost 等模型得到每个特征的重要性，然后根据特征重要性进行特征筛选，过滤掉大部分无用特征，实现特征的蒸馏。通常来说，如果原始精排特征有 300 个，那么可以通过特征蒸馏筛选出最重要的 100 个特征，极大地降低了模型推理速度。通过特征蒸馏**不仅可以突破 DSSM 的用户特征和物料特征无法交叉的限制，还可以加入重要的交叉特征。**

3. 神经网络架构搜索特征蒸馏

神经网络架构搜索（NAS）是 AutoML 的分支之一。它的主要思路是将网络结构搜索转换为连续空间的优化问题，采用梯度下降法求解，可高效地搜索神经网络架构，同时得到网络的权重参数。下面以一个例子来讲解 NAS 如何进行模型和特征的蒸馏。

假设有 n 个特征，网络的层数不超过 K，每层可选的神经元维度为 D，例如 $D=\{1024,512,256,128,64,0\}$。其中，0 表示该层不需要存在。

1）设定可学习参数 θ，基于 θ 为每一个特征引入伯努利的 mask 参数 g_i 去进行特征筛选。

$$g_i=\begin{cases}1, & \text{基于概率 } \theta_i \\ 0, & \text{基于概率 } 1-\theta_i\end{cases}$$

2）为每一层设定一个超级网络 $f_l(x)$，每一层每个节点的输出为 $f_{l,i}(x)$，那么该层的总输出为：

$$o_l=\sum_{i=1}^{n} m_{l,i} f_{l,i}(x)$$

$$m_{l,i}=\frac{\exp((\boldsymbol{\theta}_{l,i}+g_{l,i})/\tau)}{\sum_k \exp((\boldsymbol{\theta}_{l,i}+g_{l,i})/\tau)}$$

式中：

- ❑ $g_{l,i}$ 为噪声参数，用来进行威尔逊平滑。
- ❑ $\boldsymbol{\theta}_{l,i}$ 为第 l 层的可学习参数，$\boldsymbol{\theta}_l$ 是一个 D 维的向量。

- τ 为温度超参数。

3）训练完模型后，根据 g_i 和 $m_{l,i}$ 筛选出有用的特征和模型的层数与神经元个数。

此外，除了模型和特征重要度的筛选外，还需要考虑特征处理和模型的耗时问题。因此，我们可以在损失中引入特征和模型的效率指标。NAS 蒸馏过程如图 9-3 所示，具体表达式如下：

$$E(\text{latency}_i)=\theta_i \times L_i$$

$$E(\text{latency}_{1024}^{i+1})=p_1^i \times (T_{1024\times1024}+E(\text{latency}_{1024}^i))+p_2^i \times (T_{512\times1024}+E(\text{latency}_{512}^i))+\cdots+p_N^i \times (E(\text{latency}_0^i))$$

$$E(\text{latency}^{i+1})=p_1^{i+1} \times E(\text{latency}_{1024}^{i+1})+\cdots+p_N^{i+1} \times (E(\text{latency}_0^{i+1}))$$

式中：

- L_i 为特征 i 的处理时长。
- $T_{1024\times1024}$ 为神经元 1024 转换到 1024 的矩阵乘法耗费时长。
- E（$\text{latency}_{1024}^{i+1}$）为从最开始特征处理到第 $i+1$ 层神经元转换到 1024 需要的时长。

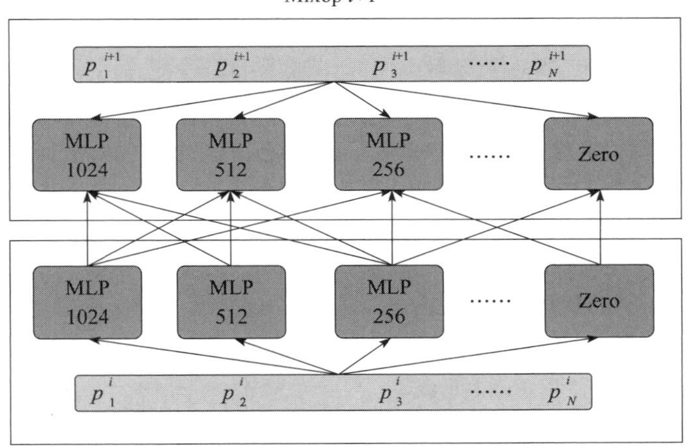

图 9-3　NAS 蒸馏过程

9.2　工程优化

除了模型和特征的优化外，工程优化也可以大大地减轻推理的负担。本节主要参考了阿里的 COLD（Computing power cost-aware Online and Lightweight Deep preranking system，计算能力成本感知在线轻量级深度预排系统）模型来介绍一系列的工程优化方法。

1. 并行化

要实现低延时、高吞吐的目标，并行计算是非常重要的。而粗排对于不同物料的计算是相互独立的，因此可以将计算拆分成并行的多个请求以同时进行计算，并在最后进行结果合并。特征计算部分使用了多线程方式以进一步加速，网络计算部分使用了 GPU。

2. 列计算转换

用户特征和物料特征的计算可以被认为是两个稀疏矩阵的计算。矩阵的行是 batch_size。用户矩阵的 batch_size 为 1，物料矩阵的 batch_size 为召回的物料个数。矩阵的列是特征群的数目。通常，计算物料矩阵的方法是逐个计算物料在不同特征群下特征的结果。但是这种计算方式是不连续的，存在冗余遍历和冗余查找的问题。在实际的计算过程中，因为同一个特征群的计算方法相同，因此可以利用这个特性将行计算重构成列计算，对同一列上的稀疏数据进行连续存储，之后利用 MKL 优化单特征计算，使用 SIMD（Single Instruction Multiple Data，单指示多数据）优化组合特征算子，以达到加速的目的。

3. Float16 加速

英伟达的图灵架构针对 Float16 和 Int8 的矩阵乘法有额外的加速，所以在时效性不足的情况下可以引入 Float16 加速。但是 Float16 比起常用的 Float32 会有精度的损失，有以下两种方式可以解决这个问题：

- 混合精度：对 BN 层使用 Float32，对非 BN 层使用 Float16。
- 归一化方法：linear_log() 函数。如图 9-4 所示，linear_log() 可以将 Float32 的数值处理到一个比较合适的范围。所以如果将 linear_log() 放到模型的初始层，就可以确保网络的输入参数在 Float16 的值域范围内。在具体实践上，linear_log() 函数对 COLD 模型的效果基本没有影响。使用 Float16 以后，CUDA 核的运行性能有显著提升，但是核的启动时间成了瓶颈。为了解决这个问题，COLD 使用了 MPS（Multi-Process Service，多进程服务）来解决核启动的开销。Float16 和 MPS 技术可以带来接近两倍的 QPS 提升。

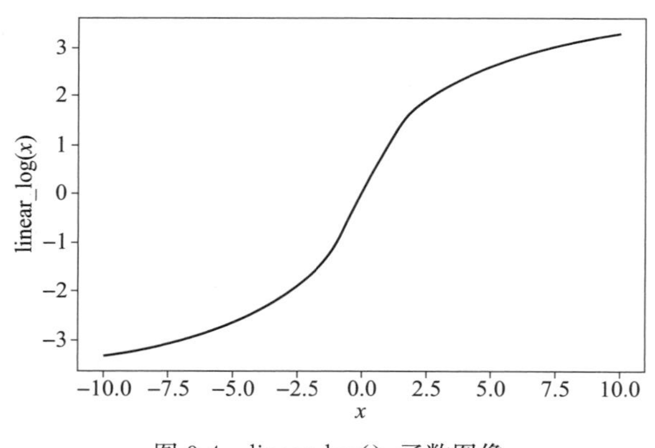

图 9-4 linear_log() 函数图像

$$\text{linear\_log}(x)=\begin{cases}-\log(-x)-1, & x<-1\\ x, & -1\leqslant x\leqslant 1\\ \log(x)+1, & x>1\end{cases}$$

4. 近离线计算

对于一些对用户和物料特征更新不那么频繁的业务场景，我们可以采用近离线计算直接用精排模型对所有物料打分。具体的做法是，每隔一段时间（如 30min）计算每个用户和每个物料的打分，然后将这种有延时的打分作为粗排模型的打分。但是这种方法必须衡量与真实精排模型打分的差距，并且需要实时监控，一旦出现打分差距过大的情况，就需要考虑降级策略。

CHAPTER 10

第 10 章 重排层的设计与实现

重排层用于实现以下两种需求：

- 在精度足够的情况下，满足特定的业务需求，如多样性指标提升、特定内容扶持等。
- 进一步提高整体大盘的点击率。

对于第一种需求——业务需求，常用的解决方法是**调权、强插、过滤和打散**。多样性指标、留存指标、播放率指标等多目标提升的方式可以用**多目标打分融合**。

对于第二种需求——进一步提高整体大盘的点击率，实现的方式相对多很多，具体来说分为两种流派，一种是数据分析派，另一种是模型派。

10.1 精排数据分析

在优化精排的过程中，一定要学会判断精排模型是否已经达到当前数据分布的极限。只有知道了模型是否达到当前数据分布的极限，才可以根据目前的情况进行进一步优化。通常而言，优化精排无非两个方向——加特征和提高模型复杂度。

那么，怎么判断精排模型是否达到了当前数据分布的极限呢？有的读者可能想到了 AUC，但是到精排模型优化的后期，AUC 千分位的提升可以带来一两个点的点击率提升，甚至可能发生 AUC 不动但点击率上升的情况。当 AUC 失效后，可以采用 COPC 指标判断当前的模型在数据上的表现。可以从多个维度去观察 COPC，这里重点介绍**分箱观察**。

把精排分数分成若干个区间，每个区间都统计真实的 CTR。更进一步，可以拆分成多个箱。比如按照某个特征拆分成 A、B 两组，单独统计每组的真实 CTR。表 10-1 统计了 A、B 箱的精排分箱打分。

表 10-1　A、B 箱的精排分箱打分

分数区间	A 箱实际 CTR	A 箱 PV	B 箱实际 CTR	B 箱 PV
0～0.1	0.01	224 627	0.01	3 724 637
0.1～0.2	0.02	26 267	0.021	373 467
0.2～0.3	0.025	428 748	0.025	536 367
0.3～0.4	0.04	22 224	0.041	457 367
0.4～0.5	0.45	25 800	0.45	5555
0.5～0.6	0.55	2 935 795	0.55	34 536 334
0.6～0.7	0.6	9468	0.62	656
0.7～0.8	0.64	295 800	0.64	564 532
0.8～0.9	0.65	25 000	0.7	5555
0.9～1	0.68	3553	0.72	45 999

统计完了各个区间的真实 CTR，再对每个分箱的精排打分取平均。从小到大依次观察每个分箱的数据，我们就会发现以下几种情况。

- **精排分数单调递增，CTR 没有单调递增。**这种现象多半是线上与线下分布不一致导致的。因为如果精排真的拟合了线上分布，那么精排打分和 CTR 是完全呈正比关系的。这个不一致，有可能是没做好特征线上及线下的统一（特征错乱、特征穿越等），也有可能是模型没拟合好线上的分布（数据进行了不合适的采样），还有可能是模型训练出现了问题。如果出现了这种情况，那么首先需要把线上与线下的特征梳理一下，查看分布是否一致或者模型训练是否有问题。
- **精排分数单调递增，CTR 单调递增，但是增长非常慢。**比如，表 10-1 中 A 组的 0.8～0.9 区间的 CTR 仅比 0.6～0.7 区间的 CTR 高一点。原因是模型缺乏特征，尤其是缺乏活跃用户的特征。对于活跃用户，精排为了指标，会使用很重的行为画像作为特征，很容易放大历史点击记录，更加倾向于把它们排上去。如果模型高估了该用户的点击倾向，就会导致分数很高但是现实用户不怎么点击的现象。因此，对于用户的兴趣画像，需要按照时间周期对其进行更新，对于长时间没有使用 App 的用户应该将其兴趣清零。但是，这种情况通常会引发线下 AUC 涨但线上 CTR 不增长的情况。因为模型仅仅拉开了原本可分的正负样本的距离，但是不可分的正负样本还是没有被区分开。
- **精排分数单调递增，CTR 也单调递增，但是 A、B 两组的 CTR 比值差异过大。**比如，A 和 B 分别表示体育和科技类目。如果这两个类目下同一个分数区间的 CTR 差异过大，则说明模型对类目这个特征的建模不足，需要进一步改善。这个原则是有完整的数学证明的：假设 A 和 B 同一区间的模型分布为 $q(y|\mathrm{A})$ 和 $q(y|\mathrm{B})$，真实的线上分布为 $p(y|\mathrm{A})$ 和 $p(y|\mathrm{B})$。理论上，$q(y|\mathrm{A})=q(y|\mathrm{B})$。因为假设模型完全拟合了线上分布，那么 $q(y|\mathrm{A})=p(y|\mathrm{A})$，$q(y|\mathrm{B})=p(y|\mathrm{B})$。但实际上，A 和 B 的某些区间的 CTR 并不相等，因此 $p(y|\mathrm{A})\neq p(y|\mathrm{B})$，那么 $q(y|\mathrm{A})\neq q(y|\mathrm{B})$。所以，模型并没有对该特征很好地建模。那么怎么解决定向特征建模问题呢？一个简单的方法就是对每一个类目的子类添加是否为

类目的特征判断。比如，我们发现体育类目下的 CTR 与整体数据集 CTR 的 COPC 差距较大，就可以对体育类目进行特征加强，如增加一个名为是否体育类目的特征。

- **精排分数单调递增，CTR 单调递增，各种维度分组下的 CTR 比值也接近平稳。**如果达到这一步，则证明精排模型已经趋于完善，主要的精力可以放在其他排序层的优化上，同时在策略上引导精排模型往新的产品思路上走，在更高的层面带动系统良性发展。

在了解了分箱观察的机制以后，我们就大概明白了线上 CTR 和线下精排打分的重要关联了。但是，除了加特征和增强模型的拟合能力外，还有没有可以快速临时解决模型拟合能力不足的方法呢？答案是“有”。我们知道了整体模型的 COPC，为了完美拟合线上分布，可以对各个维度进行实时 COPC 统计，再对精排打分进行调权，让各维度的 COPC 强行与整体分布一致。但是要特别注意，此方法需要足够长的时间来观察整体分布和所选择维度的 COPC 的比值是否波动较大。如果波动很大，则需要换一个维度继续观察。

以上结论都是在训练数据和线上数据同分布的情况下得出的。但是在实际的训练过程中，鉴于资源限制、正负样本悬殊或者数据量过于庞大，我们通常会对训练集进行采样。当采样的正负样本比和原分布有差别时，就要对模型进行校正了。校正公式通常如下：

$$p=\frac{wp_s}{wp_s-p_s+1}$$

式中：

- w 是欠采样过程中负样本（多类样本）的采样率。
- p_s 是模型预估的点击率。

10.2　模型重排

模型重排指对当前所曝光的物料进行二次排序，换句话说，就是当曝光位置不止一个的时候，为每个物料分配最合适的位置。有的读者会说，不是精排分数越高的就越排在前面吗？从单个物料来看确实如此，但是从一批推荐物料的角度来看就不是这样了。单个物料追求的是短期收益，而一批物料追求的是组合长期收益。因此，为了追求长期收益，一系列的模型就被提了出来。

10.2.1　PRM

PRM（Personalized Re-ranking Model，个性化重排模型）是阿里巴巴提出的重排模型，主要将需要展现的物料再过一层神经网络。不同于传统精排的点对（Pointwise）的训练，PRM 采用的是列表对（Listwise）的训练模式，一次前向网络就是一批物料之间的交互。损失函数采用的是 Softmax 交叉熵，但是不同于传统只有一个正样本的 Softmax 交叉熵，PRM 的 Softmax 交叉熵可能出现多个正样本。

PRM 的输入由物料特征和预训练 Embedding PV 构成，如图 10-1b 所示。其中，PV 由精排模型最后一层的输出构成，一个＜user,item＞对对应一个 PV。因为经过了精排模型的提炼，所以 PV 已经蕴含了用户对于物料 i 的兴趣信息。

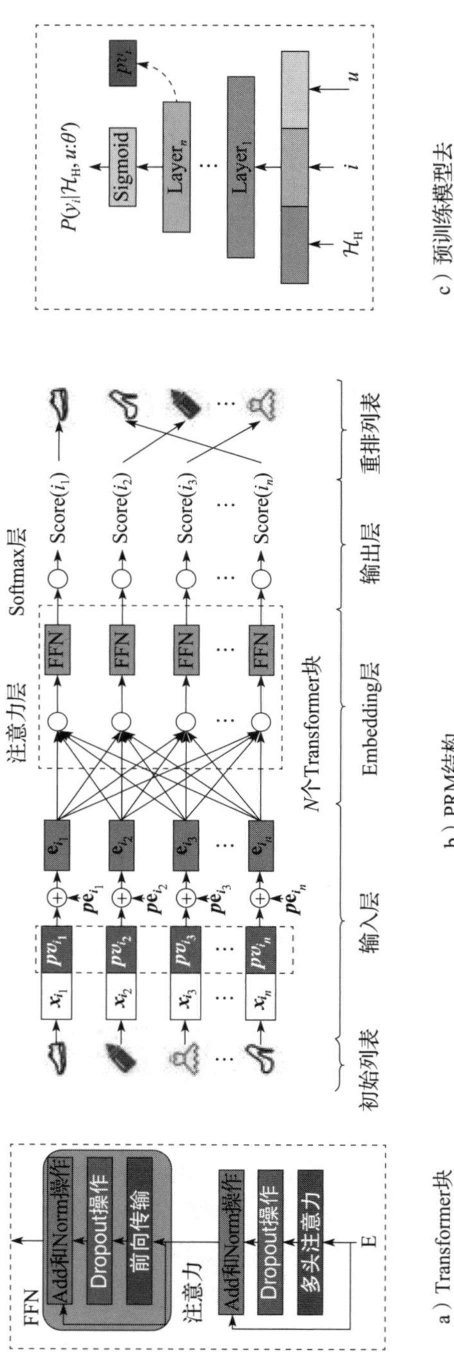
FFN
Add和Norm操作
Dropout操作
前向传输
注意力
Add和Norm操作
Dropout操作
多头注意力
E
a）Transformer块
初始列表
输入层
Embedding层
输出层
重排列表
注意力层
Softmax层
FFN
N个Transformer块
Score(i_1)
Score(i_2)
Score(i_3)
Score(i_n)
b）PRM结构
$P(y_i|\mathcal{H}_H, u;\theta')$
Sigmoid
Layer$_n$
Layer$_1$
$\mathcal{H}_H$
i
u
c）预训练模型去产生pv_i，$i=i_1,\cdots,i_n$

图10-1　PRM模型

输入特征构建好后，接下来就接入 Transformer 结构（一种 NLP 常用的网络结构）来提取物料的上下关系。之所以使用 Transformer，是因为相比传统提取序列关系的 LSTM 结构，Transformer 对于序列关系的表征有着明显的优势。

总的来说，PRM 的主要亮点是列表对的训练模式、物料和用户的预训练引入、Transformer 结构的引进。该模型已经在淘宝上线，对 CTR 和 GMV 等指标有明显提升。

10.2.2 生成式重排机制

事实上，经过精排筛选出的样本在精度上都是没有太大问题的，但是在多样性上却存在很大的问题。因为相关性与多样性的平衡依赖超参数的控制，难以满足不同用户对多样性的诉求。所以，淘宝基于相关性和多样性的因素设计了一个基于生成式的物料列表推荐算法——MMR。

1. MMR

在推荐系统中，当精排做得足够好的时候，还应该考虑多样性指标。MMR（最大边界相关）算法就是一种将精排得分和物料多样性综合考虑的算法，其具体公式为：

$$\mathrm{MMR} \stackrel{\mathrm{def}}{=\!=} \mathrm{argmax}_{i \in R \setminus S}\left[\lambda r(i) - (1-\lambda)\max_{j \in S} \mathrm{sim}(i,j)\right]$$

式中：

- ❑ R 为候选内容集合。
- ❑ S 为已选中物料集合。
- ❑ $r(i)$ 为精排模型打分。
- ❑ $\mathrm{sim}(i,j)$ 为物料 i 和物料 j 的相似度分。
- ❑ λ 为平衡因子。λ 越小，生成的列表多样性越高。

2. DPP

DPP（Determinantal Point Process，决定点进程）的多样性算法通过计算核矩阵 $\boldsymbol{L}$ 的行列式找到候选内容集合中相关性和多样性最大的子集。不同于 MMR 每次只考虑当前内容与之前已选内容中最相似内容的相似度，DPP 会综合考虑所有已选内容的相互影响。具体公式如下：

$$\mathrm{DPP} \stackrel{\mathrm{def}}{=\!=} \mathrm{argmax}_{i \in R \setminus S}\left[\log \det(\boldsymbol{L}_{S \cup \{i\}}) - \log \det(\boldsymbol{L}_S)\right]$$

$$\boldsymbol{L}_{ii} = r(i)^2, \boldsymbol{L}_{ij} = \alpha r(i) r(j) \mathrm{sim}(i,j)$$

式中：

- ❑ R 为候选内容集合。
- ❑ S 为已选中物料集合。
- ❑ $r(i)$ 为精排模型打分。
- ❑ $\mathrm{sim}(i,j)$ 为物料 i 和物料 j 的相似度分。
- ❑ α 为平衡相关性和多样性的因子。α 越大，生成的列表多样性越高。
- ❑ det() 为矩阵的行列式。

3. Beam Search

如果直接从 m 个候选物料中选择 n 个物料，那么将有 A_m^n 种组合。从耗时角度来说，这明显是不可接受的。因此，采用 Beam Search（束搜索）可以迅速将时间复杂度降下来，并且保证产生的序列是接近于最优序列的。设 Beam 的大小为 k，那么就会产生 k 个序列，在已选中的 k 个序列的基础上再加入新的物料，得到 m 个候选序列，根据序列价值从高到低选择这 m 个序列中的 k 个作为下一步的已选中序列，不断迭代，直到推荐列表被填充完毕。此时，序列价值最高的 k 个将作为最终的结果。

序列的整体价值函数的计算公式如下：

$$V=(1-\lambda)\sum_{i}^{n}P_{\text{expose}}(i)\times r(i)-\lambda\sum_{i}^{n}P_{\text{expose}}(i)\times \text{similarity}_{\text{local}}(i)$$

式中：

- $r(i)$ 为位置 i 的物料精排模型打分。
- $\text{similarity}_{\text{local}}(i)$ 为位置 i 物料的相似度分，用于衡量位置 i 物料与前 k 个位置物料的局部相似度。本模型采用了 $k=3$ 和表 10-2 中的间隔相似度作为超参数。
- λ 为平衡因子。
- $P_{\text{expose}}(i)$ 为第 i 个位置被浏览到的概率，具体地，$P_{\text{expose}}(0)=1$，$P_{\text{expose}}(i)=\prod_{0\leqslant j<i}P_{\text{transpose}}(j)(i>0)$，$P_{\text{transpose}}(j)$ 为从位置 j 跳转到下一个位置的概率，该概率使用真实的曝光日志数据通过计算近似得到。

表 10-2　多目标模型总结

局部相似度	公式
最大相似度	$\max_{\max(i-k,0)\leqslant j<i}\text{sim}(i,j)$
平均相似度	$\dfrac{\sum_{j=\max(i-k,0)}^{j<i}\text{sim}(i,j)}{i-\max(i-k,0)}$
间隔相似度	$\text{sim}(i,\max(i-k,0))$

4. 上下文感知的评估模型

上下文感知的评估模型可将得到的 k 个序列进行二次训练，然后选出最优的序列进行推送，它的具体结构如图 10-2 所示。它的输入是用户特征和物料特征。物料序列处理器采用 LSTM、Transformer 等。最后的输出层引入 MMOE（多门专家组合）结构，同时预测 CVR 和 CTR，提高模型的泛化性。

模型训练完毕以后，对 Beam Search 产生的序列物料进行预测，最后取序列价值最高的序列作为最终推送序列。序列的整体价值计算如下：

$$\text{SequenceValue}=\alpha\sum_{i}^{n}\text{ctr}_i+\beta\sum_{i}^{n}\text{cvr}_i$$

生成式重排模型已经在“淘宝信息流每平每屋”频道场景中上线，比起原来基于 DPP 的基线模型，它在浏览深度不降的情况下可显著提高点击效率类指标。

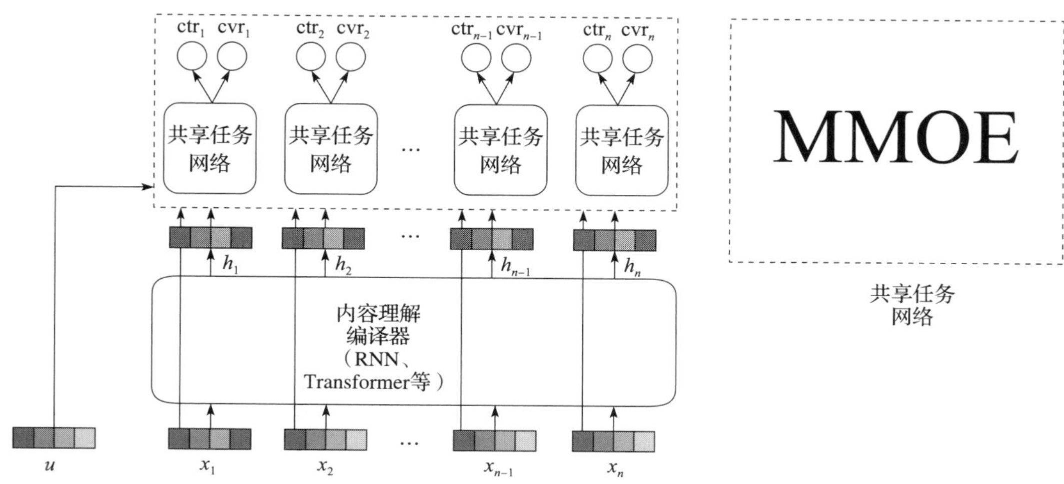

图 10-2　上下文感知的评估模型结构

10.3　混排

混排主要针对联合场景的整体优化，一般出现在信息流和有广告投放的场景。在第 2 章，我们简单地介绍了混排的作用，即在保证主目标的情况下最大化各副目标。例如，在信息流场景中，有图文的精排物料、视频的精排物料、直播的精排物料、广告的精排物料、冷启动的精排物料等，如果以广告作为主目标，那么就要以广告收益为前提，最大限度提升各个场景的点击率。

10.3.1　混排公式推导

以信息流为例，假设有广告业务和图文业务两个场景，主要提高广告收入，次要提高图文点击率。针对一次用户请求，可展示的位置有 n 个，候选的物料有 m 个，x_{ij} 表示第 i 个位置展示第 j 个物料的概率，u_{ij} 表示第 i 个位置展示第 j 个物料时的用户侧指标（如点击率），r_{ij} 表示第 i 个位置展示第 j 个物料时的商业侧指标（如 eCPM）。那么我们可以将问题定义为在保证用户侧指标的前提下最大化商业侧指标，其中，目标函数中增加后面一项，从而变成强凸问题。q 可以看作一个基准的分配方案，希望最优解不偏离 q 太多，那么这个约束函数可以定义为：

$$
\begin{aligned}
&\max \sum_{i} \sum_{j} x_{ij} \times r_{ij} - \frac{w}{2} \sum_{i} \sum_{j} (x_{ij} - q_{ij}^{2}) \\
&\text{s.t.} \ \sum_{i} \sum_{j} x_{ij} \times u_{ij} \geqslant C \\
&\qquad \sum_{j} x_{ij} = 1, i = 1, \cdots, n \\
&\qquad x_{ij} \geqslant 0, i \in [1, n], j \in [1, m]
\end{aligned}
$$

转换形式可得原问题：

$$\min -\sum_i \sum_j x_{ij} \times r_{ij} + \frac{w}{2}\sum_i \sum_j (x_{ij} - q_{ij})^2$$
$$\text{s.t.} \sum_i \sum_j x_{ij} \times u_{ij} + C \leqslant 0$$
$$\sum_j x_{ij} - 1 = 0, i = 1,\cdots,n$$
$$-x_{ij} \leqslant 0, i \in [1,n], j \in [1,m]$$

那么该问题的拉格朗日函数为：

$$L(x,\alpha,\beta_i,\gamma_{ij}) = \frac{w}{2}\sum_i \sum_j (x_{ij} - q_{ij})^2 - \sum_i \sum_j x_{ij} r_{ij} + \alpha\left(C - \sum_i \sum_j x_{ij} u_{ij}\right) - \sum_i \beta_i \left(\sum_j x_{ij} - 1\right) - \sum_i \sum_j \gamma_{ij} x_{ij}$$

使用 $L(x,\alpha,\beta_i,\gamma_{ij})$ 对 x_{ij} 求导，可得 $x_{ij} = \frac{r_{ij} + \alpha u_{ij} + \beta_i + \gamma_{ij}}{w} = \frac{c_{ij} + \beta_i + \gamma_{ij}}{w}$。这里为了后续方便，引入了 $c_{ij} = r_{ij} + \alpha u_{ij}$。

在最优解中，如果有 $c_{ij_1} \geqslant c_{ij_2}$ 和 $x_{ij_2} \geqslant 0$，则有 $x_{ij_1} \geqslant 0$。根据 KKT 条件可得，如果 $x_{ij_2} \geqslant 0$，则有 $r_{ij_2} = 0$，因此如果 $c_{ij_1} \geqslant c_{ij_2}$，那么 $x_{ij_1} \geqslant x_{ij_2} \geqslant 0$。

给定位置 i，针对 j 个物料，对 c_{ij} 排序后有 $c_{i1} \geqslant c_{i2} \geqslant \cdots \geqslant c_{im}$。存在 t 满足 $1 \leqslant t \leqslant m$，对于 $j \leqslant t$ 有 $x_{ij} \geqslant 0$，对于 $j > t$ 有 $x_{ij} = 0$。t 满足下面的条件，可以从 1 遍历到 n，判断求出：

$$x_{ij} = \frac{c_{ij} + \beta_i}{w}, x_{ij} > 0, \quad 1 \leqslant j \leqslant t$$

$$\sum_{j=1}^{t} x_{ij} = 1$$

$$\beta_i = \frac{w - \sum_{j=1}^{t} c_{ij}}{t}$$

那么，最终混排公式为：

$$c_{ij} = r_{ij} + \alpha u_{ij}$$

10.3.2　强化学习在混排中的应用

在推荐系统中，强化学习的实际落地是很少的，但是混排场景却是一个带约束的优化场景，因此可以很好地利用强化学习对混排的业务场景建模。这里以美团的混排模型为例进行讲解。

美团的信息流场景主要是广告和自然结果的输出。在一次用户请求中，可展示的位置有 K 个，混排模型会决定这 K 个位置的哪几个位置出广告。因此，广告分配问题被定义为一个带约束的马尔可夫决策过程（CMDP）。在强化学习中，我们需要定义环境（E）、状态（S）、动作（A）、奖励（r）、折扣因子（γ）、约束（C）和状态转移概率（P）。在美团的业务场景下，每个变量都定义为：

- ❑ S：包含了当前回合下的自然结果候选队列和广告结果候选队列特征，用户侧的 profile 特征、行为序列特征，以及全局上下文特征。
- ❑ A：表示当前回合的各个位置下的动作决策。例如，一次请求返回 6 个物料，那么动作表示为 $a=(0,0,1,0,0,1)$。1 表示该位置出广告。
- ❑ r：r 是根据用户反馈来计算的，主要包括平台收入和用户体验两部分。平台收入包括广告收入 r^{ad} 和平台佣金 r^{fee}，用户体验主要是用户的体验评分 r^{ex}。因此，最终及时奖励为

$$r(s,a)=r^{ad}+r^{fee}+\eta r^{ex}，其中\ r^{ex}=\begin{cases}2, & 点击后下单\\ 1, & 点击后离开\\ 0, & 未点击直接离开\end{cases}。$$

- ❑ P：$P(s_{t+1}|s_t,a_t)$ 为采取动作 a_t，状态从 s_t 转移到 s_{t+1} 的概率，t 代表用户请求的索引。
- ❑ γ：值域为 $[0,1]$，用来平衡长短收益。
- ❑ C：为了保证平台的广告收入而加入的广告曝光占比（PAE）约束，即要求 PAE 与目标曝光占比 δ 的差值在一定范围（ε）内：

$$\text{PAE}=\frac{\sum_{1\leqslant i\leqslant N}\text{Num}_i^{ad}}{\sum_{1\leqslant i\leqslant N}\text{Num}_i^{ad}+\text{Num}_i^{oi}},\quad |\text{PAE}-\delta|<\varepsilon$$

式中：

- ❑ N 表示在统计窗口内的用户请求。
- ❑ Num_i^{ad} 表示第 i 次请求下广告的个数。
- ❑ Num_i^{oi} 表示第 i 次请求下自然结果的个数。

有了上述 CMDP 的定义后，整个动态槽位广告分配策略就建模为，在 PAE 的约束下找到使平台收益最大化的策略 $\pi:S\rightarrow A$。

美团建立了一个名为交叉 DQN 的模型去学习策略 π。交叉 DQN 包括物料生成模块（IRM）、状态和动作交叉单元（SACU）、多通路注意力单元（MCAU）和序列决策模块（SDM）。

1. IRM

IRM 模型结构如图 10-3 所示，该模块的输入为状态 S，主要包括自然结果序列和广告结果序列、上下文信息、用户基础信息和历史行为序列信息。其中，广告结果序列和自然结果序列的每一个物料都会和用户序列做一个简单的类目标 Attention（Target Attention）的操作。做完该操作后，会分别得到融合了用户信息的广告结果序列 Embedding 和自然结果物料 Embedding。

$$E^{ad}=[e_1^{ad},e_2^{ad},\cdots,e_n^{ad}]$$
$$E^{oi}=[e_1^{oi},e_2^{oi},\cdots,e_n^{oi}]$$

2. SACU

给定一个候选动作 $a_i=(1,1,0,0,0)$，表示在第 1 个和第 2 个位置插入广告，那么自然结果的插入位置则为 a_i 的补码，即 $(0,0,1,1,1)$。假设一共返回 5 个广告和 5 个自然结果，有了广告位置

和自然结果位置的二值编码向量，就可以构造相应的偏置矩阵$\boldsymbol{M}^{\mathrm{ad}}$和$\boldsymbol{M}^{\mathrm{oi}}$。其中，$\boldsymbol{M}^{\mathrm{ad}}$表示为：

$$\boldsymbol{M}^{\mathrm{ad}}=\begin{bmatrix}1&0&0&0&0\\0&1&0&0&0\\0&0&0&0&0\\0&0&0&0&0\\0&0&0&0&0\end{bmatrix}\in\mathbb{R}^{K\times N_{\mathrm{ad}}}$$

式中：

- K 为展示位置数。
- N_{ad} 为候选广告个数。
- 第 1 行中的 1 就是候选广告 1 的 onehot 结果。

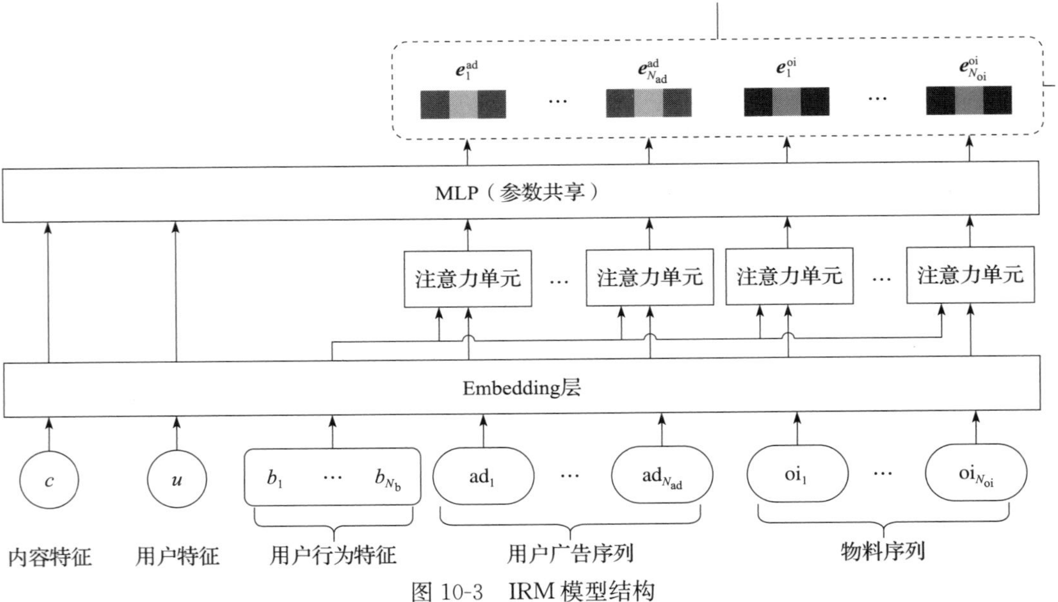

图 10-3 IRM 模型结构

同理，我们可以得到$\boldsymbol{M}^{\mathrm{oi}}$，那么 SACU 的输出为：

$$\boldsymbol{M}^{\mathrm{cross}}\in\mathbb{R}^{K\times N_{\mathrm{e}}}=\boldsymbol{M}^{\mathrm{ad}}E^{\mathrm{ad}}+\boldsymbol{M}^{\mathrm{oi}}E^{\mathrm{oi}}$$

式中，N_{e} 为 Embedding 维度。

SACU 模型结构如图 10-4 所示。

3. MCAU

为了更好地针对物料信息进行建模，交叉 DQN 还采用类似计算机视觉的通道的概念进行多通路建模。对于 Embedding 维度 N_{e} 而言，每一个维度都是某种重要的特征，因此可以两两地组合它们，那么一共有 $N_{\mathrm{c}}=2^{N_{\mathrm{e}}}-1$ 种组合。我们可以用一个 Mask 矩阵$\mathrm{Mask}_i^{\mathrm{mask}}$ 表示第 i 种通道组合。比如，第一个通道和第二个通道的组合 Mask 矩阵为：

$$
\text{Mask}_i^{\text{mask}} = \begin{bmatrix} 1 & 1 & \cdots \\ 1 & 1 & \cdots \\ 1 & 1 & \cdots \\ 1 & 1 & \cdots \\ 1 & 1 & \cdots \end{bmatrix}
$$

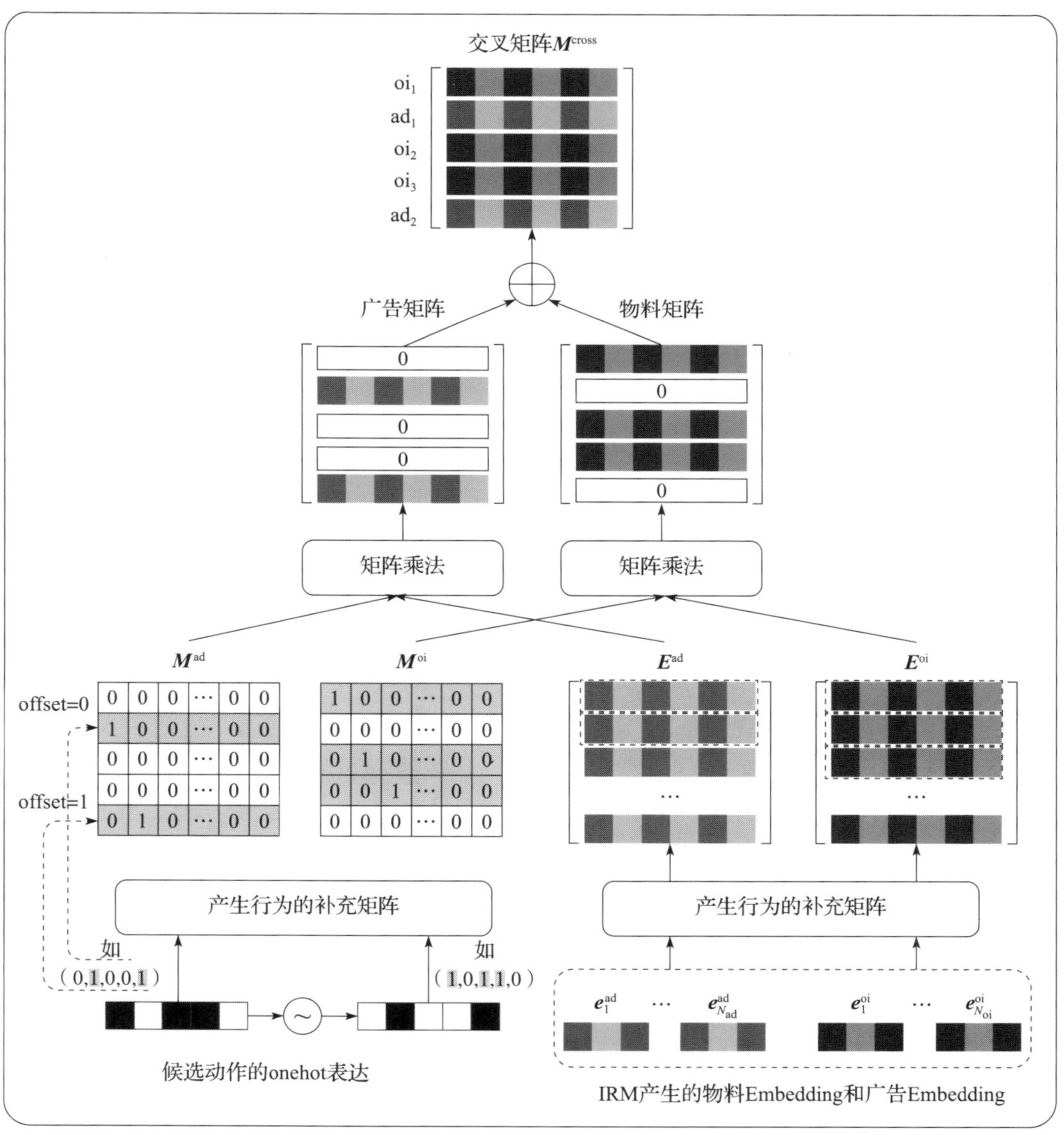

图 10-4　SACU 模型结构

然后就可以用 $\text{Mask}_i^{\text{mask}}$ 和 $\boldsymbol{M}^{\text{cross}}$ 得到第 i 个通道的表征：

$$M_i^{\text{signal}} = \boldsymbol{M}^{\text{cross}} \odot \text{Mask}_i^{\text{mask}}$$

$$e_i^{\text{signal}} = \text{flatten}(\text{SelfAtten}_i(M_i^{\text{signal}}))$$

最后的总体表达为：

$$e^{\text{signal}} = \text{concat}(e_1^{\text{signal}}, \cdots, e_{N_c}^{\text{signal}})$$

MCAU 模型结构如图 10-5 所示。

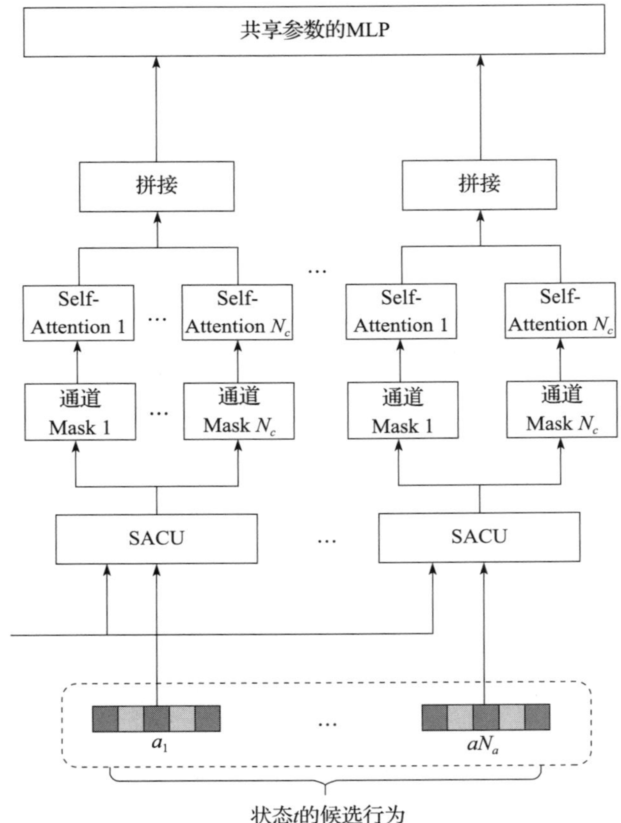

图 10-5　MCAU 模型结构

4. SDM

IRM 为价值函数 V()，优势函数为 MCAU，通过这两部分可以得到最终的决策函数 SDM。

$$V(s) = \text{MLP}(\text{flatten}(\text{concat}(\text{pool}(E^{\text{ad}}), \text{pool}(E^{\text{oi}}))))$$

$$A(s, a_i) = \text{MLP}(e_i^{\text{signal}})$$

$$Q(s, a_i) = V(s) + (A(s, a_i) - \frac{1}{N_a}\sum_{j=1}^{N_a} A(s, a_j))$$

式中：

- ❑ $V(s)$ 为状态 s 的价值函数。
- ❑ $A(s, a_i)$ 为状态 s 下动作 a_i 的预估 Q 值。

SDM 模型结构如图 10-6 所示。

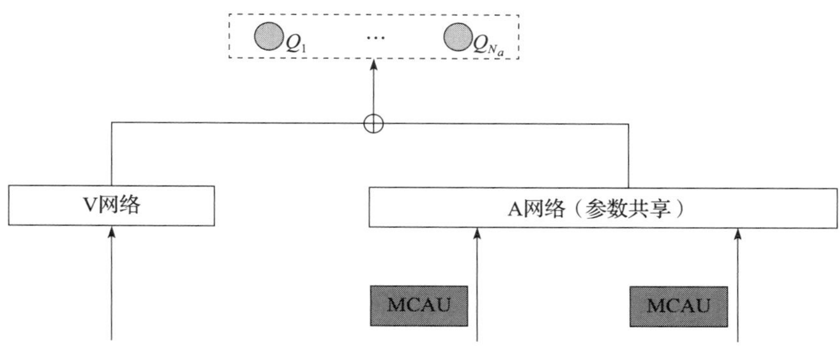

图 10-6　SDM 模型结构

交叉 DQN 增加了一个辅助损失对 PAE 进行软约束。一个常规的做法是，针对每次请求进行限制，将每个请求的 PAE 限制为接近目标 δ。这种解决方案可能会导致不同请求和不同用户间完全没有差异化。为了使广告分配策略能够对不同请求和不同用户有足够的差异化，这里使用了 batch 粒度的 PAE 约束。具体表示如下：

$$\text{PAE}(\text{argmax}_{a\in\mathcal{A}}Q(s,a)) \approx \sum_{i=1}^{N_a}\frac{1}{Z}\exp[\beta Q(s,a_i)]\text{PAE}(a_i)$$

$$L_{\text{PAE}}(B) = (\delta - \frac{1}{|B|}\sum_{s\sim B}\text{PAE}(\text{argmax}_{a\in\mathcal{A}}Q(s,a)))^2$$

其中，要注意的是：

- ❑ $\text{PAE}(\text{argmax}_{a\in\mathcal{A}}Q(s,a))$ 中的 argmax 是不可导的，可用 soft-argmax 替代。
- ❑ $Z = \sum_{j=1}^{N_a}\exp[\beta Q(s,a_i)]$ 是归一化因子。
- ❑ β 为温度超参数。
- ❑ batch 粒度的 PAE 约束让模型可以在 δ 附近做更好的探索。

交叉 DQN 模型的训练过程如图 10-7 所示，在具体实现中采用了在线策略（Online Policy）的方式，先将模型部署上线，生成在线策略下的数据，作为离线策略（Off Policy）的训练数据放入回放池。之后，使用离线策略，按照如下损失函数来训练交叉 DQN 模型。

$$L_{\text{DQN}}(B) = \frac{1}{|B|}\sum_{(s,a,r,s')\in B}(r + \gamma\max_{a'\in\mathcal{A}}Q(s',a') - Q(s,a))^2$$

$$L(B) = L_{\text{DQN}}(B) + \alpha L_{\text{PAE}}(B)$$

Algorithm Offline Training of Cross DQN

Offline data $D=\{(s,a,r,s')\}$ (generated by an online exploratory policy π_b)
Initialize a value function Q with random weights
repeat
　　Sample a batch B of (s,a,r,s') from D
　　Update network parameters by minimizing $L(B)$ in (20)
until Convergence

图 10-7　交叉 DQN 模型的训练过程

最后，交叉 DQN 训练完毕后采用图 10-8 所示的方式进行在线推理。

Algorithm Online Inference of Cross DQN

Initial state s_0
repeat
　　Generate $a_t^* = \arg\max_{a\in\mathcal{A}} Q(s_t, a)$
　　Allocate ads slots following a_t^*
　　User pulls down to the next screen $t+1$
　　Observe the next state s_{t+1}
until User leaves

图 10-8　交叉 DQN 在线推理过程

其实，强化学习在推荐系统中的落地一直是很困难的。从理论上来说，强化学习是非常适合推荐系统的，因为强化学习遵循 MDP 的原则，依照之前的状态去选择长期条件下的最优选择，其实是一个搜索和决策的方法，推荐本身根据用户的兴趣状态和物料的信息去决策是否将物料推送给用户。因此，两者有很多的相同之处。然而在实际的过程中，对推荐用强化学习建模往往会遇到很多的问题。首先是奖励（Reward）的确定。点击真的可以作为奖励吗？或者说除了点击成交外，还有什么更好的奖励，就像下棋那样的“赢就是赢，输就是输”的指标？其次是行为的定义。之前很多人将物料当作行为，但是物料是有时效性的，是会过期的，而且物料的数量是很庞大的，这意味着模型的选择空间非常大，这一点不利于模型的收敛和学习。而交叉 DQN 巧妙地将推荐位作为了行为，这样，行为被限制到了一个可接受的空间，模型将更容易学习到长期最优解的关系。交叉 DQN 是强化学习在推荐系统中的代表性应用模型。该模型在美团业务的收入、平台佣金和体验评分上都得到了提高。

CHAPTER 11

第 11 章 冷启动环节的设计与实现

推荐系统中的冷启动分为物料冷启动和用户冷启动。用户冷启动主要针对新用户，但有时候也用于低活用户拉活。物料冷启动主要是让优质物料得到快速下发，让模型可以迅速捕获到用户对该物料的关注。本章将详细讲解用户冷启动和物料冷启动。

11.1 用户冷启动

用户冷启动就是通过物料钩子、注册信息、多域信息、联邦学习等各种技巧去迅速获取用户的兴趣点来实现个性化推荐，激发用户的留存。此外，针对新用户，还需要考虑定期刺激用户兴趣，不断用优质物料去试探用户，甚至做到兴趣的流转和承接，迅速抓住用户的兴趣，提高用户黏性。比如，针对信息流推送业务的用户进行冷启动，当一个新用户点击某条推送物料后，用户会迅速进入信息流的某个业务界面（如图文或者视频界面），这时候，对应的业务界面要做好对应的承接推荐，继续给用户优质的物料，让用户深入地使用该产品，而不是用户点完一个物料以后就完毕了。因此，对承接页的物料展示位的填充就很讲究了，首先，基于推送的 I2I 物料肯定是要有的；其次，用户的其他兴趣点物料和高热度物料也要着重考虑。同时，对于相同的用户冷启动“打法”，除了针对新用户，也可以定期针对低活用户进行拉活冷启动。用户流失其实是一个常见的问题，关键还是要分析用户为什么流失的问题，比如用户物料兴趣得不到满足、有违规内容、App 的生态运转不良、竞品用其他手段拉走了用户等。通过分析得到问题后，就要针对这部分低活用户进行类似冷启动的“打法”，并且做好一系列的兴趣承接工作，让用户重新回到 App 里面。

11.2 物料冷启动

物料冷启动主要针对新入库不久的物料，让其得到迅速下发，从而筛选出好的物料，产生流量的“滚雪球”效应。物料冷启动方法，主要包括用户粉丝冷启动、物料基础信息冷启动、物料相似性冷启动和物料进退场机制。现在的主流“打法”是物料进退场机制（也称作爬坡机制）。物料进退场机制主要是为每个物料设置一级级的限制，让优质物料可以从冷启动物料库中迅速流入正常的物料库中。因此，当设立物料进退场机制后，物料库会被分为正常流量库和冷启动物料库。新入库的物料因为下发少、点击少，即后验数据少，所以进入冷启动物料库。那些已经经过足够下发的物料，即后验数据充足的物料就进入正常流量库。一般来说，针对冷启动物料库，需要重新设计一整套推荐流程，包括召回、粗排、精排等。另外，需要设置物料爬坡的限制，第一层限制就是绝对保量，即让每个物料都拥有一定的下发量（比如 1000），然后观察它的点击率。再根据一定的筛选条件，如点击率、物料质量分（一般用物料特征去训练模型）等，对物料进行二次爆量。之后再根据各个业务情况去设置更进一步的流量筛选条件，直到物料流入正常流量库。图 11-1 所示为冷启动物料到自然流量物料库的转换。

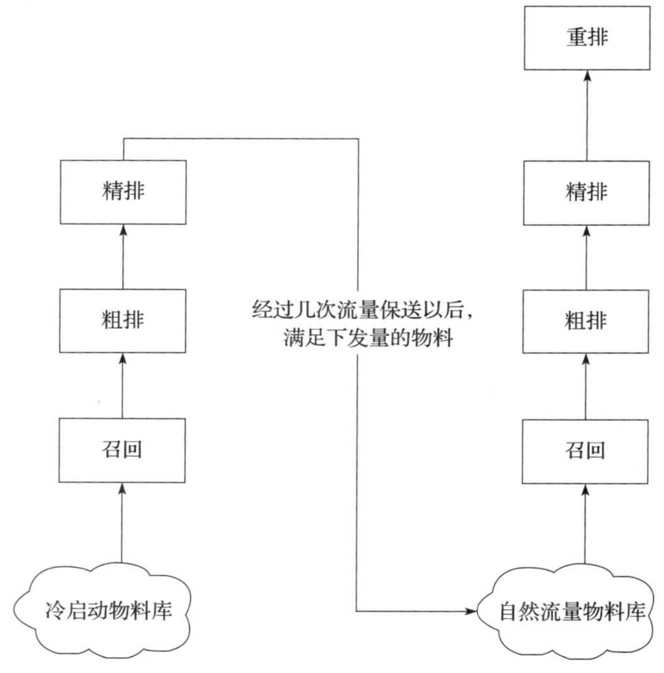

图 11-1　冷启动物料到自然流量物料库的转换

冷启动流量需要考虑流量放量的速度，因为如果放量太大，那么会影响整体大盘的推荐效果，所以，一开始冷启动的流量放量是很缓慢的，然后持续观察大盘效果，在业务可接受的范围内再慢慢扩大冷启动流量。

冷启动环节的模型设计主要考虑的是物料和用户的基础特征，相比自然流量的模型，冷启动环节的模型需要忽略反馈数据，如点击、下发、点赞、评论等。

11.3 PID 算法

在流量分发的过程中，不可能一次性爆发式地分发下去，而是间隔式地均匀分发。因为，流量在不同时段的量都是不同的，而且物料肯定不应该被集中式下发，应该在各个时段都有分发。所以，为了合理地分发物料，需要对物料流量进行合理的控制。PID（Proportion Integration Differentiation，比例-积分-微分控制器）就是流量控制的典型算法。

PID 算法分为比例、积分和微分三部分，是控制领域的常见稳定控制算法。整个流程如图 11-2 所示，具体公式如下：

$$u(t) = K_p e(t) + K_i \int_0^t e(\tau)\mathrm{d}\tau + K_d \frac{\mathrm{d}e(t)}{\mathrm{d}t}$$

其中：

- K_p：比例增益，为超参数。
- K_i：积分增益，为超参数。
- K_d：微分增益，为超参数。
- e：误差＝设定值－当前值。
- t：当前时间。

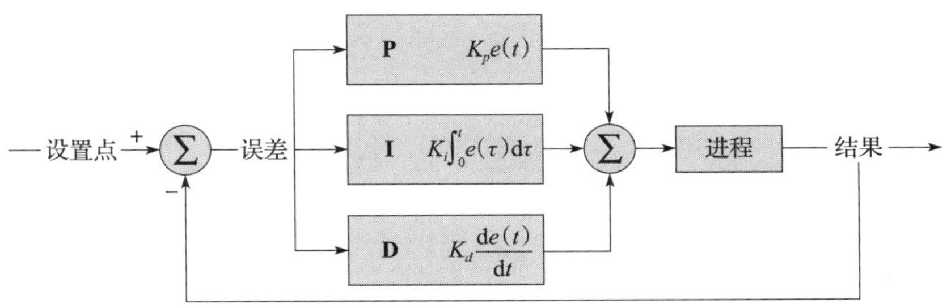

图 11-2　PID 流程

其实，PID 操作类似于对热水器的水进行加热到固定水温。比如，要将水温加热到 40℃，一开始要迅速升温，但是到 35℃的时候就要减缓加温力度，到 40℃就不再进行加温，只需要维持即可。怎么合理地将水温加到 40℃并且维持在 40℃，就是 PID 需要做的事情。

PID 的核心就是 K_p、K_i 和 K_d。

- K_p：控制当前主要误差的系数。K_p 越大，调节的力度越大，越激进；K_p 越小，调节力度越保守。例如，假设某个物料需要发 100 条，要发 10h，则每小时发 10 条（记为 $e(t)$）。通过计算当前真实要发的量，K_p 越大，达到预期总发放量的速度越快。
- K_d：如果仅仅用比例，假设计划发 10 条，但是只发了 4 条，这样实际发放和计划发放就存在暂态误差。暂态误差拉长，就会变为稳态误差，所以，我们再引入一个分量，该分量和误差的积分是正比关系。由于这个积分项会将前面若干次的误差进行累计，所以可以很好地消除稳态误差。该值不宜太大，一般取 0.8～2 之间。

- K_i：一般指 t 时刻和 $t-1$ 时刻的误差值，即调节控制中的振荡，通常，微分环节相当于放大了反馈信号中的高频信号。系数取得不好，就会引起高频振荡。

PID 算法在实际的应用中就是模拟线上环境，然后对 K_p、K_d 和 K_i 进行调参，让整个分发系统达到一个稳定的状态。

下面给出将某个物料在 8h 内分发 100 条的 PID 算法代码。

```
T=100    # 总共需要分发 100 条
Tn=10    # 最开始的 1h 发 10 条
error=100-10
kp=1,ki=0,kd=0.
extra_drop = 5
sum_error = 0
d_error = 0
error_n = 0
error_b = 0

for t in range(1,8):
    error_b = error_n
    error_n = error
    # print(error_b1, error_b2)
    d_error = error_n - error_b if t >=2 else 0
    sum_error += error
    U = kp * error + ki * sum_error + kd * d_error
    Tn += U - extra_drop
    error = T-Tn
    print(f't={t} | add {U:.5f} => Tn={Tn:.5f} error={error:.5f} | d_error:
```

实现了以上代码后，绘制时间和物料每小时的下发关系图。如图 11-3～图 11-5 所示，可以明显看出不同的 K_p、K_d 和 K_i 值对于曲线关系的影响极大。而图 11-5 的稳态分发就是最理想的参数状态。

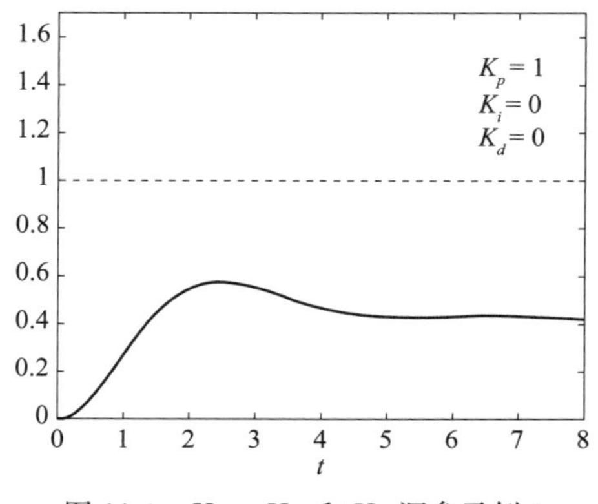

图 11-3　K_p、K_d 和 K_i 调参示例 1

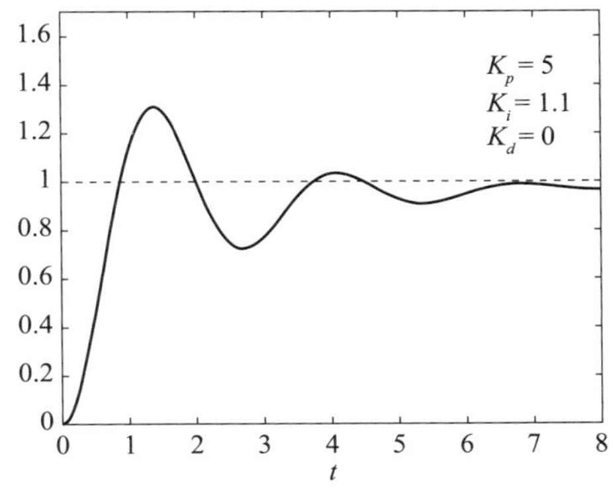

图 11-4　K_p、K_d 和 K_i 调参示例 2

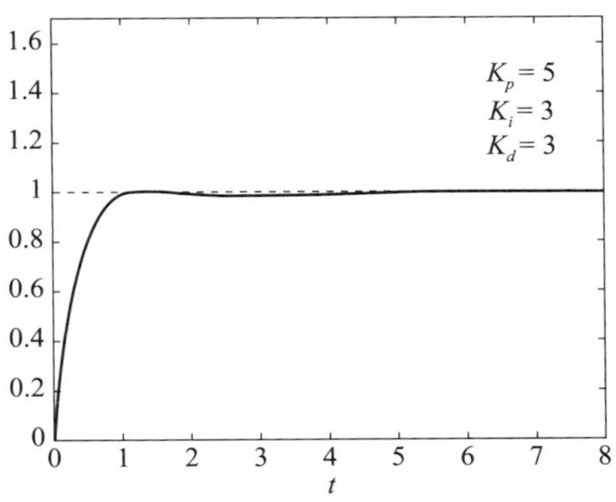

图 11-5　K_p、K_d 和 K_i 调参示例 3

推荐阅读

ChatGPT
原理与实战
大型语言模型的算法、技术和私有化

ChatGPT
驱动软件开发
AI在软件研发全流程中的革新与实践

深入浅出
Embedding
原理解析与应用实践
Embedding
Inside Out
Principle Analysis
and Application Practice

Reinforcement Learning
Theory and Python Implementation
强化学习
原理与Python实战

Python强化学习
算法、核心技术与行业应用
Mastering Reinforcement Learning with Python

我在摩根的
收益预测法
用Excel高效建模和预测业务利润

基于NLP的
内容理解

内容理解
技术、算法与实践
CONTENT
UNDERSTANDING

MLOps
工程实践
工具、技术与企业级应用
MLOps Engineering Practices
Tools, Technologies and Enterprise Applications

推荐阅读

人工智能：原理与实践

作者：[美] 查鲁·C. 阿加沃尔(Charu C. Aggarwal) 著
译者：杜博 刘友发 ISBN：978-7-111-71067-7

通用人工智能：初心与未来

作者：[美] 赫伯特·L.罗埃布莱特（Herbert L. Roitblat）著
译者：郭斌 ISBN：978-7-111-72160-4

因果推断导论

作者：俞奎 王浩 梁吉业 编著 ISBN：978-7-111-73107-8

人工智能安全基础

作者：李进 谭毓安 著 ISBN：978-7-111-72075-1